“创新设计思维”
数字媒体与艺术设计类新形态丛书

全|彩|微|课|版

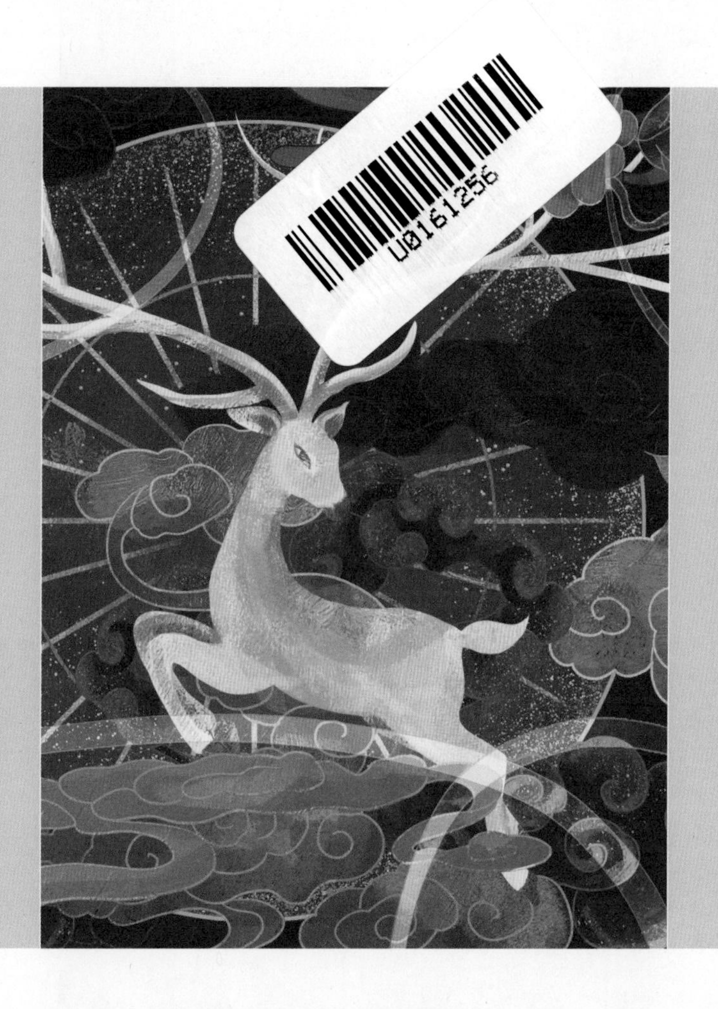

短视频拍摄与制作实战教程

剪映+Premiere

张文 编著

人民邮电出版社
北京

图书在版编目（CIP）数据

短视频拍摄与制作实战教程 : 剪映+Premiere : 全彩微课版 / 张文编著. -- 北京 : 人民邮电出版社, 2024.4
（“创新设计思维”数字媒体与艺术设计类新形态丛书）
ISBN 978-7-115-63656-0

Ⅰ. ①短… Ⅱ. ①张… Ⅲ. ①视频制作—教材②视频编辑软件—教材 Ⅳ. ①TN94

中国国家版本馆CIP数据核字(2024)第023479号

内 容 提 要

本书以短视频拍摄与制作的理论和技术为基础，通过大量短视频拍摄与制作案例来讲解短视频创作的方法，帮助读者提升短视频创作能力。

全书共 9 章，第 1 章讲解短视频入门基础，包括短视频的概念、创作要点，制作流程等内容；第 2 章讲解短视频拍摄基础，包括构图、景别、运镜及转场技巧、稳定拍摄技巧、拍摄模式、道具选择、参数调整及拍摄实战等内容；第 3 章~第 5 章分别讲解剪映和 Premiere 剪辑基础；第 6 章~第 8 章分别讲解图文类短视频、主题类短视频和 Vlog 类短视频的知识与实战；第 9 章通过综合案例讲解短视频的拍摄与制作过程。

本书适合作为各类院校数字媒体艺术等专业短视频剪辑与制作相关课程的教材，也可作为短视频剪辑爱好者的参考书。

◆ 编　　著 张　文
责任编辑 韦雅雪
责任印制 陈　犇
◆ 人民邮电出版社出版发行　　北京市丰台区成寿寺路 11 号
邮编 100164　　电子邮件 315@ptpress.com.cn
网址 https://www.ptpress.com.cn
北京瑞禾彩色印刷有限公司印刷
◆ 开本：787×1092　1/16
印张：13.25　　2024 年 4 月第 1 版
字数：419 千字　　2025 年 1 月北京第 3 次印刷

定价：79.80 元

读者服务热线：(010)81055256　印装质量热线：(010)81055316
反盗版热线：(010)81055315
广告经营许可证：京东市监广登字 20170147 号

随着各大短视频平台的涌现，众多企业逐渐意识到短视频在网络营销方面的重要作用，进一步助推了短视频行业的发展。无论是出于个人兴趣，还是出于工作需要，短视频策划、拍摄和制作都是十分重要的技能，许多院校都开设了短视频相关的课程。党的二十大报告中提到："教育、科技、人才是全面建设社会主义现代化国家的基础性、战略性支撑。"为了帮助各类院校培养优秀的短视频创作人才，编者总结了短视频拍摄与制作的实践经验，结合当前短视频行业的发展，基于剪映和Premiere，编写了本书。

本书特色

内容全面，实用易懂　本书从基础理论出发，结合案例实操，逐步推进，对短视频拍摄与制作的全流程进行全方位讲解。

精选案例，快速上手　本书精选短视频平台的热门案例，为读者详细讲解短视频拍摄与制作的实用技巧，步骤详细、简单易懂帮助读者从新手快速成长为短视频创作高手。

附赠视频，边看边学　本书提供由专业讲师录制的微课视频，读者扫描书中的二维码即可观看。

提供资源，辅助教学　本书提供丰富的配套资源，教师可登录人邮教育社区（www.ryjiaoyu.com），在本书页面中免费下载。

学时建议

本书的参考学时为64学时，其中讲授环节为32学时，实训环节为32学时。各章的参考学时可参见下页表。

章序	课程内容	学时分配	
		讲授环节	实训环节
第1章	短视频入门基础	1学时	1学时
第2章	短视频拍摄基础	2学时	2学时
第3章	剪映剪辑基础	4学时	2学时
第4章	剪映剪辑的进阶操作	5学时	2学时
第5章	Premiere剪辑基础	6学时	7学时
第6章	图文类短视频实战	4学时	4学时
第7章	主题类短视频实战	4学时	4学时
第8章	Vlog类短视频实战	4学时	4学时
第9章	综合实战	2学时	6学时
学时总计		32学时	32学时

配套资源

微课视频：本书所有案例配套微课视频，扫码即可观看，支持线上线下混合式教学。

素材和效果文件：本书提供了所有案例需要的素材和效果文件，素材和效果文件均以案例名称命名。

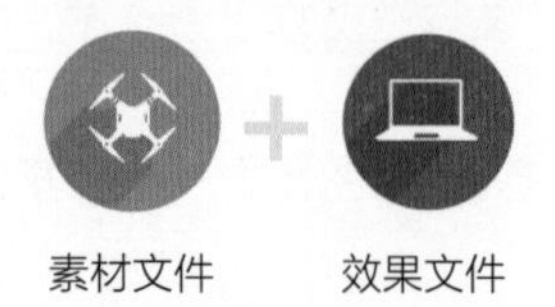

教学辅助文件：本书提供教学课件、教学大纲、教学教案等。

编者

2024年3月

第1章 短视频入门基础

第2章 短视频拍摄基础

第3章 剪映剪辑基础

第4章 剪映剪辑的进阶操作

第5章 Premiere 剪辑基础

第6章 图文类短视频实战

第7章 主题类短视频实战

第8章 Vlog 类短视频实战

第9章
综合实战

第1章 短视频入门基础

本章导读

随着新媒体行业的不断发展，信息的传播途径更加丰富、广泛，短视频这种新媒体形式也应运而生。不同于传统的长视频和微电影，短视频凭借丰富的类别、广博的信息和创新的形式，给观者提供了见识新鲜事物的新途径。本章将介绍短视频的基础知识，帮助大家快速了解短视频这一新媒体形式，为之后学习短视频的拍摄与制作奠定良好的基础。

学习要点

- 短视频概述
- 打造高质量短视频
- 短视频制作流程
- 短视频发布与推广

1.1 短视频概述

身处网络环境不断变化的信息时代，人们传递信息的方式已不再局限于文字和图片。随着抖音、快手等一众短视频平台的流行，短视频逐渐成为大家日常生活中的一部分。短视频在填补大家碎片化时间的同时，也为广大受众的生活增色不少，更为一些创业者带来了新的商机。

1.1.1 短视频的概念

短视频指的是基于计算机端和移动端传播的一种视频形式，时长一般在5分钟以内。通过视频与音乐的结合，短视频能满足观者信息性、娱乐性的需求，能在短时间内带给观者直观的感受。

1.1.2 短视频的发展

短视频是在长视频的不断发展中应运而生的，其发展大致可以分为以下3个阶段。

2013—2015年，以秒拍、小咖秀和美拍等App为起点，短视频平台逐渐进入公众视野，短视频这一传播形态也逐渐被大众接受。

2015—2017年，以快手为代表的短视频App获得了资本的青睐，同时，各互联网“巨头”在短视频领域展开争夺战，电视、报纸等传统媒体也纷纷加入战场。

2017年至今，短视频垂直细分模式全面开启。2017年，短视频总播放量以平均每月10%的速度呈现爆发式增长。

如今，在智能移动端应用商店的“摄影与录像”类排行榜中，抖音、快手、微视、西瓜视频等短视频App争奇斗艳。随着短视频用户数的不断增长，短视频领域逐渐成为互联网“巨头”竞争的新战场。越来越多的新闻、趣事开始以短视频的形式出现，短视频领域出现了诸多颇具想象力与发展潜力的内容“大V”。与此同时，一些传统的权威媒体也纷纷跻身短视频领域，以寻求新的内容表现形式，例如，《人民日报》《央视新闻》《环球时报》等官方媒体也在抖音短视频平台开通账号。

1.1.3 短视频的特点

一般来说，短视频具有以下几个显著的特点。

1. 短小精悍、内容有趣

相比文字和图片，短视频能够带给观者更好的视觉体验，在表达形式上也更直观和形象，能够将创作者希望传达的信息更真实、生动地传递给观者。因为时间限制，短视频所展示的内容往往都是精华，符合观者碎片化的阅读习惯，降低了观者投入的时间成本。

2. 生产成本低、创作门槛低

短视频对内容编排的专业性、拍摄技巧及设备要求较低，即使是普通用户，也可以通过一部智能手机（后简称手机）完成短视频的拍摄、剪辑与发布。只要学习并掌握一定的创作技巧，新用户产出的短视频作品也有很大可能赢得观者的喜爱。

3. 传播速度快、社交属性强

基于强大的网络支持与用户群体，短视频在网络上的更新和传播速度极快。同时，短视频的传播渠道主要为社交平台。在各大短视频App中，用户可以对作品进行点赞、评论及转发，视频创作者也可以对评论进行回复，观者与创作者之间互动密切，社交黏性极强。

1.1.4 短视频的类型

随着新媒体平台的不断发展，短视频的内容开始出现多元化趋势，短视频的呈现形式也在不断更新，使得短视频的类型更加丰富多样。不同的短视频类型具有不同的特色，能够向观者展现不同的风采。下面介绍几种目前比较受欢迎的短视频类型。

1. 影视解说类

影视解说类短视频是最近兴起的一种短视频类型，主要是将一部影视作品或剧集浓缩为短短的几分钟解说与点评，既要掌握影视作品的精髓，又要抓住观者的心理。影视解说类短视频常见的形式有两种，即独立影视解说和影视推荐盘点。

独立影视解说一般会选择当下具有话题性或者过去比较热门、经典的影视作品，由解说者进行故事情节的叙述或点评，解说方式可根据个人风格定位。图1-1所示为影评视频。

影视推荐盘点则是通过制作不同的专题，将同类型的影视作品进行归类介绍。图1-2所示为影视盘点视频。影视盘点视频通过把影视作品的闪光点放大来引起观者的注意，能够对影视作品进行初步筛选，很好地帮助观者解决“选片难”这一问题。

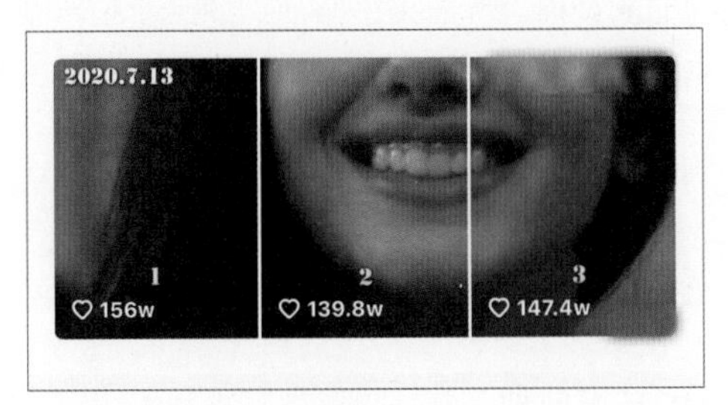

图1-1

图1-2

对于市场上良莠不齐的影视作品，解说者需要持有较为客观及中肯的解说态度，这样才能使观者看完视频后对解说者抱有肯定的态度，对影视作品也有初步的了解。在前期策划时，创作者首先要确定个人风格，吸引首批受众，这样在后期运营的过程中才能有较为明确的方向。此外，解说者在解说的过程中需要把握影视作品的剧情节奏和自我解说节奏，解说需要从影视作品的实际情况出发。例如，紧张激烈的情节需要解说者富有激情地解说，浪漫抒情的情节则需要解说者放缓节奏进行解说。在解说的过程中，最好能够创造出评析的“金句”，让观者在观看视频后留下深刻的印象。

2. 技能分享类

技能分享类短视频的内容大多数为常识性“干货”，这类短视频的解说清晰明了，在短短的几分钟内就能让观者学到一个小技巧，因为实用性强，所以一般能吸引多人转发和保存。常见的技能分享类短视频分为两类，分别是生活小技能类和软件小技能类。

生活小技能类短视频的取材多源于日常生活，虽然对人们的吸引力大，但是被模仿和超越的可能性也比较大。在制作生活小技能类短视频的过程中，需要注意技能的筛选，以及对技能实用性的考究。图1-3所示为做饭短视频。观者在观看此类短视频时，大多希望学习该技能，以为生活带来便利。若无实质性帮助，又不能带来美的享受，这样的短视频无疑就是一个失败的作品。

软件小技能类短视频的受众大多是不擅长使用某个软件的初学者，因此，在内容的编排上应尽量做到通俗易懂、步骤详细，到关键的步骤时，视频的节奏可以适当放慢。软件小技能类短视频注重实用性，但容易出现严肃、无聊的通病。出于对观看体验的考虑，视频中可以适当增加一些趣味性的特效、音乐及动画等，但这些小技能对于初学者来说是一个不小的挑战。图1-4所示为抖音特效制作短视频。

图1-3

图1-4

3. 街头采访类

街头采访类短视频是时下比较热门的一种短视频，这类短视频通过犀利的“一问一答”方式，将一部分人的想法集中表现出来，或反映时下部分人的情感现状，从而引发观者深思。

下面归纳几点制作街头采访类短视频时需要注意的问题。

话题策划：制作街头采访类短视频的关键在于采访路人的问题是否敏感、尖锐。作为创作者，不仅要考虑选择的话题是否为当下的热点话题，还需要考虑话题是否具有一定的争议性。

问题设置：在街头采访的过程中，提问尽量符合人们的三观，注意不要触碰他人底线。就被采访者而言，如果回答足够有趣、搞笑，视频的效果就会更好，但“神回复”往往可遇不可求。作为采访者，可以事前做好准备，拟好提纲，将可能的回答罗列出来，然后在采访时，对采访对象进行引导。

采访对象：在采访对象的选择上，根据他们的长相、气质来推断他们的职业和性格。为了提高视频的可看性，最好寻找一些个性鲜明、打扮具有标志性的采访对象，尽量避免选择行色匆匆、眼神飘忽不定、表情凝重的采访对象。

内容倾向：从心理学角度来讲，正能量的内容可以削弱不好之气、缓解怀疑和自私的社会氛围，同时在传播的过程中，正能量的话题更能够激起人们转发和点赞的热情。对于所有类别的短视频创作，创作者都需要思考如何生产出高质量且正能量的内容。

4. 创意剪辑类

创意剪辑类短视频在网络上比较受欢迎的形式有两种，分别是影视剪辑和生活Vlog。

影视剪辑可以是一部影视作品的混剪，也可以是多部影视作品的混剪，如图1-5所示。影视剪辑所要表达的主题往往能引发大部分观者的共鸣和深思。在制作这类短视频时，创作者需要对影视作品有较深刻的理解，后期处理时加上视频特效，便能很好地勾起观者的情绪。

生活Vlog主要源于生活中的所见、所闻和所想，一般以创作者旅行过程中拍摄的风景、美食、人文等片段为基本素材，通过后期加工，将其制作为创意与美感兼具的旅拍视频，以轻快、自然的剪辑手法将生活的美好点滴展现出来，如图1-6所示。

图1-5

图1-6

5. 情景短剧类

情景短剧类短视频在各个短视频平台的点赞量都很高，但这类短视频的创作和运营难度也比较大。故事内容可以根据时下热点进行创作，也可以自行构思创作。通常情况下，这类短视频多为原创，且多由专业短视频团队打造。

6. 时尚美妆类

时尚美妆类短视频的用户群体大多是一些追求和向往美的女性，观者希望通过观看此类视频，学到一些美妆技巧来帮助自身变美。时尚美妆类短视频的兴起，体现了大众对美的追求。作为时尚美妆类短视频的创作者，需要具备一定的审美及潮流感知意识。时尚美妆类短视频可大致分为3类，分别是测评类、技巧类和仿妆类。

测评类：一般由创作者亲自测试不同类型的美妆产品或者其他时尚产品，然后根据每个产品的特性进行客观点评，分析产品利弊，并对性价比较高的产品进行推荐，给予对此类产品了解较少，或者在同类产品选取上犹豫不决的人一定的建议。此类短视频除可以给予观者建议外，还可以帮助观者节省产品选购时间。创作者率先进行检测和试用，使观者可以通过短视频直观地看到不同产品的使用效果，从而选择较适合自己的产品。

技巧类：主要针对化妆初学者，或者想要提升化妆技能的群体。此类短视频的创作者在进行内容创作时，应着重展示每一步是如何进行的，这样才能让观者真正学到技能，并分享给更多的人。

仿妆类：单一的时尚美妆内容很容易造成观者的审美疲劳，引发“掉粉”。针对这个问题，短视频创作者进行了不同领域的尝试，由此诞生了一种新的美妆短视频形式——仿妆。仿妆类短视频是在具备一定化妆技巧后的一种升级尝试，化妆师可以按照某个明星或者动漫人物的样子为自己化妆，这类短视频深受一些影视及动漫爱好者的喜爱。

1.2 打造高质量短视频

虽然短视频的创作门槛较低，但随着人们审美、情趣的不断提高，如何打造高质量短视频已成为众多创作者面临的一大挑战。

1.2.1 融入真切的情感

无论是哪种类型的短视频，都包含创作者的用心及真切的情感，这是短视频能够得到大众认可的原因之一。图1-7所示为文案性短视频，通过文字可以引发观者的情感共鸣。

图1-7

1.2.2 创造有价值的内容

能否获取对自身有用的信息或知识，是大家观看短视频的目的之一。如果创作的视频能让人在观看后有所收获，就不会因短视频同质化而造成内容泛滥，并由此导致观看视频的欲望降低。图1-8所示的励志文案视频可以让观者切身感受到短视频传达的价值观。

图1-8

1.2.3 提升制作水准和质量

只有将优质的短视频呈现给大家，才是短视频创作者能够在短视频领域持续发展的长久之计。打造高标准、高质量、有品位的短视频，可以牢牢抓住在碎片化时间里进行内容消费的用户群体。图1-9所示为抖音短视频博主的主页，短视频创作者将许多形形色色的人生故事汇集在自己的主页中，短视频内容独具匠心，从拍摄到剪辑，再到运营，每一步都精心处理。

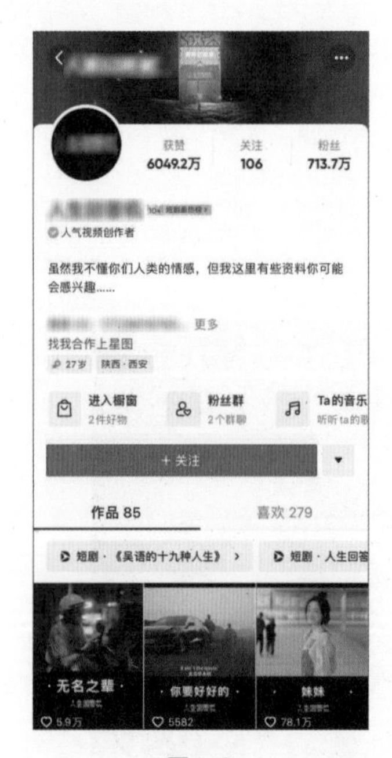

图1-9

1.3 短视频制作与发布

本节整理了5个有关短视频制作与发布的技术要点，包括前期策划、团队组建、拍摄执行、后期制作，以及发布与推广。

1.3.1 前期策划

在短视频制作前期，需要对短视频内容进行合理的策划。一般来说，短视频的前期策划分为主题策划和文案策划。

主题策划即创作者想要在短视频领域呈现怎样的风貌，视频主题的定位将决定题材的选择方向。图1-10所示为抖音短视频的博主主页，创作者以自己在农村的真实生活作为视频的主题。

短视频成功的关键在于对内容的打造，文案策划也是短视频吸引人的关键。短视频文案策划要尽可能精炼，与短视频所表达的主题相呼应。图1-11所示为某文旅局创作者的文案内容，创作者以当下流行的穿越变装为主题，吸引观者，宣传家乡文化。

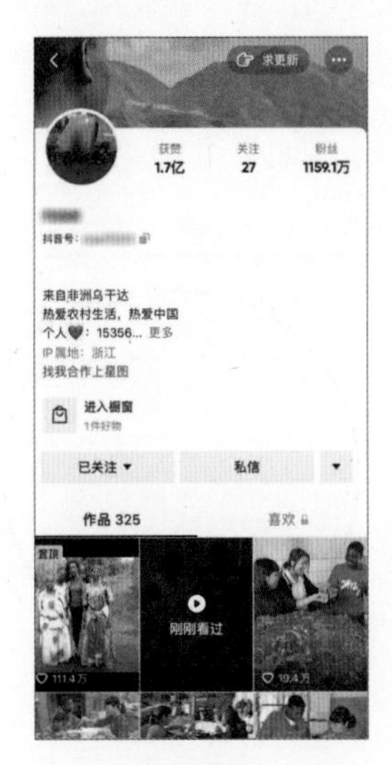

图1-10

图1-11

1.3.2 团队组建

人员完善、分工明确的短视频制作团队，可以保证短视频的质量和工作效率。一支成熟的短视频制作团队往往需要导演、编剧、摄像师、剪辑师和运营人员等。

导演是创作影视作品的组织者和领导者，是借助演员表达自己思想的艺术家，是把影视文学剧本搬上荧屏的总负责人。作为影视创作中各种艺术元素的综合者，导演的任务是：组织和团结剧组内所有的创作人员、技术人员和演出人员，使他们充分发挥才能，使众人的创造性劳动融为一体。一部影视作品的质量，在很大程度上取决于导演的素质与修养；一部影视作品的风格往往体现着导演的艺术风格和看待事物的价值观。

编剧是剧本的作者。编剧以文字的形式表述节目或影视的整体设计，其作品就叫剧本，是影视剧、话剧、短视频中的表演蓝本。成就突出的职业编剧被称为剧作家，最著名且极具代表性的是莎士比亚。编剧的艺术素养要求较高，一般具有较强的文学表达能力，熟悉影视剧、戏剧、广告、专题片运作的相关流程、表现手法等。

摄像师的主要工作是拍摄。摄像师需要提前了解拍摄内容，根据编剧的脚本，将内容拍摄出来。摄像师需要具备较强的应变能力，能够灵活应对一些恶劣的拍摄环境和天气条件。

剪辑师是短视频最为重要的“加工者”。一名优秀的剪辑师，需要具备分辨视频素材优劣的能力、剪辑素材的能力、找准剪切点的能力及选择配乐的能力。在剪辑短视频的过程中，剪辑师必须有清晰的剪辑思路和专注力，才能保证剪辑工作高效率和高质量地完成。

运营人员需要有较强的网络感知能力，要对网络数据进行分析，对视频作品进行推广。运营人员需要有不断学习的能力和分析能力，能准确分析优质的短视频为什么会得到大众的喜爱和认可，短视频激发观者的共鸣点是什么，优秀短视频中有哪些地方值得学习和借鉴等。

1.3.3 拍摄执行

团队组建完成之后，就可以开始执行拍摄工作。

拍摄准备：根据脚本对拍摄场景、拍摄器材等进行选取，这是拍摄执行阶段的重要工作。

拍摄器材：一般选择单反相机或者手机进行拍摄。此外，在一些固定机位拍摄时，还需要准备三脚架或者稳定器来辅助进行拍摄，达到提高视频画面质量的目的。

灯光道具：常见的灯光道具包括补光灯和反光板，如图1-12和图1-13所示。其中，反光板是拍摄时的补光利器，常见的有金银双面可折叠反光板，其携带轻松，使用方便，能使平淡的画面变得更加饱满，更好地突出拍摄主体。在拍摄时合理运用这些道具，能够帮助摄像师应对一些光线较差的拍摄环境。

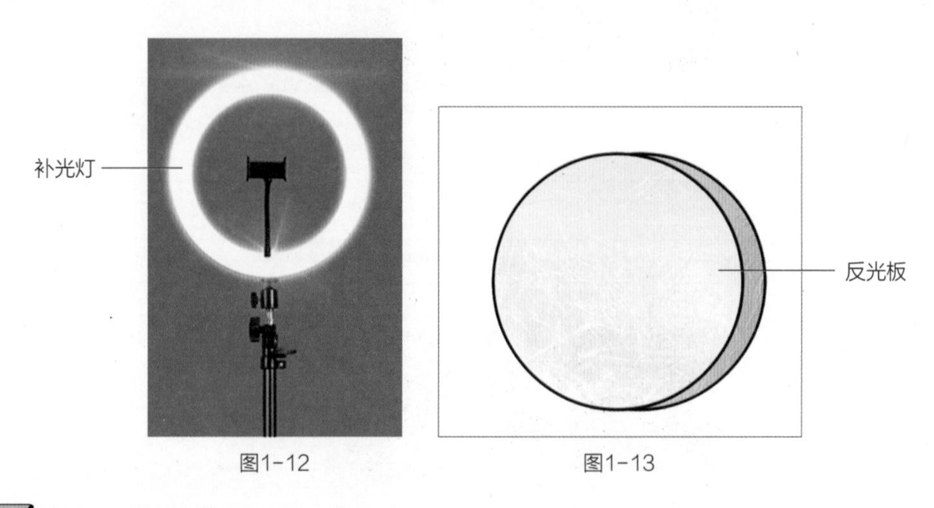

图1-12　图1-13

1.3.4 后期制作

短视频的后期制作可分为初步剪辑、正式剪辑、选择背景音乐、特效制作、配音合成这5个步骤，具体介绍如下。

初步剪辑：剪辑师将拍摄素材按照脚本的顺序拼接起来，剪辑成一个没有视觉特效、没有旁白和音乐的“粗剪”版本。

正式剪辑：“粗剪”版本得到认可后，就可以进入正式剪辑阶段了。这个阶段也被称为“精剪”，主要是对“粗剪”版本进行完善，并将特技合成到视频画面中。

选择背景音乐：“精剪”完成后，选择合适的背景音乐，增强短视频的听觉体验。

特效制作：特效制作是短视频后期制作中较为关键的一步，主要对拍摄不到位的场景和画面进行合成补充。常用的特效制作软件是After Effects。

配音合成：配音可分为旁白和对白，可以根据实际情况进行录制。此外，剪辑师还可以为短视频配上不同的声音效果，以增强趣味性。

1.3.5 发布与推广

短视频的发布和推广渠道众多，操作也比较简单。如果希望自己创作的短视频被更多人发现、欣赏，就要学会“广撒网”，在渠道上多下功夫。以抖音短视频平台为例，在视频拍摄、剪辑完成后，会进入“发布”界面，在该界面可以输入与短视频内容相关的文字，或添加话题、位置，也可以提醒好友、添加小程序以吸引更多人观看，设置完成后点击“发布”按钮，如图1-14所示。

待视频发布成功后，可以在“动态”界面中预览上传的视频，并进入“分享给朋友”界面，将视频同步私信给好友，也可以分享到其他社交平台上，如微信朋友圈、QQ空间等，如图1-15所示。

图1-14

图1-15

以分享到微信朋友圈为例，在图1-15所示的“分享给朋友”界面中点击“朋友圈”按钮，视频将会自动保存至手机相册，完成后会弹出提示框，如图1-16所示，代表视频已经保存到手机相册。

打开微信朋友圈，将保存至相册的视频上传。这里需要注意的是，微信朋友圈对于分享视频的时长有限制，超过15s的视频需要用户进行剪辑处理。完成视频上传后，在“发布”界面可以输入文字或提醒好友查看，完成所有操作后，点击右下角的“发布”按钮，如图1-17所示。

图1-16

图1-17

1.4 本章小结

本章首先简述了短视频的概念、发展、特点和类型，帮助读者初步了解短视频这一新兴的视频形式；然后通过介绍几个打造高质量短视频的方法，为大家提供了制作优质短视频的“捷径”；最后对短视频的制作流程进行了详细讲解。希望大家能掌握本章所述的入门知识，在日后制作短视频的过程中，能够将个人独具创意的想法融入，创作出更多受人喜爱的优质作品。

短视频拍摄基础

本章导读

本章主要讲解短视频拍摄的相关技巧，让读者了解构图、景别、运镜、画面稳定技巧及道具选择等知识点，对短视频拍摄有基本的整体性认识，为之后的短视频剪辑打下基础，方便读者快速理解并掌握短视频拍摄。

学习要点

- 画面构图
- 景别
- 运镜
- 画面稳定技巧
- 抖音拍摄模式及道具选择
- 单反拍摄模式及参数调整
- 网格辅助构图
- 慢动作

2.1 构图

视频构图是建立在图片构图的基础之上的，两者区别不大。视频拍摄的是动态画面，图片拍摄的是静态画面，短视频构图就是在静止拍摄的基础上增加画面的动态性。下面介绍7种常见的构图方式。

2.1.1 水平线构图

水平线构图是很常见的一种构图方式，也是最基础的构图方式之一。水平线构图源于稳定的地平线，因此这种构图在风光照片中应用极为广泛。水平、舒展的线条，使画面看起来更稳定、和谐、宽广，给人平稳的感觉。通常使用水平线构图表现广阔的景物，如海面、湖面、草原这类题材。水平线的出现会让画面展现水平方向上的延伸感，但一定要保证水平线平直，不能倾斜，这样才能更好地保证视觉感受的稳定，如图2-1所示。

图2-1

水平线构图在使用时应注意以下几点。

（1）尽量采用横画幅构图。水平线传递了“平静”“稳定”“舒适”的情感。一般在拍摄时采用横画幅，这样能使水平线显得更长，更有情绪。同时可以通过裁剪，缩短纵向空间来强化水平线的这一情绪特效。

（2）注意加入主体和趣味点。水平线带来的不全是好处，它本身可能是一种过于吸引注意力的画面元素，如果缺乏其他元素，则整个作品很容易显得太“空”。可以在画面中加入一些突出的环境元素作为主体和趣味点（如树木、山川，或者人）来打破这种空泛的感觉，把水平线由主体变成陪衬。

（3）避免二分画面。尽量避免把水平线放在画面正中，把画面一分为二。这样会显得整体构图过于呆板，让人感觉不舒服。最好把水平线放在上下1/3处，除非是上下对称的构图（如倒影）。

（4）确保“水平”。要保证水平线的“水平”，因为哪怕是一点点的倾斜，都会带来很严重的不平衡感。

（5）避免“切头“。拍摄人像时，如果图中有水平线，则切记别让水平线从关节、头部等部位穿过，这是因为从二维的画面中看会显得不够美观。

2.1.2 中心构图

中心构图是把主体放置在画面视觉中心，形成视觉焦点，再使用其他信息烘托和呼应主体。这样的构图形式能够将核心内容直观地展示给观者，内容要点展示更有条理，也具有良好的视觉效果。

中心构图的优点如下。

（1）凸显主体。

将主体放置在画面中心进行构图，可以突出主体的存在感。主体内容占据版面的视觉中心位置，可以起到非常直观的引导作用，如图2-2所示。

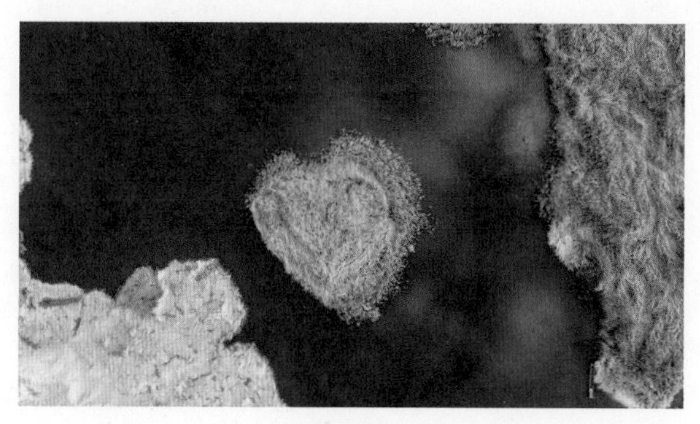

图2-2

（2）聚焦醒目。

中心构图将主体确立在版式的中心位置，能够引导视觉注意力聚集在主体突出的内容上，提高版面的注目效果。

（3）生动活泼。

中心构图重点突出、主次分明。这样的构图会使版面具有很好的层次感，生动活泼、富有趣味性，给人带来愉悦的心情和深刻的印象。

2.1.3 三分构图

三分构图就是将画面等比例分成3份，把拍摄主体放置在1/3线上，如图2-3所示。

三分构图也是最常用的一种基础构图法，采用这种构图的画面简洁，主体突出，而且不失平衡感，同时也避免拍摄主体处于画面中心，导致画面产生呆滞感。

图2-3

2.1.4 前景构图

前景构图就是利用离镜头最近的物体来遮挡，体现画面的虚实、远近关系，如图2-4所示。

图2-4

前景构图的作用如下。

（1）在画面中加入前景可以平衡画面重心，突出远近对比，拉伸纵向空间，加强画面质感，丰富画面内容，烘托气氛。

（2）镜头靠近前景从上往下俯拍，用小光圈表现的画面更真实，让画面体现递进关系，为画面增强层次感。

2.1.5 三角形构图

以3个视觉中心为景物的主要位置，形成一个稳定的三角形。这种三角形可以是正三角形，也可以是斜三角形或倒三角形，其中斜三角形较为常用，也较为灵活。三角形构图具有稳定、均衡且不失灵活的特点，如图2-5所示。

图2-5

2.1.6 景深构图

当对准某一物体进行拍摄时，从该物体前方到后方的某一段距离内的所有景物都是十分清晰的，焦点清晰的这段前后距离称为“景深”，而其他地方则呈现模糊（虚化）的效果，如图2-6所示。

图2-6

2.1.7 框架构图

框架构图是指利用前景物体形成框架，产生遮挡感，使人的注意力集中在框内景象的构图方式。前景景物需要与主体具有一定的区分度，如颜色对比、明暗对比、清晰和模糊对比等，具有增加画面深度的功能，如图2-7所示。

图2-7

2.2 视频拍摄景别

景别是指景物和人物在画面中的大小比例。在拍摄视频时，景别的运用至关重要。景别不仅可以确定整部影视作品的风格，还能突出摄像师的想法，明确表达视频的主旨思想。不同的景别可以引起观者不同的心理反应，营造不同的节奏。如图2-8所示，景别一般划分为五大类。

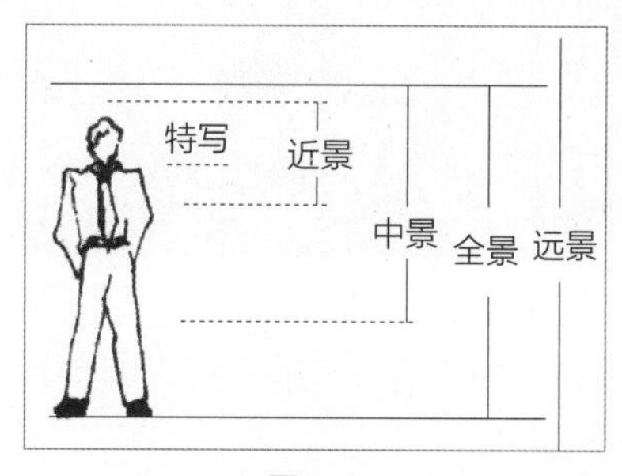

图2-8

2.2.1 远景

远景一般用来表现环境全貌，展示人物及其周围广阔的空间环境、自然景色和群众活动大场面。它相当于从较远的距离观看景物和人物，视野宽广，能包容广大的空间，人物较小，背景占主要地位，画面给人以整体感，细部却不甚清晰。

远景通常用于介绍环境，抒发情感。在拍摄外景时常常使用远景镜头，可以有效地描绘雄伟的峡谷、豪华的庄园、荒野的丛林，也可以描绘现代化的工业区或萧瑟的贫民区。远景画面如图2-9所示。

图2-9

2.2.2 全景

全景用来表现场景的全貌与人物的全身动作，在电视剧中用于表现人物之间、人物与环境之间的关系。全景主要表现人物全身，对体型、衣着打扮、身份交代得比较清楚，环境、道具体现得明白，通常在拍内景时，作为摄像的总角度的景别。在电视剧、电视专题、电视新闻中，全景镜头不可缺少，大多数节目的开端、结尾部分都用全景或远景。全景、远景又称“交代”镜头。而全景画面比远景画面更能阐释人物与环境之间的密切关系，可以通过特定环境来表现特定人物，这在各类影视作品中被广泛应用。对比远景画面，全景画面更能展示出人物的行为动作、表情相貌，也可以从某种程度上表现人物的内心活动。

全景画面中包含整个人物形貌，既不像远景那样由于细节过小而不能很好地观察，又不会像中景或近景画面那样不能展示人物全身的形态动作。全景画面在叙事、抒情和阐述人物与环境的关系上起到了独特的作用，如图2-10所示。

图2-10

2.2.3 中景

画面的下边框卡在人物膝盖部位上下或场景局部的画面称为中景画面，如图2-11所示。

图2-11

和全景相比，中景包容景物的范围有所缩小，环境处于次要地位，重点在于表现人物上半身的动作。中景画面的叙事性很强，在影视作品中所占比重较大。处理中景画面要注意避免直线式的呆板构图，拍摄角度、演员调度、姿势要讲究。人物中景要注意掌握分寸，不能卡在关节部位，因为卡在关节部位是摄像构图中忌讳的。但没有硬性规定取景范围，可根据内容、构图灵活掌握。

中景是叙事功能最强的一种景别。在包含对话、动作和情绪交流的场景中，利用中景可以最有利、最兼顾地表现人物之间、人物与环境之间的关系。中景的特点决定了它可以更好地表现人物的身份、动作以及动作的目的。当表现多人时，中景可以清晰地表现人物之间的关系。

2.2.4 近景

拍到人物胸部以上或物体局部的景别称为近景。近景的屏幕形象是近距离观察人物的体现，能清楚地展现人物细微动作，传达出人物之间的情感交流。近景着重表现人物的面部表情，传达人物的内心世界，是刻画人物性格最有力的一种景别。电视节目中节目主持人与观者进行情绪交流也多用近景。这种景别适应于电视屏幕小的特点，在电视摄像中用得较多。因此有人说电视是近景和特写的艺术。近景产生的接近感往往给观者较深刻的印象，如图2-12所示。

近景中的环境处于次要地位，画面构图应尽量简练，避免杂乱的背景夺走观者视线，因此常用长焦镜头拍摄，利用景深小的特点虚化背景。人物近景画面用人物局部背影或道具作为前景可增加画面的深度、层次和线条结构。人物近景一般只有一人作为画面主体，其他人物往往作为陪体或前景处理。“结婚照”式的双主体画面在电视剧、电影中是很少见的。

图2-12

2.2.5 特写

画面的下边框卡在成人肩部以上，或展现其他被摄对象局部的镜头称为特写镜头。特写镜头的画面被摄对象充满，比近景更加接近观者。特写镜头主要用于提示信息，营造悬念，能表现人物面部细微的表情，刻画人物形象，表现复杂的人物关系。它具有生活中不常见的特殊的视觉效果，主要用来描绘人物的内心活动，背景处于次要地位。演员通过面部表情把内心活动传递给观者，无论是特写人物还是其他对象，均能给观者强烈的印象，如图2-13所示。

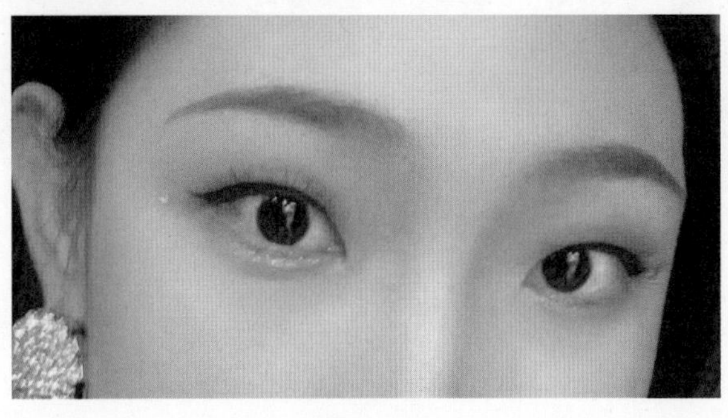

图2-13

2.3 拍摄运镜及转场技巧

要拍好短视频，首先要学习拍摄的运镜技巧。本节将介绍拍摄时常用的运镜及转场技巧，帮助读者提高拍摄短视频的水平。

2.3.1 什么是运镜

运镜也叫运动镜头，主要是指镜头自身的运动。在短视频作品中，静止状态的画面镜头较少，大部分都是运动的镜头。通过不同的运动镜头组合成炫酷的画面，创造出独特的视觉艺术效果。

2.3.2 基本的运镜手法

拍摄视频时，基本的运镜手法为推、拉、摇、移，下面介绍这4种基本运镜手法的相关知识。

1. 推镜头

推镜头呈现的是镜头逐渐靠近被摄主体，画面外框逐渐缩小，画面内的景物逐渐放大的效果，如图2-14所示，使观者的视线从整体聚焦到某一局部。推镜头可以引导观者更深刻地感受角色的内心活动，加强情绪气氛的烘托。

图2-14

推镜头可以连续展现人物动作的变化过程，逐渐从形体动作推向面部表情或动作细节，有助于揭示人物的内心活动。将近景推远，摄取更大的场景，表现一种主观镜头，主要是强调人物的内心世界。

2. 拉镜头

拉镜头呈现的是镜头逐渐远离被摄主体，画面外框由近至远与被摄主体拉开距离的效果。画面从某个局部逐渐向外扩散，使观者的视点后移，看到局部和整体的关系，如图2-15所示。

拉镜头主要突出拍摄对象与整体的效果，有利于保证空间的完整性，调动整体形象逐渐展现。

图2-15

3. 摇镜头

摇镜头是镜头的位置不变，借助摄像师的身体、三脚架的云台以及其他的辅助器材，变动镜头的轴线，产生拍摄角度和画面空间变化的一种拍摄方式，如图2-16所示。摇镜头在方向上有横摇和纵摇之分。

图2-16

在拍摄时，缓慢地摇镜头，将要呈现给观者的场景逐一展示，可以有效拉长时间和空间效果，从而给观者留下深刻的印象。摇镜头可以使拍摄内容表现得有头有尾，一气呵成。因此，摇镜头开头和结尾的画面目标需要明确，从一个拍摄对象摇到另一个拍摄对象，两个镜头之间的过程也应该表现清楚。

4. 移镜头

移镜头是镜头在水平方向上按照一定的运动轨迹进行运动的拍摄方式。使用手机拍摄短视频时，如果没有专业的滑轨设备，则可以尝试双手扶着手机，保持身体不动，然后缓慢移动双臂来平移手机镜头，效果如图2-17所示。

图2-17

移镜头主要用于表现场景中的人与物、人与人、物与物之间的空间关系，或者是将一些事物串起来加以表现。移镜头与摇镜头的相似之处在于，它们都是为了表现场景中主体与陪体之间的关系，但二者在画面上给人的视觉效果完全不同。摇镜头是镜头的位置不动，拍摄角度和被摄物体的角度在变化，适用于拍摄距离较近的物体；移镜头则是镜头拍摄角度不变，镜头本身在移动，可以形成跟随的视觉效果，营造出特定的情绪和氛围。

2.3.3 运镜类短视频的制作要点

掌握4种基本运镜手法之后，接下来讲解运镜类短视频的制作要点。

（1）保证画面的稳定性，详情参考2.4节。

（2）在拍摄时动作要放慢，双手要放平，手机尽量不要晃动，防止在运镜过程中因手抖影响画面质量。

（3）镜头在运动过程中，对焦容易发生变化，例如，光线过亮或者过暗都会影响镜头准确对焦。因此，在拍摄时，需要随时留意镜头的变焦是否影响画面的成像效果。

（4）拍摄结束后，可以为视频添加一些时间特效或滤镜。尽管运镜类短视频非常讲究运镜技巧，但在视频中添加部分特效或滤镜，同样可以带给观者不一样的视觉体验。

2.4 画面稳定技巧

无论是拍摄视频还是拍摄照片，人们都更倾向于观看清晰的画面。拍摄视频的清晰度非常重要，而画面的稳定性有时决定视频的清晰度，在拍摄时除了借助一些辅助设备，还可以运用一些稳定技巧，从而大幅度提升视频画质。

2.4.1 设置手机视频拍摄分辨率

在使用手机拍摄时，需要完成一项操作，即设置手机视频拍摄分辨率。手机视频拍摄分辨率的高低可直接影响视频的清晰度，下面简单介绍几种常见的分辨率。

480P标清分辨率：清晰度一般，但视频文件占据的内存较小，在播放时对网速方面的要求也不高，即使在网络不太好的情况下，也能正常播放。

720P高清分辨率：使用该分辨率拍摄出来的视频声音具有立体声效果，这一点是480P标清分辨率无法做到的，无论是摄像师还是观者，如果对音效要求高，则此分辨率是不错的选择。

1080P全高清分辨率：此分辨率下的画面清晰度比720P高清分辨率的更胜一筹，因此，对手机内存和网速的要求也更高。1080P全高清分辨率延续了720P高清分辨率所具有的立体声效功能，画面效果更佳。

4K超高清分辨率：4K超高清分辨率是1080P全高清分辨率的4倍。采用4K超高清分辨率拍摄出来的视频，无论是画面清晰度，还是声音的表现都极佳，不足之处在于对手机内存和网速的要求较高。

设置手机的视频拍摄分辨率（以iPhone为例）的步骤如下。

在手机桌面点击“设置”图标，进入“设置”界面，找到“相机”选项，如图2-18所示。

点击“相机”选项，进入“相机”设置界面，在这里看到手机默认的视频拍摄分辨率为“1080p/30fps”，如图2-19所示。

点击“录制视频”选项，进入“录制视频”设置界面，在其中可以选择不同的视频分辨率，越往下清晰度越高。此外，该界面还显示了不同选项所需的存储空间大小等详细信息，如图2-20所示。

需要注意的是，若选择4K超高清分辨率录制视频，则除了在“录制视频”设置界面中选择对应的分辨率，还要在“相机”设置界面对“格式”进行设置，将相机拍摄视频的格式设置为“高效”，如图2-21所示。

图2-18

图2-19

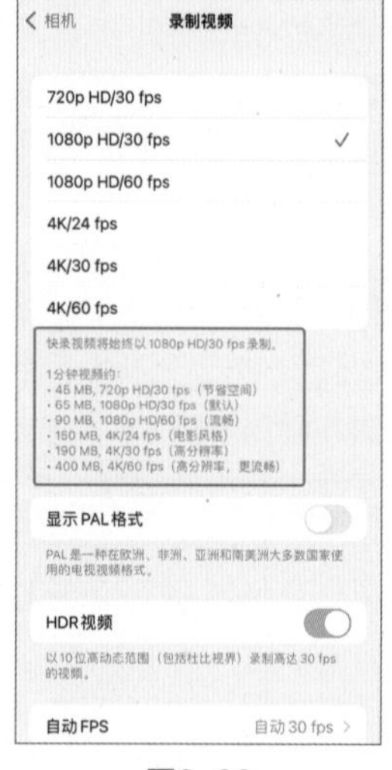

图2-20

图2-21

2.4.2 辅助拍摄的稳定性设备

手机最大的特点是便携，能满足用户随时随地的拍摄需求，但由于不是专业级的摄录设备，因此在拍摄条件的限制下，例如手抖、光线不好，拍摄出来的画面很容易出现噪点和模糊的情况。针对以上问题，可以借用一些辅助设备来完成拍摄。

1. 手机三轴稳定器

手机三轴稳定器是绝大多数手机摄像师必备的防抖设备之一，如图2-22所示。“三轴”包含手柄上的“航向轴”（旋转360°无限制），以及“俯仰轴”（旋转范围320°）和“横向轴”（旋转范围320°）。

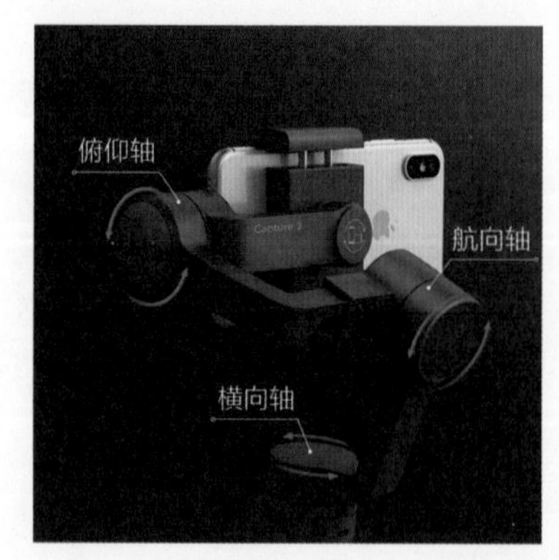

图2-22

手机三轴稳定器不仅支持摄像师横、竖拍摄，并且在拍摄运动状态下的对象时，能将画面拍得稳定且清晰，可谓手机防抖拍摄设备强者之一。一般来说，手机三轴稳定器具有以下两个优点。

（1）轻巧，可折叠，长久工作手不累。

（2）简便，支持单手操作，功能不复杂，随时随地可启动。

2. 自拍杆

在进行自拍类视频拍摄时，由于人的手臂长度有限，拍摄范围会受到一定的限制。如果想要拍摄全身，或者让身边的人、景物都进入镜头，就要用到另一种常见的拍摄辅助工具——自拍杆，如图2-23所示。

图2-23

从自拍杆的"硬件配备"来看，大部分自拍杆的拉伸范围在24～94cm，也有65～135cm的。长度的选择可以依据不同的需要而定，但如果希望便携，则24cm左右的收纳长度更适合放入旅行背包。

蓝牙连接的有效范围一般在10m左右。如果希望得到更"广角"的效果，则可以选择能拉伸至135cm的自拍杆。另外，自拍杆前端的手机夹是否支持大角度旋转也非常重要，一些自拍杆的旋转角度为360°，一些则可以达到720°立体旋转。

一般来说，自拍杆自身重量在88～160g，承重则在500g左右，但选择时要留意其锁紧功能如何，确保手机或其他电子设备在使用中不会出现滑落、摇摆等情况。不然，不但得不到好的拍摄效果，还可能造成设备损坏。自拍杆的拍摄按键位置要设计合理，基本在大拇指的控制范围内，并且点按舒适。一些自拍杆的拍摄按键触感较硬，长时间使用会感到不适。

此外，从材料上来看，普通自拍杆使用不锈钢，高级一些的则使用碳纤维，这种材质质地轻盈、稳定性好，对于自拍杆来说更为合适，不过成本也会相应提高，在价格方面有所体现。

3. 三脚架

三脚架是用来稳定设备的一种支撑架，如图2-24所示，以达到某些摄影效果。三脚架的定位非常重要。三脚架按材质可以分为木质、高强度塑料材质、铝合金材质、钢铁材质、火山石材质、碳纤维材质等多种。使用三脚架可以很好地对手机或者相机进行固定，并可以帮助摄像师完成一些推、拉、摇、移的动作。

图2-24

2.4.3 将其他物体作为支撑点

由于手机比较轻便，因此在手持拍摄时很容易发生抖动。为了拍摄出稳定的画面，最直接的方法就是借助三脚架、稳定器等固定设备。若没有，则可以借助其他物体来稳定设备。在拍摄时，如果身边有比较稳定的大型物体，如大树、墙壁、桌子等，则可以将手机轻靠大树、墙壁，或者立在桌子上，形成一个比较稳定的拍摄环境。需要注意的是，尽量避免碰撞，避免运动拍摄。

2.4.4 保持正确的拍摄姿势

用手机拍摄时，除了保持呼吸平稳，身体还可以靠着栏杆、墙壁等，如图2-25所示，尽量让身体保持稳定。

图2-25

2.4.5 选择稳定的拍摄环境

除了在设备和拍摄姿势上需要注意，选择一个稳定的拍摄环境同样有利于拍出稳定的画面。在拍摄场景的选择上，尽量避免一些坑洼的、被杂草和乱石覆盖的地面，因为崎岖不平的地面很容易让人踏空或者磕绊。因此，平整、结实的地面可以减少拍摄时不必要的镜头晃动。

2.4.6 小碎步移动拍摄

在进行移动拍摄时，应减少身体动作，避免大步行走，利用小碎步移动拍摄，这样可以有效减少画面抖动，确保画面的观赏性。

2.4.7 尽量减少手部动作

在拍摄视频时，经常需要运转镜头。为了保证画面稳定，在运转镜头的同时，应以身体为旋转轴心，尽量避免大幅度的手部动作，手肘可以紧靠身体来保持稳定，并减少手部动作。例如，在拍摄过程中换手拿手机，就极有可能打破手机的平稳状态。

2.5 抖音拍摄模式及道具选择

一段普通的视频很容易被“淹没”，要获得更多的关注，就必须提高视频的质量和品位。例如，在视频中添加一些复杂的玩法和新奇的元素。除了前期的常规拍摄，视频效果还取决于道具的运用和后期处理。许多短视频App都提供了丰富的特效道具和美化滤镜，在拍摄界面或者后期编辑界面可以自由选择。为视频选用合适的道具、特效可以起到很好的点缀或优化作用。下面以抖音App为例，介绍常用的拍摄道具及使用方法。

2.5.1 设置视频美颜拍摄

在各大短视频平台中，大部分短视频是以人为主要拍摄对象的。一些爱美的用户自然也少不了要用到美颜模式。在拍摄时，适当开启美颜功能，不仅可以弱化人物面部的瑕疵，还能让视频的观赏度更上一层楼。在使用抖音App拍摄短视频时，在拍摄功能界面中点击“美化”按钮，选择对应的模式，展开功能列表后可以看到“磨皮”“瘦脸”“大眼”“清晰”等美颜功能按钮，如图2-26所示。美颜镜头的原理是通过面部捕捉，对人脸的整体或局部进行微调。可以根据用户自身需求，任意点击美颜按钮对相关的美颜参数进行调整。

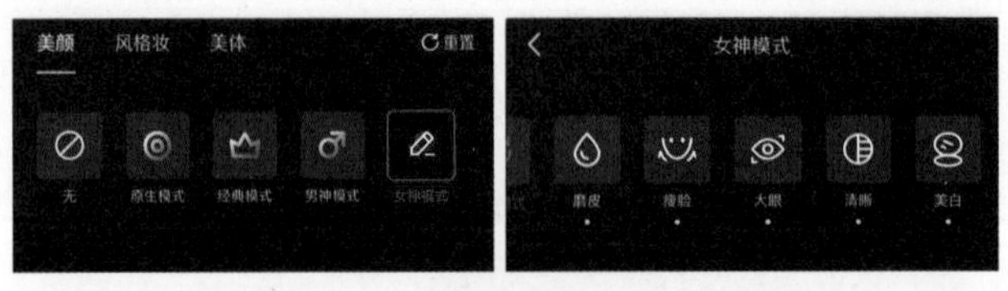

图2-26

2.5.2 使用热门装饰道具

抖音App的热门道具在抖音短视频中是极为常见的，图2-27所示为“宝宝熊二妆”道具特效的视频画面，该道具的使用增加了视频画面的可爱、搞笑气息。

在抖音App拍摄功能界面点击“道具”按钮，即可展开更多时尚热门的特效样式，如图2-28所示。在拍摄短视频时，可以自由运用这些道具，增加视频的趣味性。

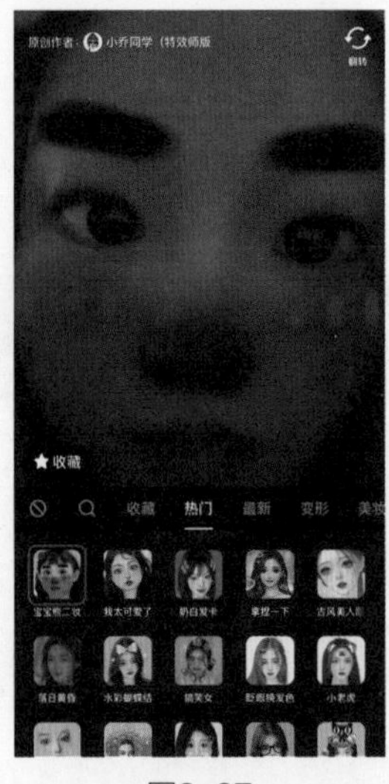

图2-27

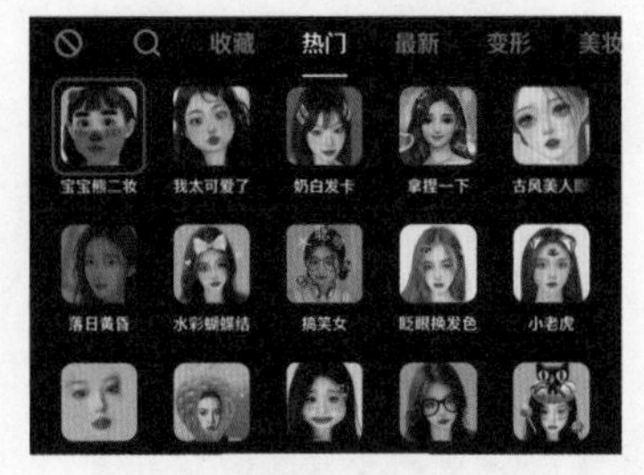

图2-28

2.5.3 选择合适的拍摄滤镜

滤镜是很多短视频摄像师在前期或后期制作时，都会用到的调色工具。合适的滤镜能让视频画面看起来更美观、自然。如今，许多短视频拍摄App都提供了大量的滤镜特效，使用它们可以重新定义视频风格。在抖音App中点击“滤镜”按钮，如图2-29所示。在展开的功能列表中可以看到“人像”“日常”“复古”“美食”“风景”等滤镜模式，如图2-30所示。点击“管理”按钮，可展开部分未选中的滤镜模式，如图2-31所示，可以根据需求选中滤镜模式，将其应用到视频项目中。

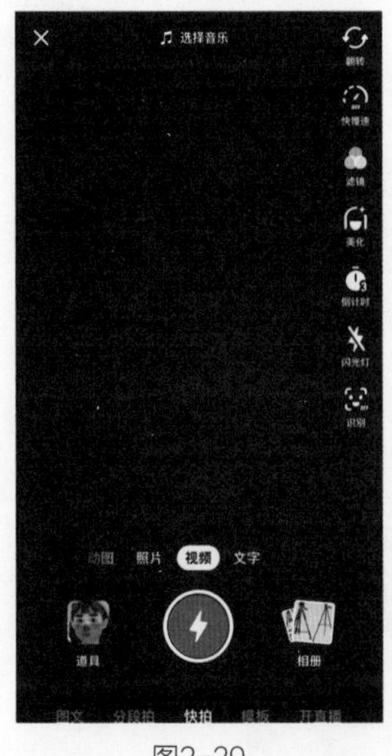

图2-29

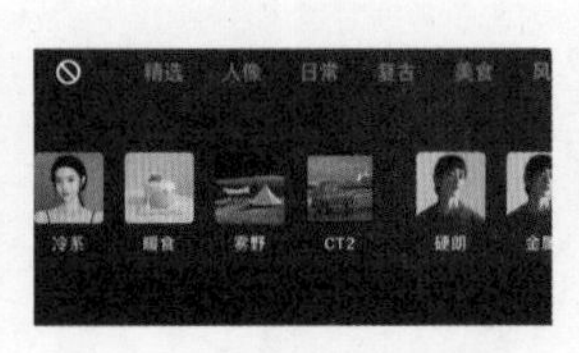

图2-30

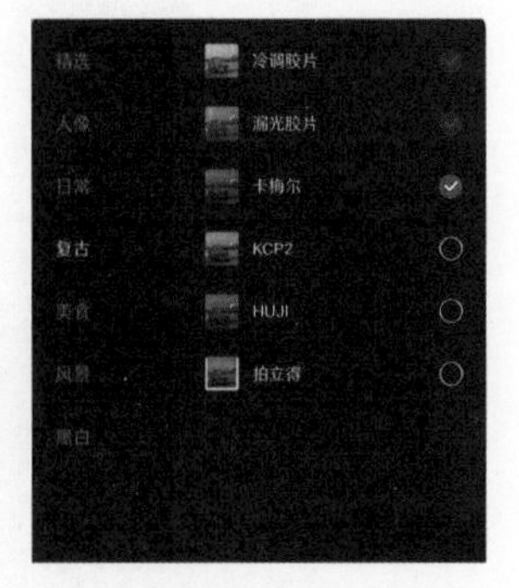

图2-31

1. 人像滤镜

人像滤镜主要使用前置摄像头，当光线不足，且无法使用闪光灯补光时，拍摄的人物会显得脸部灰暗，没有神采。此刻可以选用“白皙”滤镜，软件通过对色温等参数的自动调节，能实现面部皮肤变白、红润等效果，如图2-32所示。由于拍摄视频的环境、人物等因素不同，因此需要根据画面实际情况和自身喜好选取滤镜。

2. 美食滤镜

针对美食摄影或者短视频的拍摄，美食滤镜主要是将画面调整为暖黄色，让食物更加有色泽，增添食欲。图2-33所示为添加“料理”滤镜前后的对比效果，在滤镜的渲染下，视频的明亮度和饱和度都有了明显提升。

图2-32　　图2-33

3. 风景滤镜

在户外进行风景拍摄时，难免会因为光线出现色差，有色彩失真的情况出现。风景滤镜主要用于调整白平衡，图2-34所示为添加“宿营”滤镜前后的对比效果。风景滤镜可以针对不同的光线稳定平衡，让景物恢复到更加自然的状态。

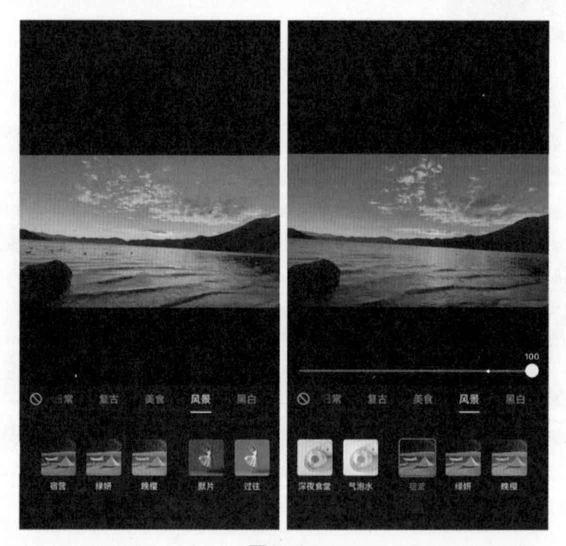

图2-34

2.5.4 设置视频播放速度

在观看视频的过程中，视频画面的快慢也可以给观者带来不一样的感受。例如，紧张刺激类视频画面可以加快视频播放速度，而抒情类视频画面可以减缓视频播放速度。在利用抖音App拍摄短视频时，可以选择不同的视频播放速度，如图2-35所示。

图2-35

2.6 单反拍摄模式及参数调整

2.6.1 曝光三要素

曝光三要素，即我们常说的光圈、快门、感光度，如图2-36所示。

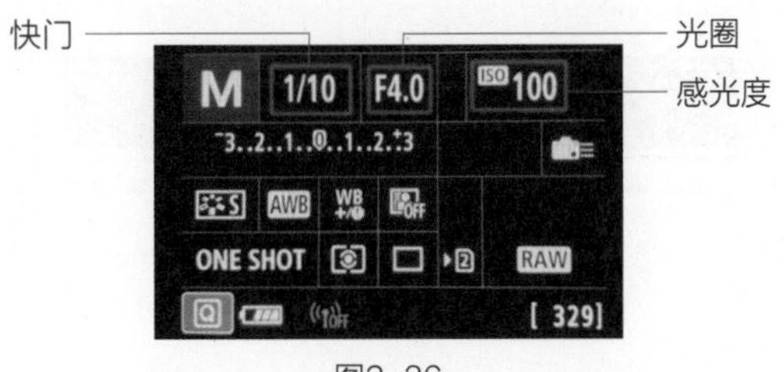

图2-36

1. 光圈

光圈又称“相对口径”，是由若干金属薄片组成的、大小可调的进光孔，位于镜头内。光圈越大，进光孔的直径越大；光圈越小，进光孔的直径越小。光圈系数用f（或F）来表示，其定义为：f＝镜头焦距÷进光孔的直径。

光圈一般由2.8、4、5.6、8、11、16、22等数字表示，即光圈系数。如果镜头焦距不变，则光圈系数越大，进光孔的直径越小，镜头的进光量就越少。反之，镜头焦距不变，光圈系数越小，进光孔的直径越大，镜头的进光量就越多，如图2-37所示。

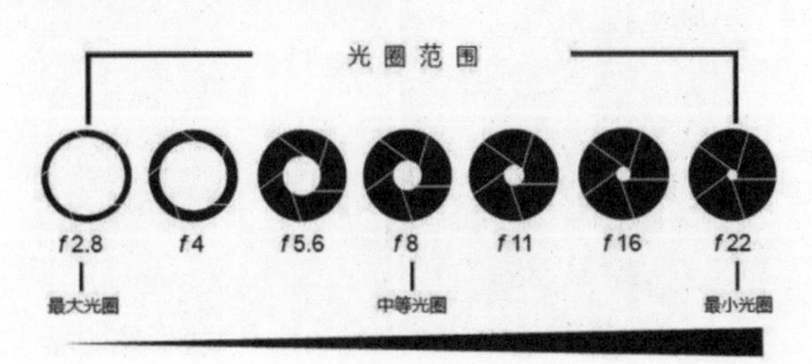

图2-37

光圈在摄影中的作用体现在以下3个方面。

（1）调节进光度。光圈可以调节和控制光线进入相机的面积大小，光圈大，进光面积大，光圈小，进光面积小。

（2）调节景深范围。光圈大小对拍摄的清晰范围有一定影响，光圈大，景深小；光圈小，景深大。

（3）影响成像质量。任何一个镜头，都有某一档光圈的成像质量是最好的，即受各种像差影响最小。

2. 快门

快门是相机镜头的计时装置，以s为单位，其作用是控制光线进入相机时间的长短。快门的功能主要表现在两个方面：一是与光圈系数配合，控制曝光量，满足不同曝光量的需求；二是用于动态物体摄影，以抓住瞬间动作，使之成像清晰。一个好的镜头都有多级快门和较高的快门速度，以适应各种摄影用途需要。快门速度数字为1、2、4、6等，分别对应的曝光时间是1s、1/2s、1/4s、1/6s等，快门速度数字越大，曝光越快，越不易产生抖动，如图2-38所示。

相机的快门种类繁多，设计方式也不尽相同，但必须具备下列功能：一是拍摄动态物体要有高速快门；二是对于各种光照与亮度环境，要能够调节快门速度；三是采用辅助照明（闪光灯）时，要能准确照明；四是快门要能在一段时间内延时开放，进行自拍。

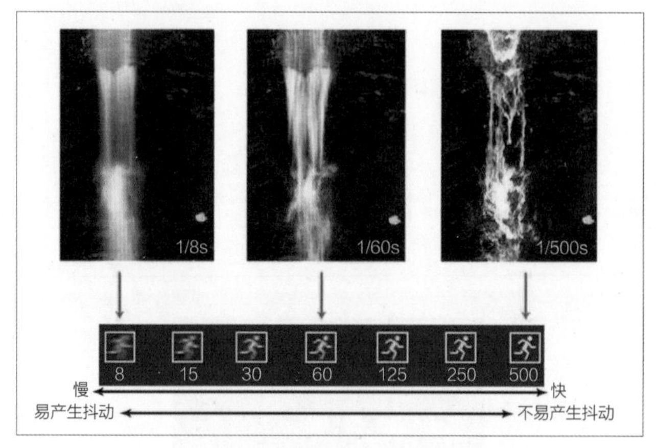

图2-38

3. 感光度

感光度又称为ISO值，是指感光元件对光线的敏感程度。过去，感光度是固定的，进入数码相机时代后，感光度变成了可以随时调整的参数，如图2-39所示。

感光度变化带来的影响有以下两点：感光度越高，感光元件对光线越敏感，拍摄的照片越明亮，噪点也就越多；感光度越低，感光元件对光线越不敏感，拍摄的照片越暗，噪点也就越少。

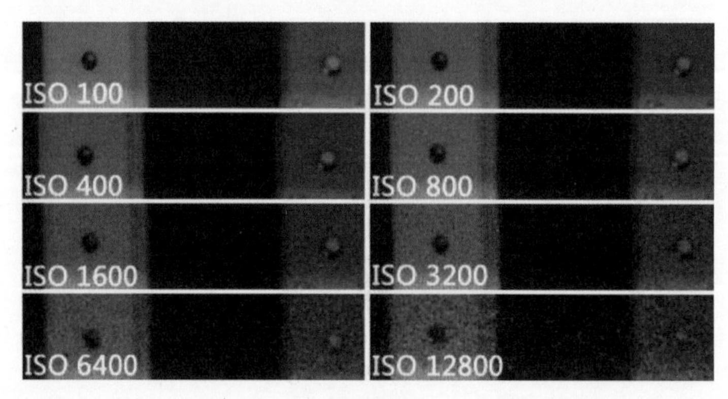

图2-39

2.6.2 色温与白平衡

1. 色温

色温是一种温度衡量方法，通常用在物理学和天文学领域。但是这种方法标定的色温与普通大众所认为的“暖”和“冷”正好相反，通常人们会感觉红色、橙色和黄色较暖，白色和蓝色较冷，而实际上红色的色温最低，然后逐步增加的是橙色、黄色、白色和蓝色，蓝色的色温最高。这个方法的原理基于一个虚构的标准黑色物体在被加热到不同的温度时会发出不同颜色的光，即呈现为不同颜色。就像加热铁块时，铁块先变成红色，然后是黄色，再是白色，最后会变成蓝色，如图2-40所示。

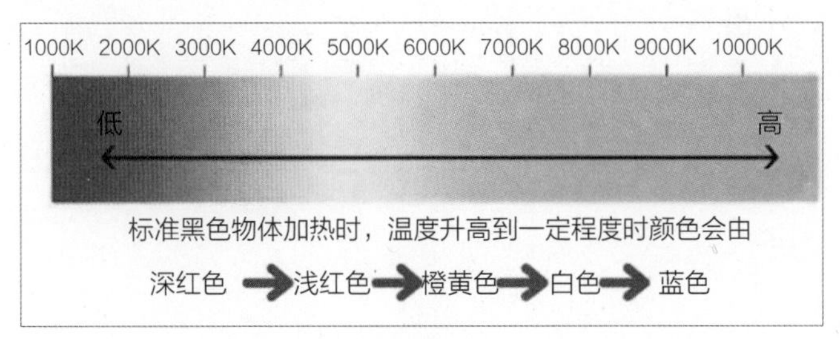

图2-40

比如在利用自然光线进行拍摄时，在不同时段拍摄出的照片会呈现不一样的效果。例如，在晴朗的正午，由于光线的色温高，拍摄出来的天空是呈偏冷色调的。而在傍晚日落或者清晨日出时，由于光线的色温低，拍摄出的照片的色调就是偏暖色调的。

2. 白平衡

白平衡是指还原环境的真实色彩，达到白色的平衡。白平衡是摄影摄像领域中一个非常重要的概念，通过它可以解决色彩还原和色调处理的一系列问题。比如一张白纸放在正午阳光下会显得更白，在黄昏阳光下会偏黄，我们的眼睛能够识别它是一张白纸，但是相机作为机器却不能，它只能客观地分析物体周边环境的颜色，这时就需要用到相机白平衡功能还原物体真实的颜色。

在大多数拍摄中，为了提高拍摄效率，很多时候都会选择自动白平衡模式来进行拍摄。但是面对不同的拍摄题材，我们常常需要手动控制白平衡参数来控制画面的色彩。在相机设置中，白平衡色温值设置得越低，画面会呈现出越蓝的冷色调；色温值设置得越高，画面会呈现出越黄的暖色调。比如要拍摄蓝天、夜景、雪景等题材，可以将白平衡值降低，这样会得到更干净、通透的冷色调画面。相反，如果需要拍摄日出或者夕阳这样比较温暖的画面，则可以将白平衡值调高，这样可以得到更暖的画面。相机中的白平衡色温跟物理学中的色温相反，所以在拍摄时只要根据相机的白平衡调整就可以了。

2.7 拍摄实战

2.7.1 实战：使用网格功能辅助构图

在拍摄短视频时，开启手机的网格功能进行辅助拍摄，不仅可以直观地观察拍摄对象在画面中的位置是否得当，还能在一定程度上提升画面的构图质量。

进入iPhone的“设置”界面，在功能列表中找到“相机”选项，如图2-41所示。

点击“相机”选项，进入“相机”设置界面，点击“网格”开关按钮，即可显示或隐藏网格线，如图2-42所示。

图2-41　　图2-42

图2-43和图2-44所示分别是显示和隐藏网格线的视频拍摄画面。

图2-43

图2-44

2.7.2 实战：无缝运镜

在抖音短视频平台观看视频作品时，经常能够看到某些含有无缝转场的短视频。大家只要通过运镜技巧，并巧妙利用不同的拍摄场景，就可拍出同类型的作品。

场景变化短视频需要在多处场景进行拍摄，因此，首先需要确定拍摄场景，这样可以节约拍摄时间。本次拍摄的场景为室外花园和室内。

打开相机，点击“开拍”按钮，将手机镜头调整为后置摄像头，对准拍摄场景，如图2-45所示。

图2-45

横持手机，点击“拍摄”按钮，慢慢往前推手机，直至镜头画面贴近被摄物体，完成拍摄后，点击“拍摄”按钮暂停拍摄，如图2-46所示。

图2-46

切换场景，横持手机，点击“拍摄”按钮，慢慢往后拉手机，从贴近被摄物体到拉远，展现室内环境，完成拍摄后，点击“拍摄”按钮暂停拍摄，如图2-47所示。

图2-47

2.7.3 实战：慢动作功能——给人时间上的错觉

慢速短视频往往可以突出视频的细节。相较于快节奏视频，大家在观看慢速短视频时，注意力要更为集中。有的短视频是拍摄后经过后期加工来放慢视频播放速度的，有的短视频则是在拍摄时通过“慢速”拍摄来实现慢放效果的。

打开抖音App，点击“开拍”按钮，将手机镜头调整为后置摄像头。点击“快慢速”按钮，选择“极慢”选项，拍摄模式切换为“快拍”，如图2-48所示。

点击“拍摄”按钮，拍摄一段少于15s的翻书动作，拍摄完成后点击“拍摄”按钮暂停拍摄，如图2-49所示。

点击“剪裁”按钮，将视频时长裁剪为10s，如图2-50所示，裁剪完成后点击“确定”（对钩）按钮。

点击“选择音乐”按钮，在音乐列表中选择一首合适的背景音乐，取消勾选“视频原声”，如图2-51所示。

点击“滤镜”按钮，选择“日常”中的“高清”滤镜效果，并将滤镜强度调整为100，如图2-52所示。至此，短视频制作完成，即可上传、分享。

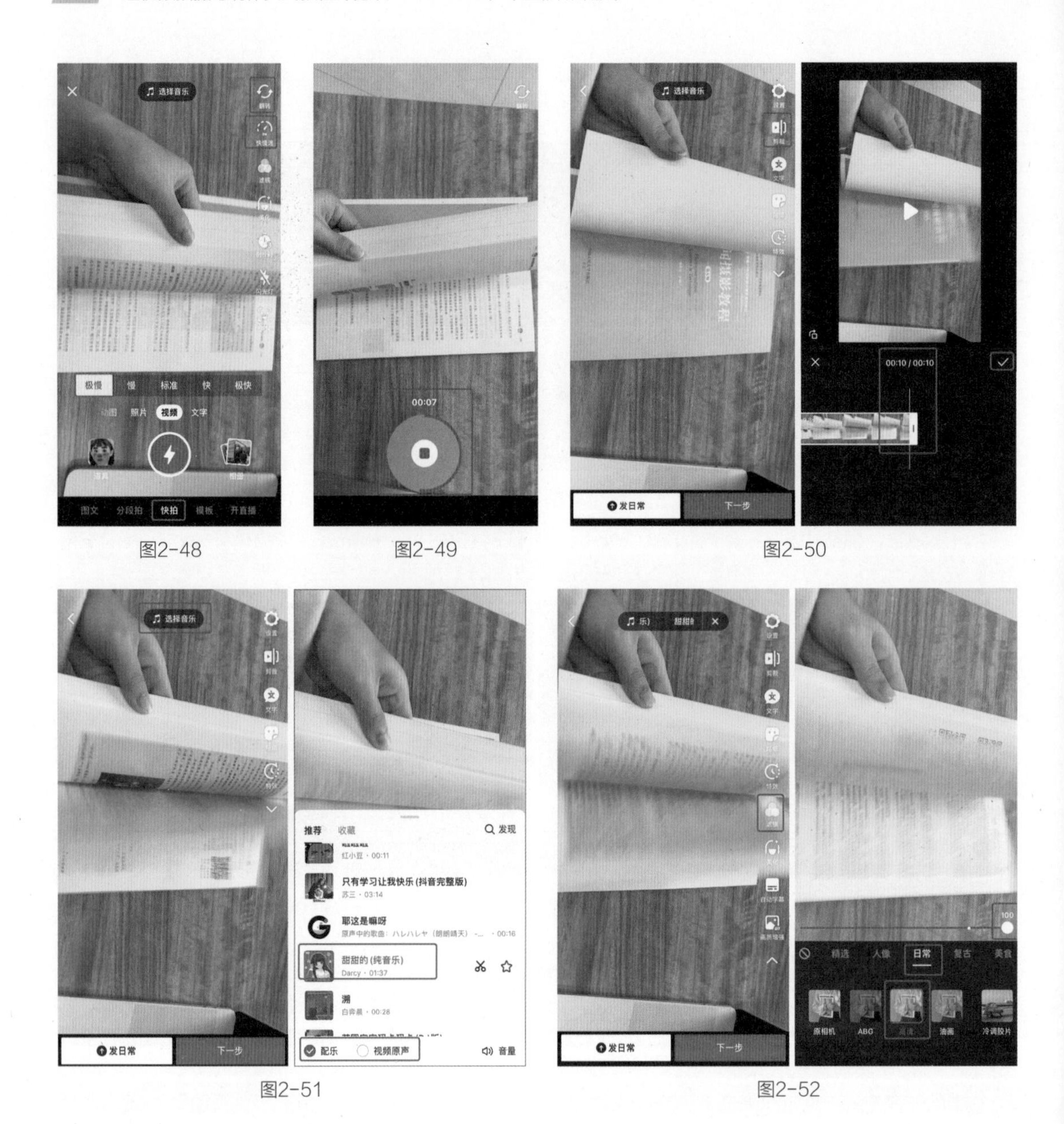

图2-48　图2-49　图2-50

图2-51　图2-52

2.8 本章小结

本章主要介绍实用性极强的短视频拍摄技巧，同时还补充了构图方面需要注意的内容及相关操作，方便读者加深理解。此外，本章所讲的拍摄运镜及转场技巧是需要读者重点阅读和深度理解，并且能够运用到实际操作中的重要知识点。

第3章 剪映剪辑基础

本章导读

本章主要讲解剪映的基本使用方法和进阶操作，让读者了解剪辑的流程、剪映的基本操作，对使用剪映有基本的整体性认识，为之后的字幕添加、音乐衔接等操作打下基础，方便读者快速理解并掌握使用剪映剪辑的操作。

学习要点

- 剪映的基本使用方法
- 分割
- 编辑
- 变速
- 定格
- 倒放
- 防抖和降噪
- 画中画与蒙版
- 智能抠像与色度抠图
- 关键帧

3.1 掌握剪映的基本使用方法

在开始剪辑前，首先要认识剪映App的工作界面及其功能，其次需要掌握剪辑的整体流程，这样可以避免进行一些无效的工作，达到事半功倍的效果。本节将对剪映App的工作界面、剪辑流程、输出设置展开讲解，带领读者进入剪映的剪辑世界。

3.1.1 认识剪映的界面

在将一段视频素材导入剪映之后，就可以看见其编辑界面。此界面由3部分组成，分别是预览区、时间线区和工具栏，如图3-1所示。

图3-1

1. 预览区

在预览区可以实时查看视频画面。时间轴位于视频轨道的不同位置时，预览区会显示当前时间轴所在的那一帧的画面。视频剪辑过程中的任何一个操作，都需要在预览区中确定其效果。当预览完视频内容后，发现没有必要再接着修改，就可以导出视频，完成视频的后期制作。预览区在剪映界面中的位置如图3-2所示。

在图3-3中，预览区左下角显示“00：00/00：13”，其中“00：00”表示当前时间轴位于的时间刻度为“00：00”，“00：13”表示视频的总时长为13s。

预览区下方的第1个按钮为“播放/停止”按钮，表示从当前时间轴所处的位置播放视频；第2个按钮为“撤回”按钮，表示撤回上一步操作；第3个按钮为“恢复”按钮，可以在撤回操作后，再将其恢复；最后一个按钮为“全屏预览视频”按钮，如图3-4所示。

图3-2

图3-3

图3-4

2. 时间线区

在使用剪映进行视频剪辑时，绝大多数的操作都是在时间线区中完成的，该区域范围如图3-5所示。

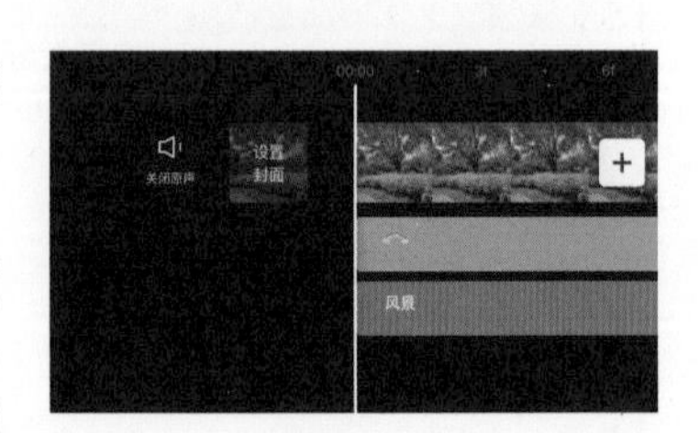

图3-5

（1）轨道

占据时间线区较大比例的是各种轨道，如图3-5所示，主视频轨道是风景视频；橘黄色的是贴纸轨道；橘红色的是文本轨道。

在时间线区还有各种各样的轨道，如特效轨道、音频轨道、滤镜轨道等。通过各种轨道的结束位置可确定其时长及效果的作用范围。

（2）时间轴

时间线区中的竖直白线就是时间轴。随着时间轴在视频轨道上移动，预览区会显示当前时间轴所在的那一帧画面。在进行视频剪辑，以及确定特效、贴纸、文本等元素的作用范围时，都需要移动时间轴到指定位置，然后移动相关轨道至时间轴，从而精准定位。

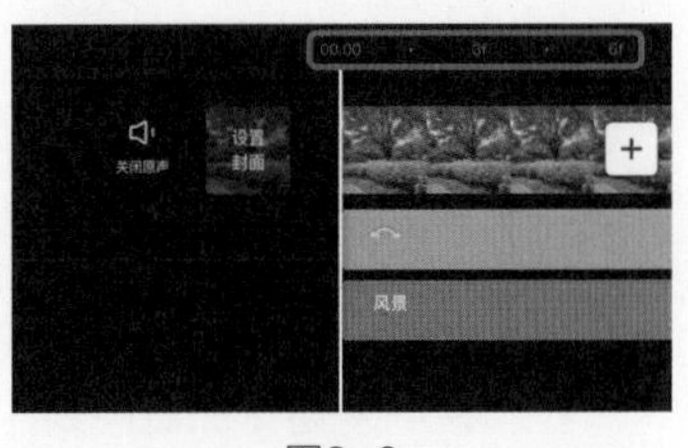

图3-6

（3）时间刻度

时间线区最上方是一排时间刻度。通过时间刻度可以准确判断当前时间轴所在的时间点，如图3-6所示。但其更重要的作用在于，随着视频轨道被“拉长”或者“缩短”（音频轨道等会同步变化），时间刻度的跨度也会改变。当视频轨道被拉长时，时间刻度的跨度最小可以达到2.5帧/节点，这有利于精确定位时间轴的位置。而当视频轨道被缩短时，则有利于快速在较大时间范围内移动时间轴。

3. 工具栏

剪映编辑界面最下方为工具栏。软件中用到的所有功能几乎都可以在工具栏找到。在不选择任何轨道的情况下，显示的为一级工具栏，如图3-7所示。点击相应的按钮，将进入二级工具栏，此处以“剪辑”的二级工具栏为例，如图3-8所示。

图3-7

图3-8

3.1.2 掌握时间轴的使用方法

时间轴是时间线区的重要组成部分，在视频后期处理中，熟练运用时间轴可以让素材之间的衔接更加流畅，让效果的作用范围更精确。

1. 用时间轴精确定位画面

当从一个镜头中截取视频片段时，只需要在移动时间轴的同时观察预览区，即可通过内容来确定截取视频的开始位置和结束位置。

如图3-9所示，利用时间轴可以精确定位到视频中人物手指并拢且虚握麦穗的画面，从而确定所截取视频的开始时间为“00：07”；如图3-10所示，人物手指离开麦穗时为结束位置，时间为“00：12”。

通过时间轴定位视频画面几乎是所有后期处理的必要操作。因为对于任何一种后期效果，都需要确定其“覆盖范围”，而“覆盖范围”其实就是利用时间轴来确定起始时刻和结束时刻。

图3-9 图3-10

2．大范围移动时间轴的方法

在处理长视频时，由于时间跨度比较大，所以将时间轴从视频开始位置移动到视频结束位置需要较长的时间。此时可以将视频轨道缩短（在时间线区，两根手指向中间滑动，类似于缩小图片的操作），增大时间刻度的跨度，从而实现时间轴移动较短的距离就可以进行大范围跳转，如图3-11所示。另外，缩短视频轨道后，每一段视频在轨道中显示的“长度”也变短了，可以方便调整视频排序。

3．让时间轴定位更加准确的方法

拉长视频轨道（在时间线区，两根手指分别向左、右两侧滑动，类似于放大图片的操作），时间刻度将以帧为单位显示。

视频其实就是利用视觉暂留现象，连续播放多个画面所呈现的效果，组成视频的每一个画面对应一帧。在使用手机录制视频时，若帧率为24帧/秒，则每秒会连续播放24个画面。所以，当将视频轨道拉至最长时，每秒都会有24个画面，可以极大提高画面选择的精确度。

图3-12和图3-13分别为第10帧和第14帧的画面，这两个画面存在细微的差别。

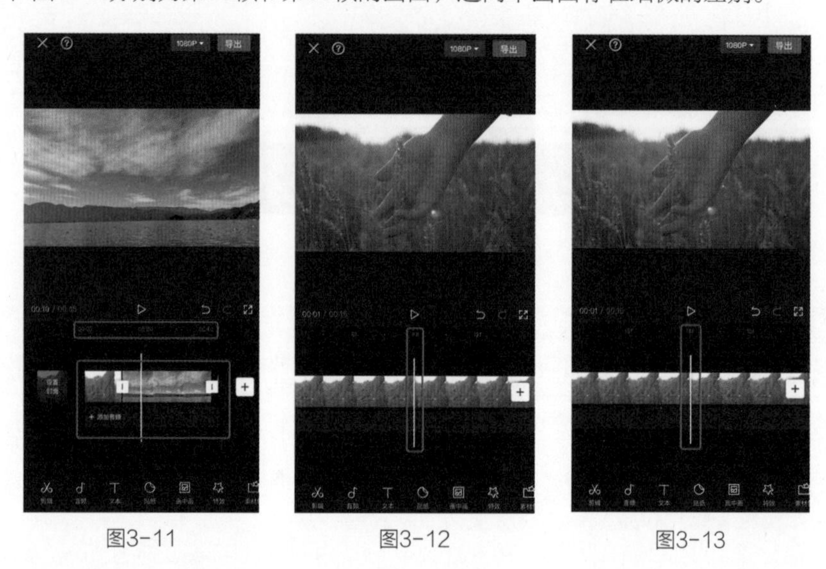

图3-11　　图3-12　　图3-13

3.1.3 学会与轨道相关的操作

对于视频后期处理，绝大多数的时间都是在处理轨道。因此，掌握轨道的相关操作是开启剪辑之门的钥匙。

1．调整同一轨道上不同素材的位置

利用视频轨道，可以快速调整多段视频素材的排列顺序。

缩短视频轨道，让每一段视频素材都能显示出来，如图3-14所示。

长按需要调整位置的视频素材，并将其拖动到目标位置处，如图3-15所示。

手指离开屏幕，即可完成视频素材顺序的调整，如图3-16所示。

对于其他轨道，也可以利用相似的方法调整素材顺序或者改变某个素材所在的轨道。图3-17所示为两条音频轨道。如果想让两段音乐素材不重叠，就可以长按其中一段音乐素材，将其与另一段音乐素材放置在同一条轨道上，如图3-18所示。

图3-14

2．快速调整素材时长

在视频剪辑中常常需要调整视频时长，接下来介绍调整素材时长的方法。

选中需要调整时长的视频片段，如图3-19所示。

拖动白色边框的右侧或者左侧，即可增加或者缩短视频时长，如图3-20所示。需要注意的是，如果视频片段已经完整地出现在轨道上，则无法继续增加视频长度。另外，提前确定好时间轴的位置，当缩短视频长度至时间轴附近时，会有吸附效果。

拖动边框增加或缩短视频长度时，其时长会显示在左上角，如图3-21所示。

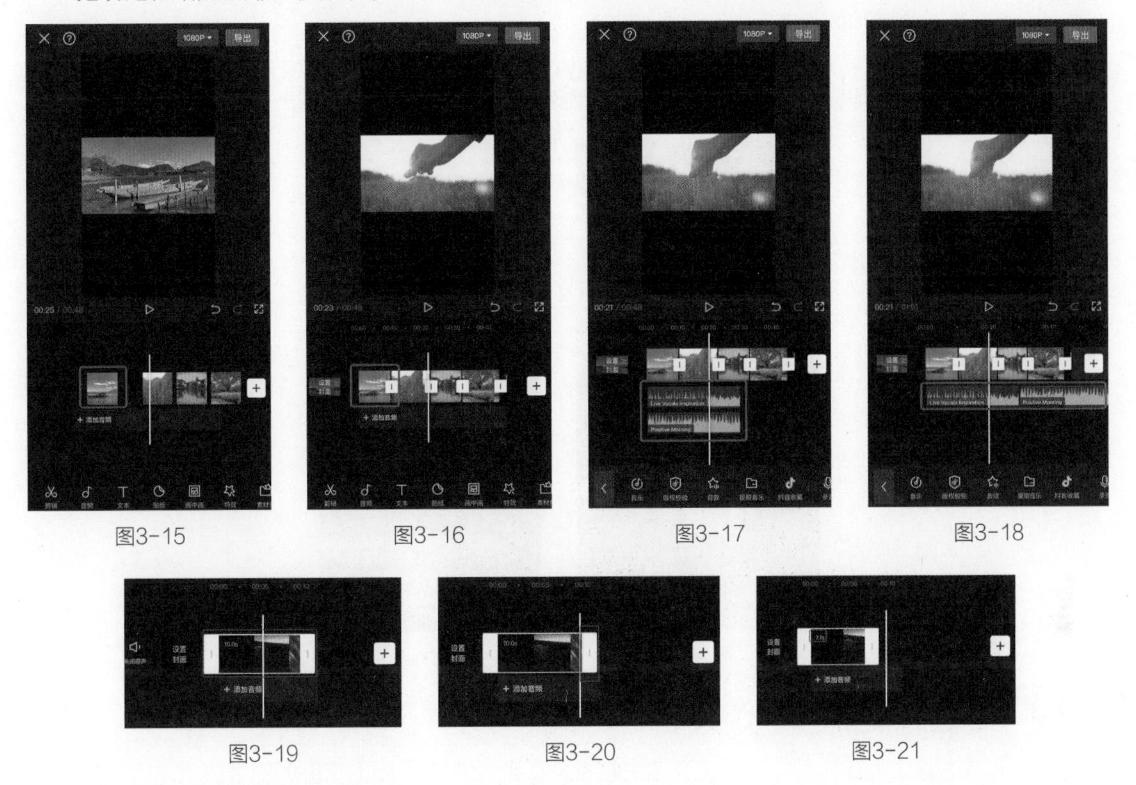

图3-15　图3-16　图3-17　图3-18

图3-19　图3-20　图3-21

3．通过轨道调整效果覆盖范围

添加音乐、文本、贴纸、滤镜等效果时，需要确定其覆盖范围，也就是确定从哪个画面开始到哪个画面结束。

移动时间轴确定应用该效果的起始画面，然后长按效果素材并拖动（此处以滤镜轨道为例），将效果素材的左侧与时间轴对齐。在剪映中，当效果素材移动到时间轴附近时，素材会自动吸附过去，如图3-22所示。

接下来移动时间轴至结束位置，点击效果素材，使其边缘出现白色边框，如图3-23所示。

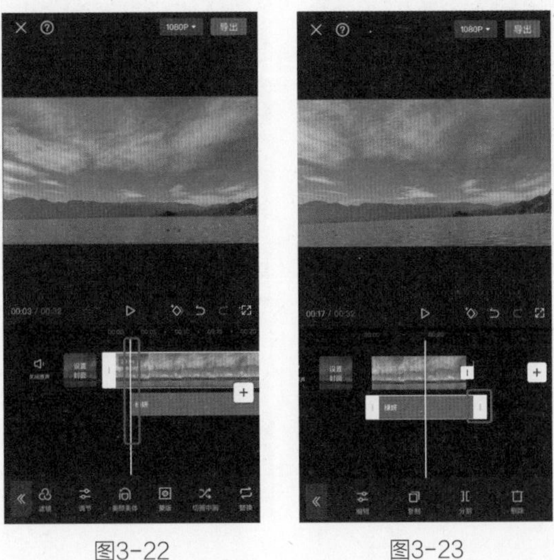

图3-22　图3-23

拉动白色边框的右侧，将其与时间轴对齐。同样，当边框至时间轴附近后，会被吸附过去，如图3-24所示。

4. 通过轨道将多种效果同时应用到视频

在同一时间段内可以具有多条轨道，如音频轨道、文本轨道、贴纸轨道、滤镜轨道等。当播放这段视频时，可以同时加载这段视频的所有效果，呈现丰富的视频画面，如图3-25所示。

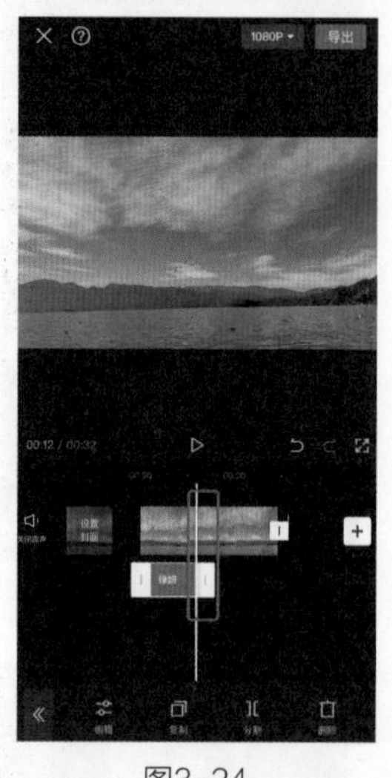

图3-24　图3-25

3.1.4 视频后期处理的基本流程

掌握上面讲解的内容之后，就可以开始进行视频后期处理了。接下来讲解使用剪映进行视频后期处理的基本流程。

1. 生成视频

（1）通过添加素材生成视频导入视频

①打开剪映App后，点击“开始创作”按钮，如图3-26所示。

②在进入的界面中选择需要处理的视频，然后点击界面下方的“添加”按钮，将视频导入剪映。当选择多个视频时，其在编辑界面中的顺序与选择的顺序一致，并出现图3-27所示的序号。顺序也可在导入剪映之后调整。

图3-26　图3-27

在剪映内选择视频导入时，由于无法预览视频，很难分辨相似场景，无法确定哪一个才是我们需要的视频。对此，可以通过手机的文件夹或相册导入视频。

①将筛选出的视频放置在手机的一个文件夹或者相册中，并点击界面右上方的“选择”按钮，如图3-28所示。

②将筛选出来的视频全部选中，并点击左下角的“分享”图标（安卓手机需要点击“打开”按钮），如图3-29所示。

③最后点击剪映App图标，就可以将所选视频导入剪映，如图3-30所示。

图3-28　图3-29　图3-30

（2）通过模板导入素材生成视频

使用剪映中的“剪同款”功能，通过选择模板的方式，导入素材后即可自动生成带有特效的视频。

①打开剪映App，点击界面下方的“剪同款”按钮，如图3-31所示，即可显示多个模板。

②选择一个喜欢的模板，并点击界面右下角的“剪同款”按钮，如图3-32所示。

③不同的模板需要的视频数量也不同，此处选择的模板需要8段素材。选择好需要的素材后，点击右下角的“下一步”按钮，如图3-33所示。

④稍等片刻，剪映会将所选视频制作为模板的效果。点击界面下方的素材片段，可以进行细微调整，如图3-34所示。

图3-31

图3-32

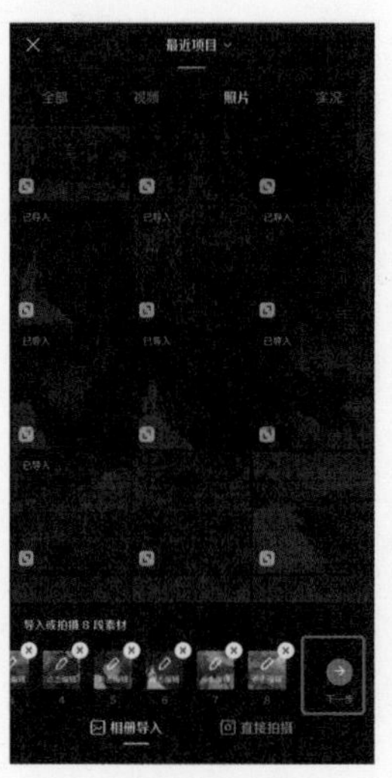

图3-33

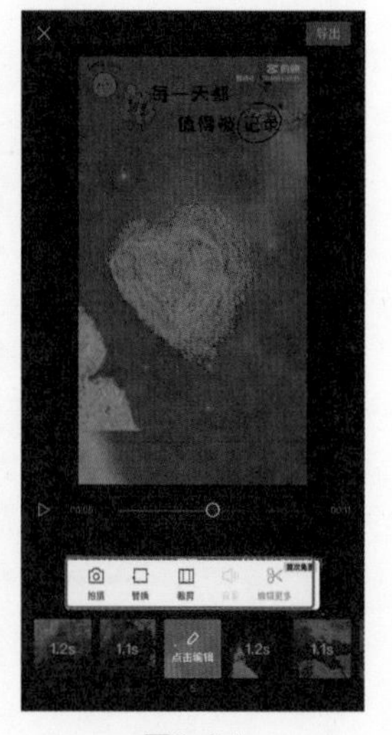

图3-34

TIPS 提示

使用“剪同款”功能虽然可以快速制作具有一定效果的视频，但无法根据自己的需求进行大幅修改。因此，想要制作出完全符合自己预想的视频效果，仍需一步步操作。

2. 调整画面比例

在制作视频时，手机常用的视频画面比例为9：16。

（1）打开剪映App，点击界面下方的“比例”按钮，如图3-35所示。

（2）在界面下方选择所需的视频画面比例，这里选择“9：16”，如图3-36所示。

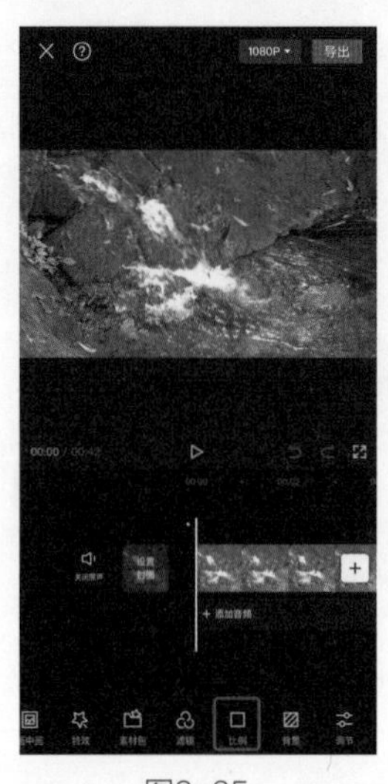
图3-35

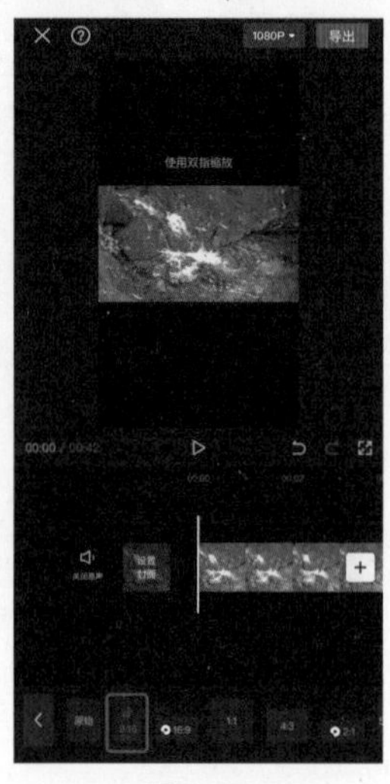
图3-36

3. 添加背景防止出现黑边

在调整画面比例之后，如果视频画面比例与所设比例不一致，画面四周就会出现黑边。防止出现黑边的方法之一是添加背景。

（1）将时间轴移动至希望添加背景的位置，点击界面下方的“背景”按钮，如图3-37所示。注意，添加背景时不要选择任何片段。

（2）从“画布颜色”“画布样式”“画布模糊”中选择一种背景风格，如图3-38所示。

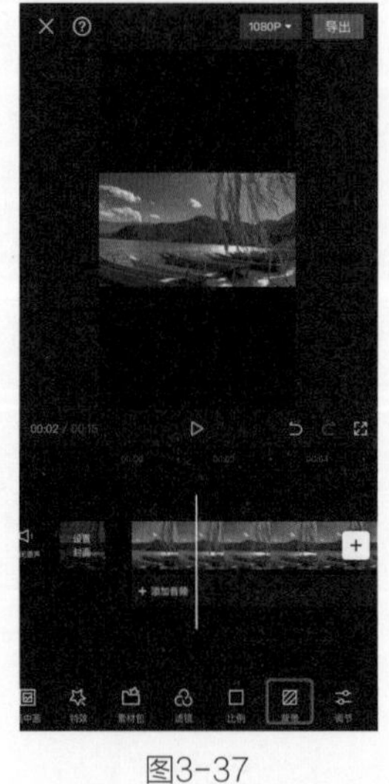
图3-37

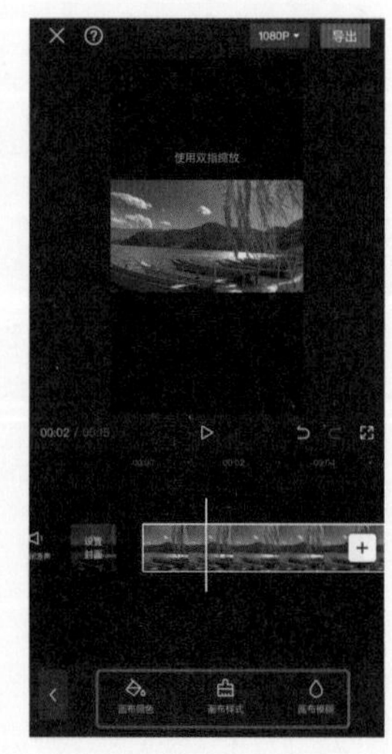
图3-38

（3）“画布颜色”为纯色背景，如图3-39所示。

（4）“画布样式”为各种图案背景，如图3-40所示。

（5）“画布模糊”将当前画面模糊并放大后作为背景，如图3-41所示。

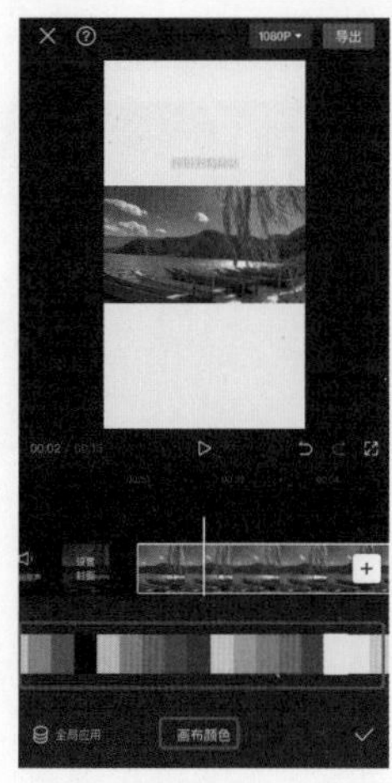

图3-39

图3-40

图3-41

TIPS 提示

如果有多段视频，那么背景只会加载到时间轴所在的片段，如果需要为其余片段均增加同类背景，则需要点击“全局应用”按钮。

4. 调整画面的大小和位置

统一画面比例之后，调整视频画面的大小和位置，使其覆盖整个画布，同样可以避免出现黑边的情况。

（1）在视频轨道中选择需要调节大小和位置的视频片段，此时预览区会出现红框，如图3-42所示。

（2）使用双指就可以放大画面，使其填充整个画布，如图3-43所示。

（3）调整画面位置，让构图更加好看，在预览区按住画面直接拖动即可，如图3-44所示。

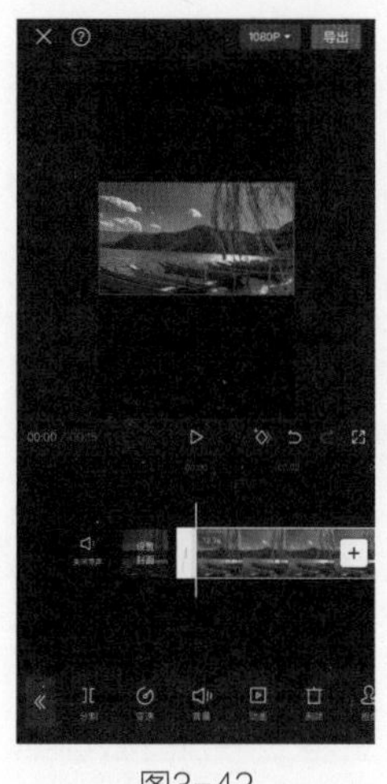

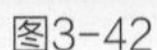

图3-42

图3-43

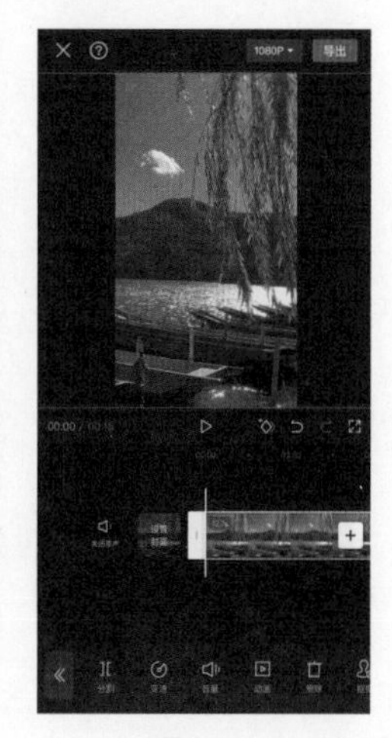

图3-44

5. 剪辑视频

将视频片段按照一定的顺序组合成一段完整的视频，即“剪辑”。即使整个视频只有一个镜头，也可能需要将多余的部分删除，或者将其分成不同的片段，重新进行排列组合，进而产生完全不同的视觉效果，这也是“剪辑”。

（1）将一段视频素材导入剪映，与剪辑相关的工具基本都在“剪辑”中，如图3-45所示。其中常用的工具是“分割”“变速”，如图3-46所示。

（2）剪辑多段视频时，添加转场效果是最为重要的环节之一。添加转场效果可以让视频更加流畅、自然。图3-47所示为“转场”编辑界面。

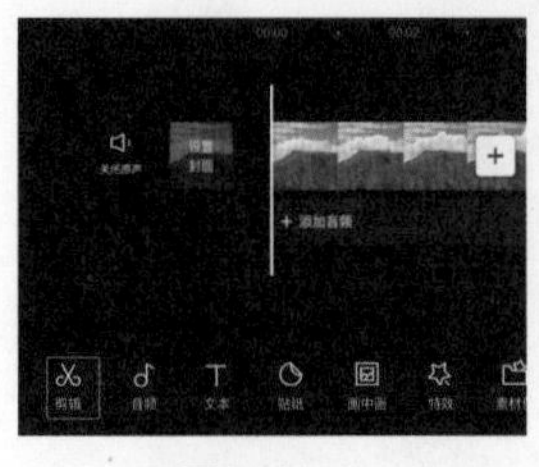

图3-45

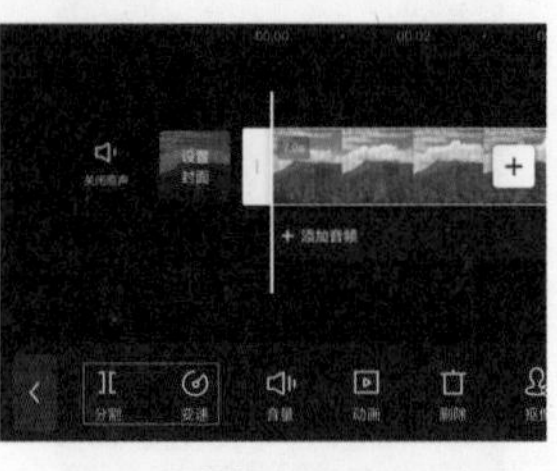
图3-46

图3-47

6. 视频调色

与图片后期处理一样，视频后期处理同样需要调整影调与色调。

（1）将一段视频素材导入剪映，点击界面下方的“调节”按钮，如图3-48所示。

（2）选择“亮度”“对比度”“饱和度”“光照”等工具，拖动滑快，即可实现对画面明暗、影调等的调整，如图3-49所示。

（3）点击“滤镜”按钮，如图3-50所示。在图3-51所示的界面中，通过添加滤镜来调整画面的影调和色彩，拖动滑块，可以控制滤镜的强度，得到理想的画面效果。

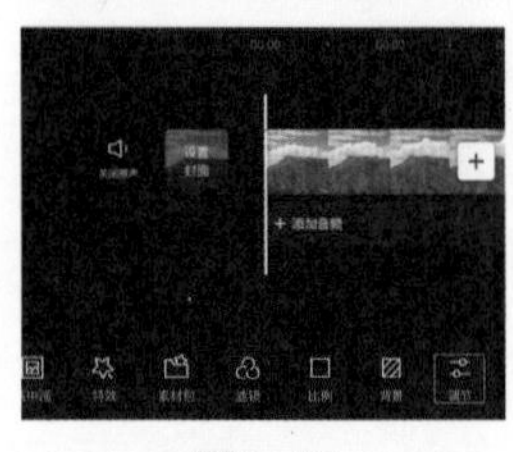
图3-48

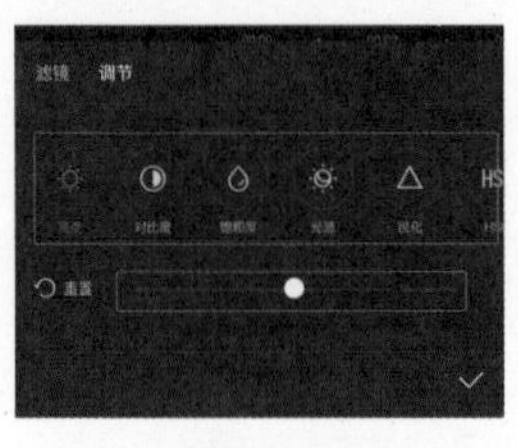
图3-49

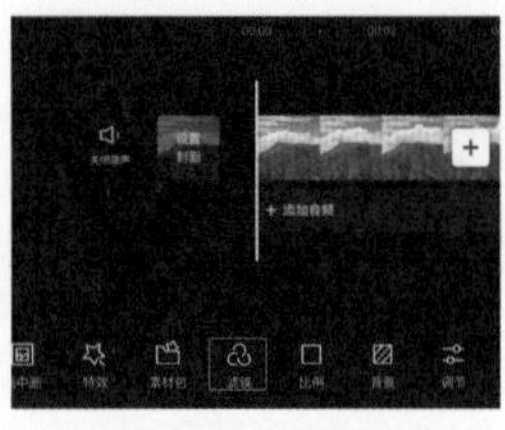
图3-50

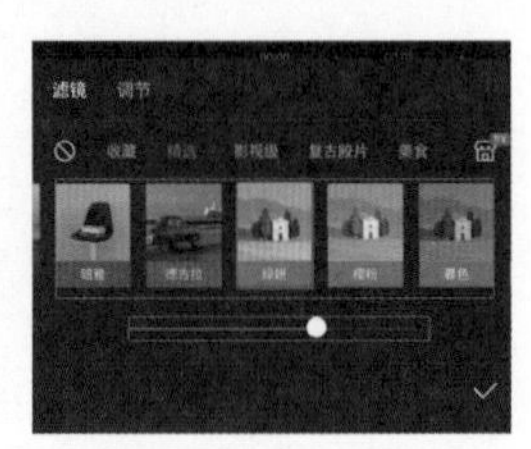
图3-51

7. 添加音乐

通过剪辑将多个视频串联，并对画面进行润色，视觉效果部分的处理就基本完成。接下来需要为视频添加音乐。

（1）在添加背景音乐之前，首先点击视频轨道下方的“添加音频”，如图3-52所示，进入音频编辑界面。

（2）点击界面左下角的“音乐”按钮，如图3-53所示，即可选择背景音乐。若点击“音效”按钮，则可以选择一些简短的音乐，并针对视频中的某个特定画面进行配音。

（3）进入“音乐”选择界面后，点击音乐右侧的“下载”按钮，可以下载相应音乐，如图3-54所示。

（4）下载完成之后，“下载”按钮会变成“使用”按钮。点击该按钮，可以将所选音乐添加到视频中，如图3-55所示。

8. 导出视频

对视频进行剪辑、润色、添加音乐之后，可以将其导出保存或者上传至抖音等平台。

（1）点击剪映右上角的“1080P”，如图3-56所示。

（2）打开图3-57所示的界面，将“分辨率”设置为“1080P”，将“帧率”设置为“30”，再点击右上角的“导出”按钮即可。

（3）成功导出后，可在相册中查看该视频，或者点击“抖音”或“西瓜视频”按钮，直接进行发布，如图3-58所示。

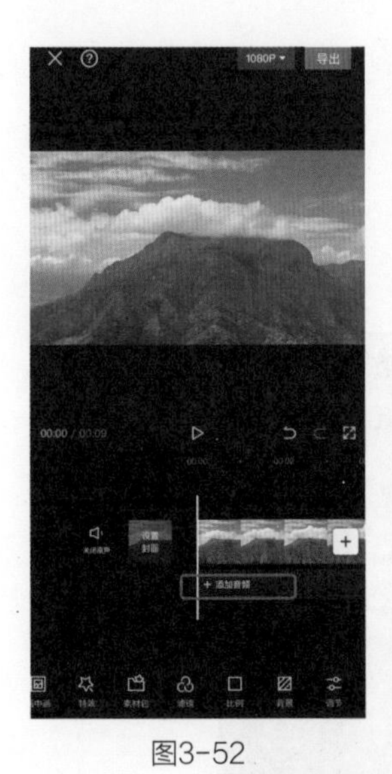

图3-52

图3-53

图3-54

图3-55

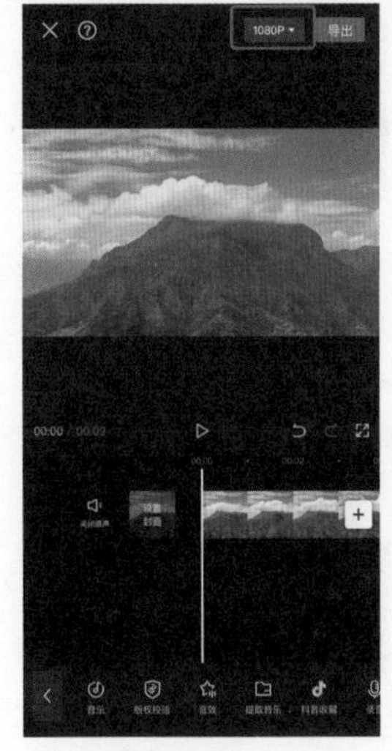

图3-56

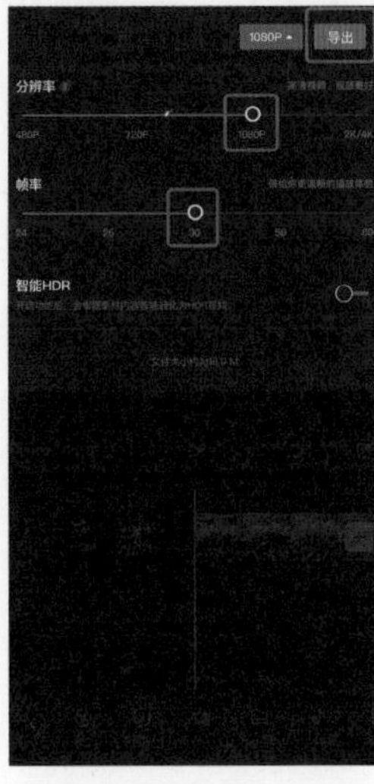

图3-57

图3-58

3.2 掌握剪映的进阶操作

本节主要讲解分割、编辑、变速、定格、倒放、防抖和降噪、画中画与蒙版、智能抠像与色度抠图、关键帧等剪辑中常用的进阶操作，以及在此过程中涉及的工具的使用方法。

3.2.1 分割

1. 分割功能的作用

当需要将视频中的某部分删除时，需要使用分割功能。此外，如果想要调整一整段视频的播放顺序，则同样需要先利用分割功能将其分割成数个片段，然后对播放顺序进行重新组合，这种视频的剪辑方法被称为“蒙太奇”。

2. 利用分割功能截取精彩片段

导入一段视频素材后，如果需要截取其中的某个片段，就需要使用到分割功能。

（1）将视频轨道拉长，方便精确定位到起始位置。确定想要的起始位置之后，点击界面下方的“剪辑”按钮，如图3-59所示。

（2）点击界面下方的“分割”按钮，如图3-60所示。

（3）此时会发现起始位置出现“分割”图标，表示此位置进行了分割视频的操作，如图3-61所示。将时间轴拖动至想要的结尾处，按照同样的方式进行分割。

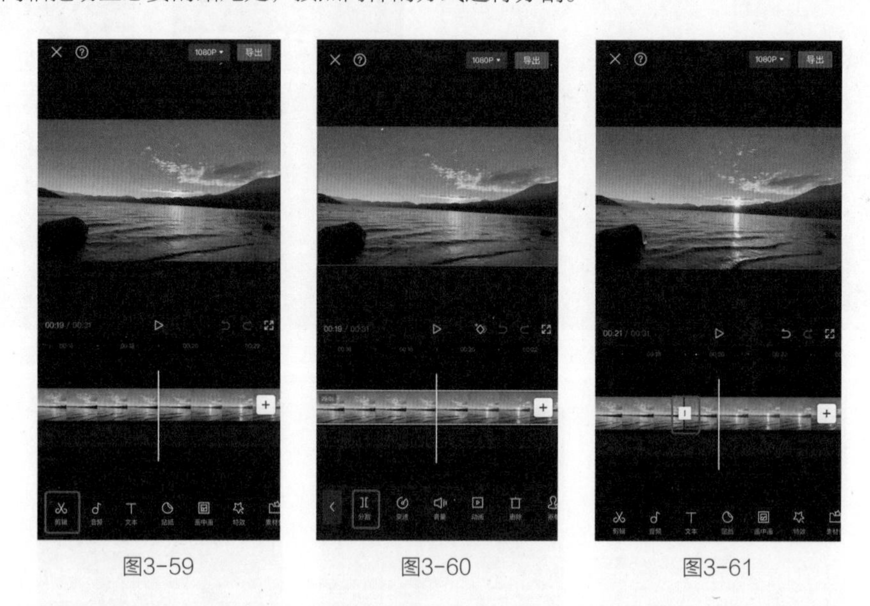

图3-59　　图3-60　　图3-61

（4）将视频轨道缩短，即可发现进行两次分割之后，视频被分成3段，如图3-62所示。

（5）分别选中前后两段视频，在界面下方点击“删除”按钮，如图3-63所示。

（6）当前后两段视频被删除之后，就只剩下需要保留的部分，点击界面右上角的“导出”按钮，如图3-64所示，将视频导出。

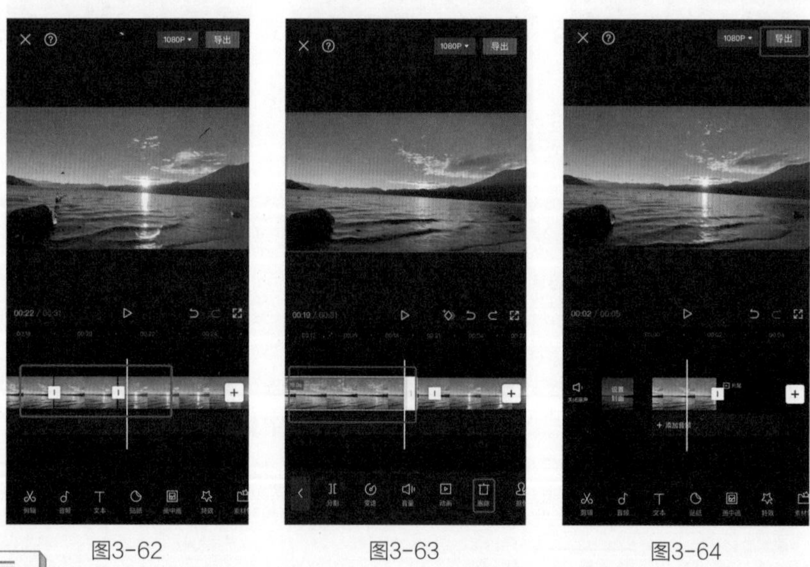

图3-62　　图3-63　　图3-64

TIPS 提示

一段 10s 的视频，通过分割功能截取其中 3s 的片段。此时选中该片段，并拉动其白色边框，依旧可以让视频恢复为 10s。因此，分割并不是删除无用的视频，被删除的部分会彻底消失，分割功能截取的片段可以恢复。

3.2.2 编辑

1. 编辑功能的作用

若前期拍摄的画面有点倾斜，或者构图不完美，则通过镜像、旋转、裁剪等编辑功能，可以在一定程度上进行调整。但需要注意的是，除了镜像功能，另外两种功能都会或多或少降低画面像素。

2. 利用编辑功能调整画面

（1）导入一段视频素材至剪映App，在界面下方找到“编辑”按钮，如图3-65所示。

（2）点击“编辑”按钮，会看到有3种操作可以选择，分别为“镜像”“旋转”“裁剪”，如图3-66所示。

（3）点击“裁剪”按钮，进入图3-67所示的界面，调整白色裁剪框的大小和位置，确定裁剪范围。需要注意的是，一旦选定裁剪范围，整段视频画面都会被裁剪，并且裁剪界面中的静态画面只能是该段视频的第一帧。

（4）点击该界面下方的比例，可固定裁剪框比例进行裁剪，如图3-68所示。

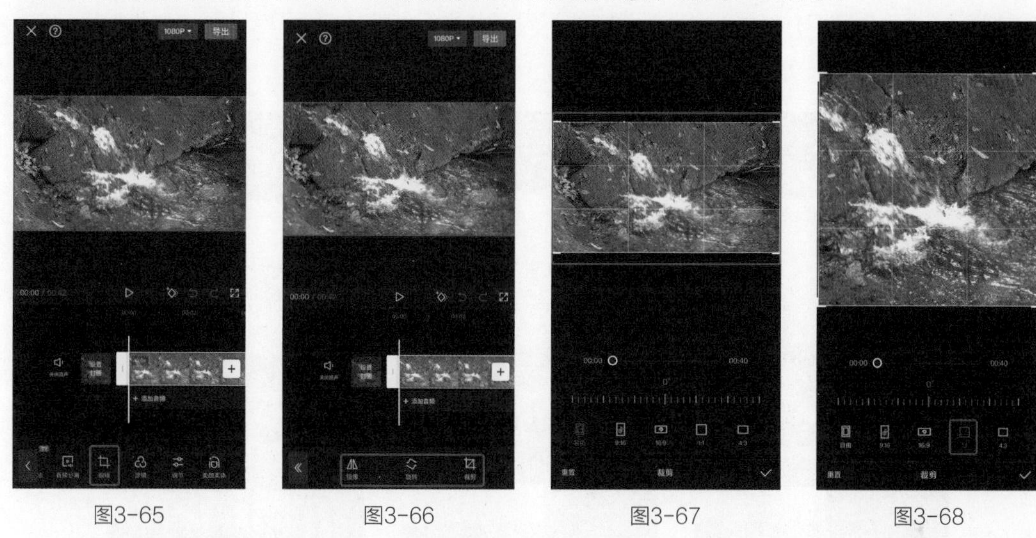

图3-65　　图3-66　　图3-67　　图3-68

（5）调节界面下方的“标尺”，可对画面进行旋转，如图3-69所示。对于一些拍摄倾斜的视频素材，可以通过该功能进行矫正。

（6）点击界面下方的“镜像”按钮，视频画面会与原画面形成镜像对称，如图3-70所示。

（7）点击界面下方的“旋转”按钮，根据点击的次数，分别旋转90°、180°、270°，此功能只能调整画面的整体方向，如图3-71所示。

图3-69

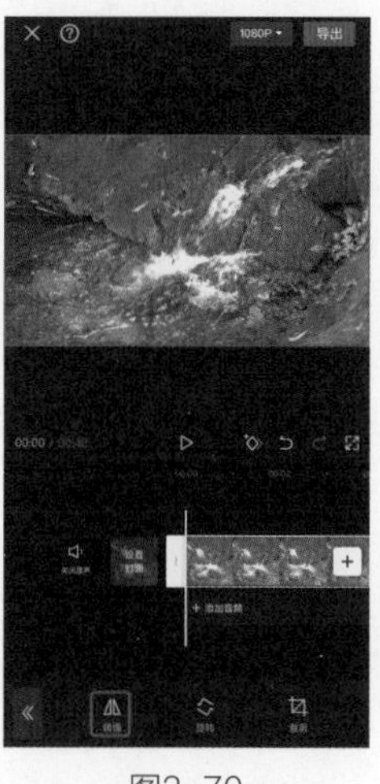

图3-70

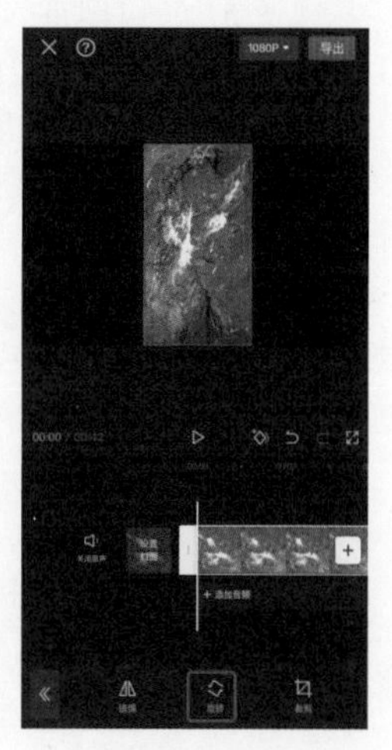

图3-71

3.2.3 变速

1. 变速功能的作用

当录制一些运动速度过快的景物、人物时，通过肉眼无法清楚地观察每个细节。此时可以使用变速功能降低画面中主体的速度，形成慢速的播放效果，从而使得每一个瞬间都可以清楚呈现出来。

对于一些变化速度太过缓慢，或者比较单调、乏味的画面，则可以通过变速功能来适当提高速度，形成快动作效果，从而减少这些画面的播放时间，让视频更加生动。

通过曲线变速功能，可以让画面的快与慢形成一定的节奏感，大大提高观看体验。

2. 利用变速功能实现快动作与慢动作

（1）导入一段视频素材至剪映App，在界面下方点击“剪辑”按钮，如图3-72所示。

（2）点击界面下方的“变速”按钮，如图3-73所示。

（3）剪映提供了两种变速方式，一种是“常规变速”，就是对所选视频进行统一调速；另一种是“曲线变速”，可以有针对性地对一段视频中的不同部分进行加速或者减速处理，而且加速、减速的幅度可以自行调节，如图3-74所示。

图3-72

图3-73

图3-74

（4）选择“常规变速”，可以通过滑块控制加速或者减速的幅度。“1x”为原始速度，“0.5x”为2倍慢动作，“0.2x”为5倍慢动作，以此类推，即可确定慢动作的倍数，如图3-75所示。

（5）“2x”表示2倍快动作，剪映最高可以实现100倍快动作，如图3-76所示。

（6）选择“曲线变速”，可以直接使用预设好的速度，为视频中的不同部分添加慢动作和快动作效果。大多数情况下，都需要使用“自定”选项，根据视频进行手动设置，如图3-77所示。

（7）选择“自定”选项后，图标会变红，如图3-78所示，再次点击即可进入编辑界面。

（8）由于需要根据视频自行确定锚点位置，所以不需要预设锚点。选中锚点，点击“删除点”按钮，可以将所选锚点删除，如图3-79所示。删除后，画面如图3-80所示。

TIPS 提示

曲线上的锚点除了可以上下拉动，还可以左右拉动，因此不必删除锚点，可以拖动已有锚点将其调至目标位置实现相应效果。

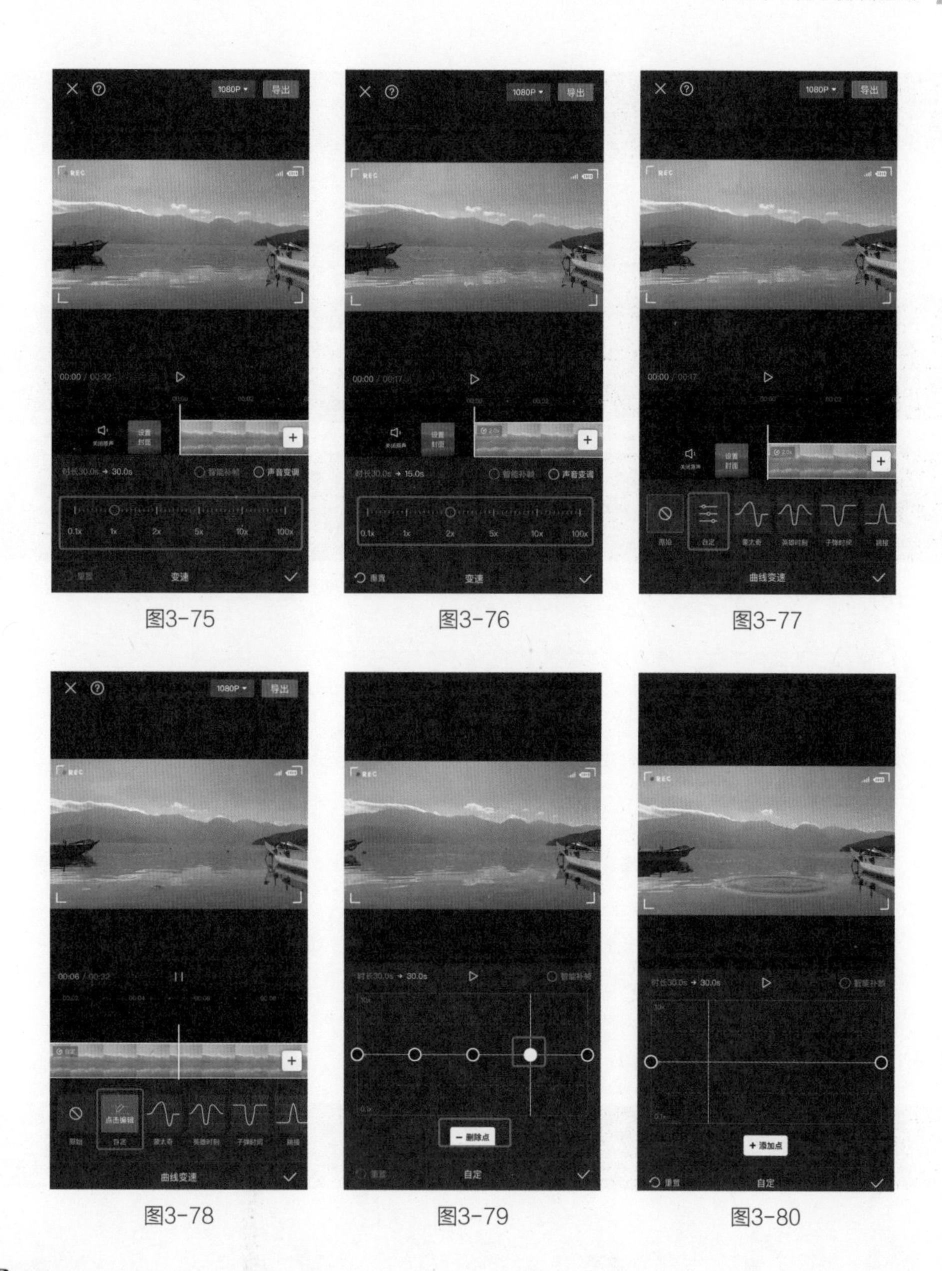

图3-75　图3-76　图3-77

图3-78　图3-79　图3-80

3.2.4 定格

1. 定格功能的作用

定格功能可以将一段动态视频中的某个画面凝固下来，从而达到突出某个瞬间的效果。另外，如果一段视频中多次出现定格画面，并且其时间点也与音乐节拍吻合，就可以使视频画面具有动感。

2. 利用定格功能凝聚美好瞬间

（1）导入一段视频素材至剪映App，移动时间轴，选择希望定格的画面，如图3-81所示。

（2）保持时间轴位置不变，选中该视频片段，即可在工具栏中找到“定格”按钮，如图3-82所示。

（3）点击“定格”按钮后，在时间轴右侧会出现一段时长为3s的静态画面，如图3-83所示。

（4）定格出来的静态画面可以随意拉长或者缩短。为了避免静态画面时间过长导致视频单调，将其缩短至1s，如图3-84所示。

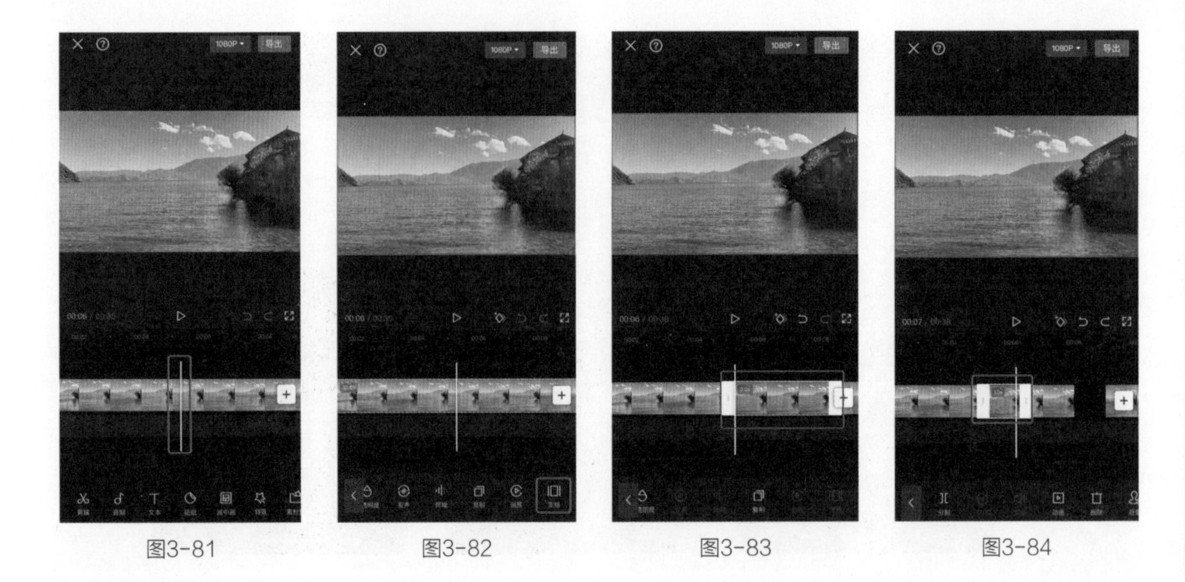

图3-81　图3-82　图3-83　图3-84

3.2.5 倒放

1. 倒放功能的作用

倒放功能可以将视频从后往前播放。当视频记录的是一些随时间变化的画面时，应用此功能可使视频给人时光倒流的感觉。

2. 利用倒放功能制作特殊效果

（1）导入一段视频素材至剪映App，利用“剪辑”下的“分割”工具，裁剪一段视频中的完整动作。此处裁剪的是画面中人物转圈的动作，如图3-85所示。

（2）选择剪辑后的素材，点击界面下方的“复制”按钮，如图3-86所示。

（3）选中刚刚复制的素材，点击界面下方的“倒放”按钮，营造出人物刚转完圈，又重新转回的效果，如图3-87所示。

（4）再次选中素材，将其复制，并将复制后的视频移动到轨道末端，如图3-88所示。

图3-85　图3-86　图3-87　图3-88

3.2.6 防抖和降噪

1. 防抖和降噪功能的作用

在手持手机拍摄视频时，很容易出现拍摄画面晃动的问题。利用剪映的防抖功能，可以明显减弱画面晃动的幅度，让画面看起来更加平稳。

降噪功能可以减少灯光昏暗情况下拍摄视频时产生的噪点，还可以明显提高人声的音量。

2. 防抖和降噪功能的使用方法

（1）导入一段视频素材至剪映App并选中，点击界面下方的“防抖”按钮，如图3-89所示。

（2）在弹出的工具栏中设置“防抖”的程度，建议设置为“推荐”，如图3-90所示，完成视频的防抖设置。

（3）在选中该段视频素材的情况下，点击界面下方的“降噪”按钮，如图3-91所示。

（4）将界面右下角的“降噪开关”打开，即可完成降噪设置，如图3-92所示。

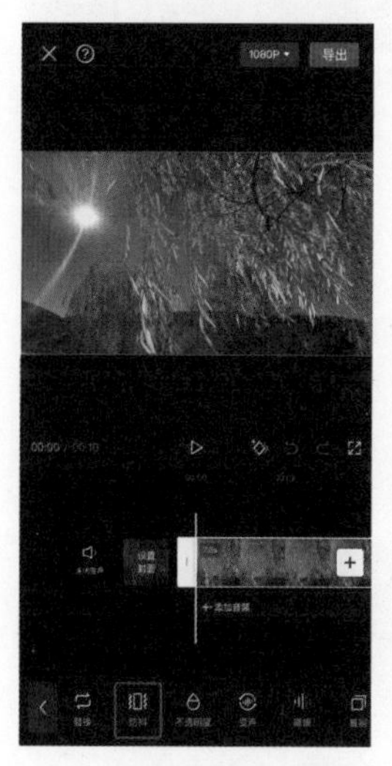

图3-89

图3-90

图3-91

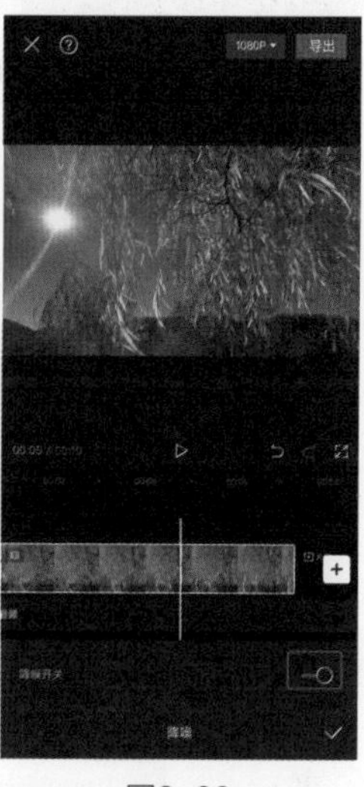

图3-92

3.2.7 画中画与蒙版

1. 画中画与蒙版功能的作用

画中画功能可以让一个视频画面中出现多个不同的画面，这是该功能较为直观的展示。但画中画功能更重要的作用在于可以形成多条视频轨道。利用多条视频轨道结合蒙版功能，可以制作局部显示的画面效果。

2. 画中画功能的使用方法

（1）首先为剪映添加一个“黑场”素材，如图3-93所示。

（2）将画面比例设置为“9：16”，并让“黑场”铺满整个画面，然后点击界面下方的“画中环”按钮（此处不用选中任何视频），继续点击“新增画中画”按钮，如图3-94所示。

（3）选中需要添加的视频素材，即可调整“画中画”在视频中显示的位置和大小，并且界面下方也会出现画中画轨道，如图3-95所示。

（4）当不再选择画中画轨道后，可再次点击界面下方的“新增画中画”按钮添加视频。结合“编辑”工具，还可以对该画面进行排版，如图3-96所示。

3. 利用画中画与蒙版功能控制画面显示

当画中画轨道中的每一个画面都不重叠时，所有画面都能完整显示。一旦出现重叠，有些画面就会被遮挡。利用蒙版功能，可以选择哪些区域被遮挡，哪些区域不被遮挡。

图3-93

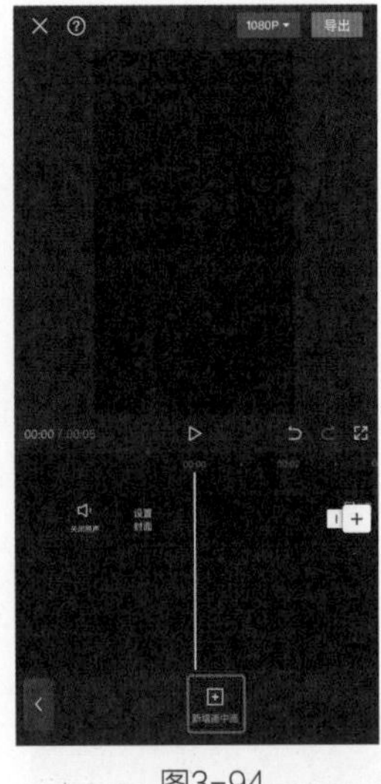
图3-94

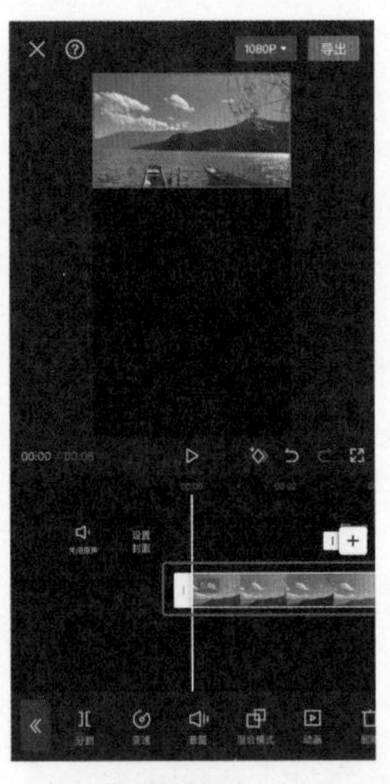
图3-95

图3-96

（1）剪映默认处于下方视频轨道的素材会被处于上方视频轨道的素材覆盖。画中画轨道可以设置层级，将所有处于中间的画中画轨道的层级从1级改为2级，这样，处于中间轨道的素材就会覆盖处于主视频轨道及下方视频轨道的素材，如图3-97所示。

（2）为方便理解蒙版的作用，先将层级恢复为默认状态。然后选中最下方的画中画轨道，点击界面下方的"蒙版"按钮，如图3-98所示。

（3）选中一个蒙版样式，所选视频轨道画面将出现部分显现的情况，其余部分则显示原本被覆盖的画面，如图3-99所示。

图3-97

图3-98

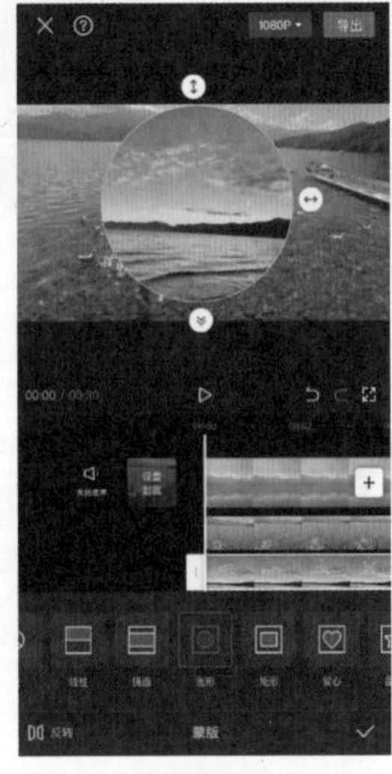
图3-99

3.2.8 智能抠像与色度抠图

1. 智能抠像与色度抠图功能的作用

通过智能抠像功能可以快速将人物从画面中抠取出来，从而进行替换人物背景等操作。色度抠图功能可以将在绿幕或蓝幕下面的景物、人物快速抠取出来，方便进行视频图像合成。

2. 利用智能抠像功能快速抠出人物

智能抠像功能的操作十分简单，只需选中画面中有人物的视频，然后点击界面下方的"智能抠像"按钮即可。

（1）为更好地观看抠像效果，此处先“定格”一个有人物的视频画面，如图3-100所示。

（2）将定格后的画面切换到画中画轨道，如图3-101所示。

（3）选中画中画轨道，如图3-102所示。

（4）点击界面下方的“抠像”按钮，如图3-103所示。

（5）点击“智能抠像”按钮，此时可以看到被抠取出来的人物，如图3-104所示。

图3-100

图3-101

图3-102

图3-103

图3-104

3. 利用色度抠图功能快速抠出人物

（1）导入一张图片素材至剪映App，调整比例为16：9，并让其充满整个画面，如图3-105所示。

（2）将绿幕素材添加至画中画轨道，同样让其充满整个画面，并点击界面下方的“抠像”按钮，再点击“色度抠图”按钮，如图3-106所示。

（3）将“取色器”中间很小的白框移动到绿色区域，如图3-107所示。

（4）选中“强度”选项，并向右拖动滑块，可将绿色区域抠掉，如图3-108所示。

（5）选中“阴影”选项，适当提高数值，可以让抠图的边缘更平滑，如图3-109所示。

图3-105

图3-106

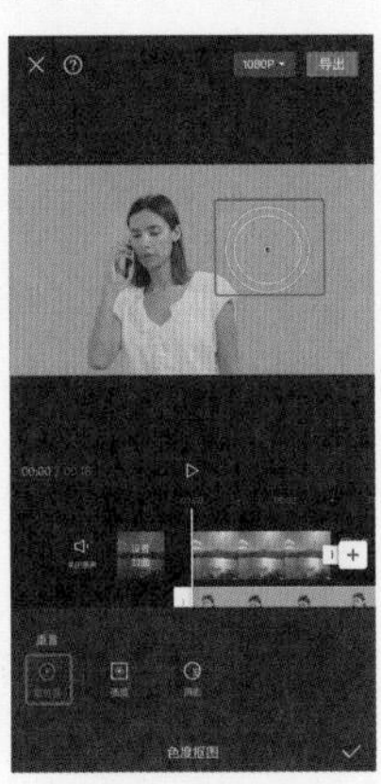
图3-107

图3-108

图3-109

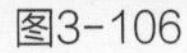

3.2.9 关键帧

1. 关键帧功能的作用

通过关键帧功能可以使原本不会移动、非动态的元素在画面中移动起来，或者让一些后期增加的效果随时间渐变。

2. 利用关键帧功能让贴纸动起来

（1）导入一张图片素材至剪映App，为画面添加一个“太阳”贴纸，并调整大小，如图3-110所示。

（2）将“太阳”贴纸移动到画面左上角，再将时间轴移动至该贴纸素材最左端，点击画面中的“关键帧”按钮，如图3-111所示。

（3）将时间轴移动至贴纸素材最右端，再将“太阳”贴纸移动到画面右上角，此时剪映会自动在时间轴所在位置添加一个关键帧，如图3-112所示。

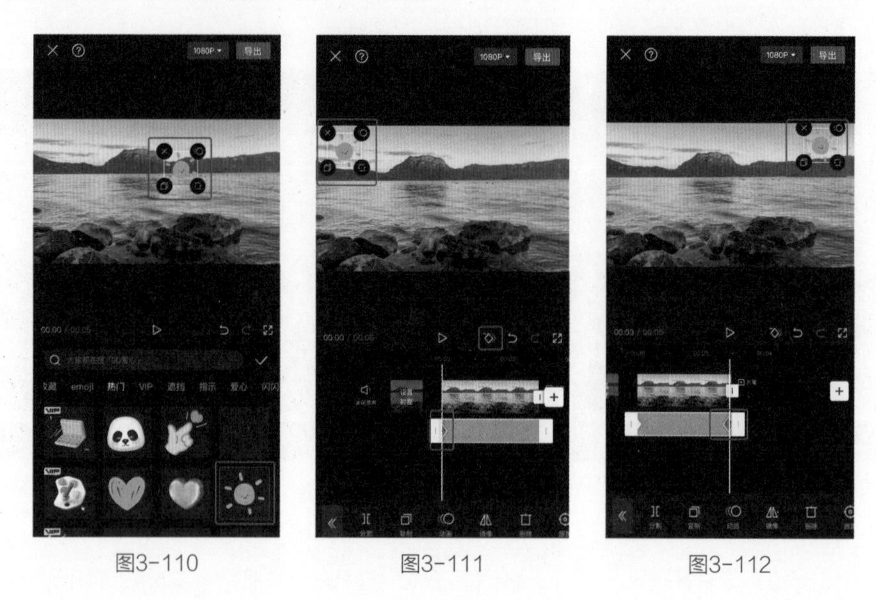

图3-110 图3-111 图3-112

至此，就实现了“太阳”贴纸从左向右移动的效果。

3.3 本章小结

本章主要带领读者认识基本的剪映操作，认识剪映的预览区、时间线区、工具栏，了解简单的视频剪辑操作、音乐的添加、视频导出设置等操作。

剪映剪辑的进阶操作

本章导读

本章讲解剪映剪辑的多个关键方面，内容涵盖文字、音乐、画面处理等方面，帮助读者进一步掌握剪映剪辑的种种技巧。相信无论是新手，还是有一定经验的短视频创作者，都能在本章的学习中有所收获。

学习要点

- 添加文字
- 制作文字动画
- 添加音乐
- 变声处理
- 调色
- 滤镜

4.1 用文字让视频图文并茂

为了让视频的信息更加丰富，突出重点，很多视频都会添加一些文字，如视频的标题、字幕、关键词、歌词等。除此之外，为文字增加动画及特效，并将文字安排在恰当的位置，可以增强画面的美感。本节讲解剪映中与文字相关的功能，帮助读者制作出图文并茂的视频。

4.1.1 为视频添加标题

（1）将视频导入剪映后，点击界面下方的“文本”按钮，如图4-1所示。

（2）点击界面下方的“新建文本”按钮，如图4-2所示。

（3）输入“咖啡”，如图4-3所示。

（4）切换到“样式”选项卡，在其中可以更改字体和颜色，如图4-4所示。文字的大小可以通过放大或者缩小手势进行调整。

（5）为了突出文字，文字颜色设置为白色，选择界面下方的“描边”选项，选择橙色，如图4-5所示。

（6）确定好标题的样式后，还需要通过文本轨道和时间轴来确定标题显示的时间。这里设置标题一直显示，所以文本素材与视频素材的长度一样，如图4-6所示。

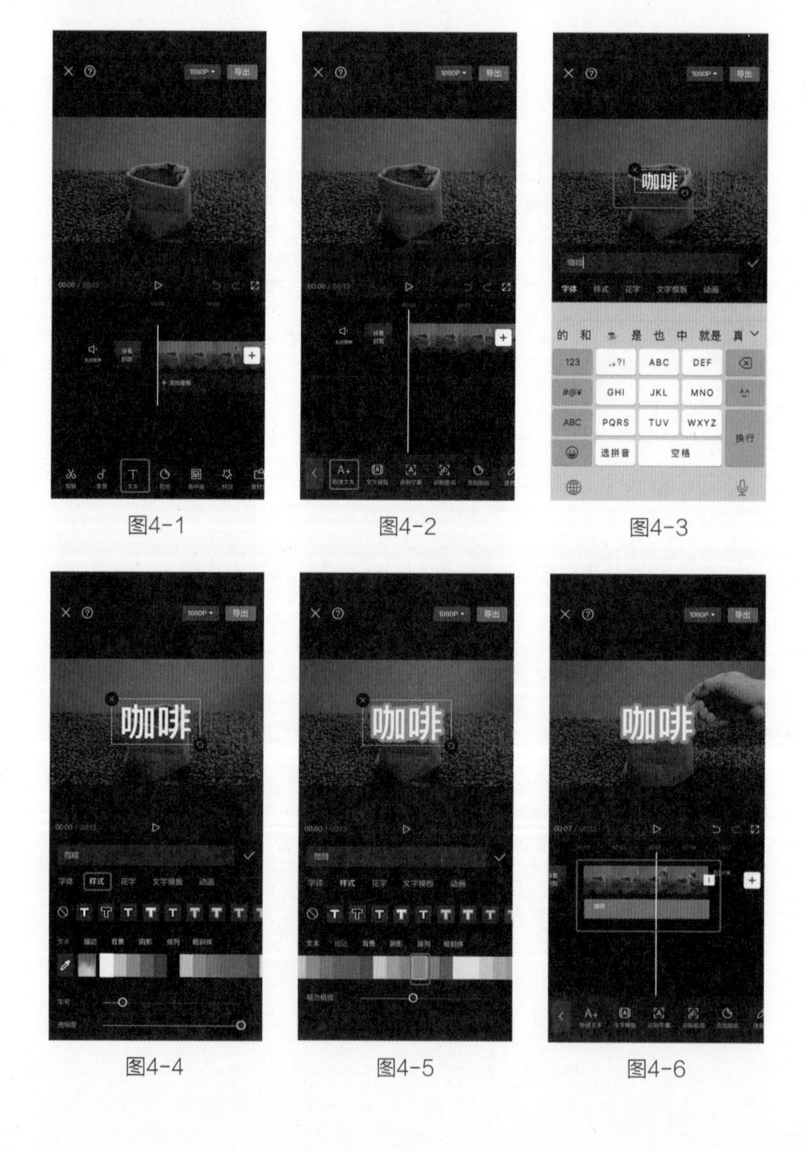

图4-1　图4-2　图4-3

图4-4　图4-5　图4-6

4.1.2 为视频添加字幕

（1）将视频导入剪映后，点击界面下方的“文本”按钮，然后点击“识别字幕”按钮，如图4-7所示。

（2）在点击“开始匹配”按钮之前，建议勾选“同时清空已有字幕”，防止在反复修改时出现字幕错乱的问题，如图4-8所示。

自动生成的字幕会出现在视频下方，如图4-9所示。

（3）选中字幕并拖动，即可调整其位置。通过放大或缩小手势，可以调整字幕的大小，如图4-10所示。

（4）切换至“样式”选项卡，可以对字幕的颜色和字体进行修改，如图4-11所示。

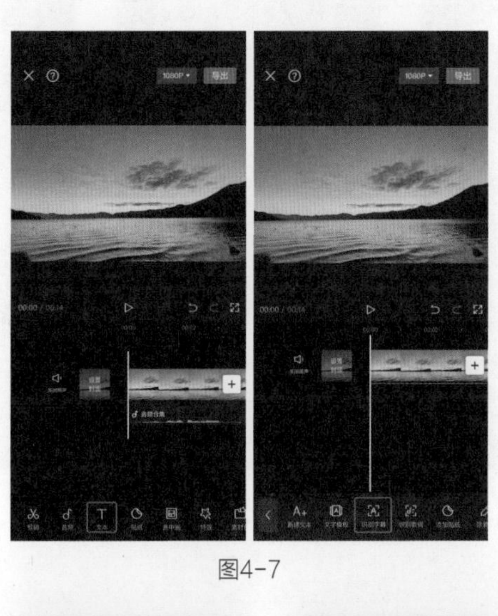

图4-7

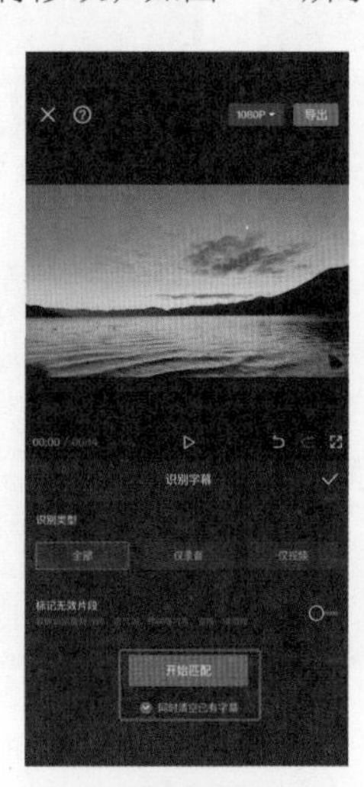

图4-8

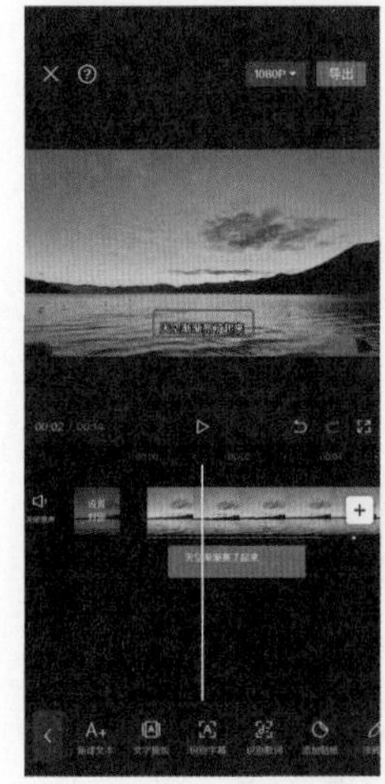

图4-9

图4-10

图4-11

4.1.3 让视频中的文字动起来

让视频中的文字动起来，较常用的方法是为其添加动画。

（1）将视频导入剪映后，点击界面下方的“文本”按钮，输入文字，切换至“动画”选项卡，如图4-12所示。

（2）在界面下方选择为文字添加“入场动画”、“出场动画”或“循环动画”。

“入场动画”一般与“出场动画”一起使用，从而让文字的出现与消失都更加自然。选择随意一个“入场动画”特效后，下方会出现控制动画时长的滑动条，如图4-13所示。选择随意一个“出场动画”特效后，控制动画时长的滑动条上会出现红色部分。控制红色部分的长度，即可调整出场动画的时长，如图4-14所示。

当画面中的文字需要长时间停留在画面中，并希望其处于动态效果时，往往使用“循环动画”。需要注意的是，“循环动画”不能与“出场动画”“入场动画”同时使用。一旦设置了“循环动画”，之前设置的“出场动画”“入场动画”就会自动取消。在设置“循环动画”后，界面下方的动画时长的滑动条将更改为动画速度滑动条，如图4-15所示。

图4-12

图4-13

图4-14

图4-15

4.1.4 通过文本朗读功能让视频“说话”

（1）将视频导入剪映后，添加好字幕，点击界面下方的“文本朗读”按钮，如图4-16所示。

（2）在弹出的选项中选择合适的音色。这里选择的是“温柔淑女”音色，如图4-17所示。

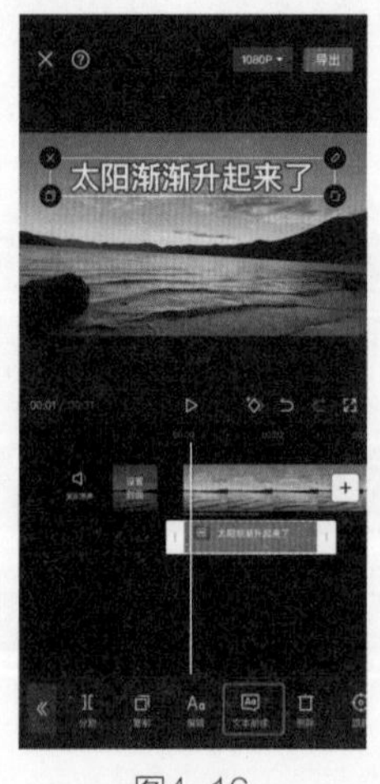

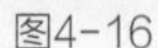
图4-16

图4-17

如果希望只有音色，无文字，则可以通过以下两种方法实现。

方法一：在生成语音后，将相应的文本素材删除即可，如图4-18（a）所示。

方法二：在生成语音后，选中文本素材，切换至“样式”选项卡，并将“透明度”设置为0，如图4-18（b）所示。

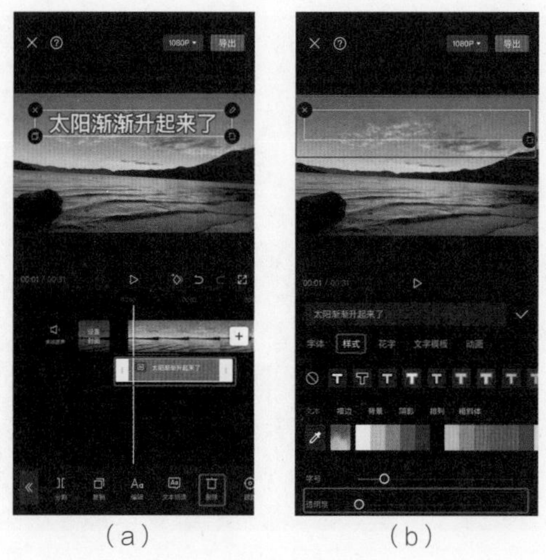

（a）　　　　　（b）

图4-18

4.2 用音乐让视频更精彩

如果没有音乐，只有动态画面，视频就会给人枯燥无味的感觉。所以为视频添加背景音乐是视频后期处理的必要操作。

4.2.1 音乐在视频中的作用

1. 烘托视频情绪

在短视频画面中，有的视频画面给人平静、淡然的感受，有的视频画面给人紧张、刺激的感受。为了让视频的情绪更加强烈，让观者更容易被视频的情绪感染，添加音乐是一个关键步骤。在剪映中有多种不同分类的音乐，如舒缓、轻快、动感、伤感等，就是根据情绪风格进行分类的，让用户可以更好地根据视频的情绪找到合适的音乐背景，如图4-19所示。

图4-19

2. 为剪辑节奏打下基础

剪辑的一个重要作用是控制不同画面出现的节奏，音乐同样也有节奏。当每一个画面转换的时刻点均为音乐的节拍点，并且转换频率较高时，就是非常流行的“音乐卡点”视频。需注意的是，即使不是为了特意制作“音乐卡点”效果，在画面转换时，如果与节拍相匹配，则也会让视频的节奏感更好。

4.2.2 为视频添加音乐

1. 直接从剪映“音乐库”中添加音乐

（1）在不选择任何视频素材的情况下，点击界面下方的“音频”按钮，如图4-20所示。

（2）点击界面下方的“音乐”按钮，如图4-21所示。

（3）可以在界面上方的各个分类中选择希望添加的音乐，或者直接搜索想添加的音乐，也可以在界面下方选择“推荐音乐”或“我的收藏”中的音乐。选择好音乐，点击音乐右侧的“使用”按钮，即可将其添加到音频轨道，如图4-22所示。

2. 利用提取音乐功能使用不知道名字的音乐

如果在一些视频中听到了自己喜欢的音乐，但又不知道音乐的名字，则可以通过提取音乐功能将其添加到自己的视频中。

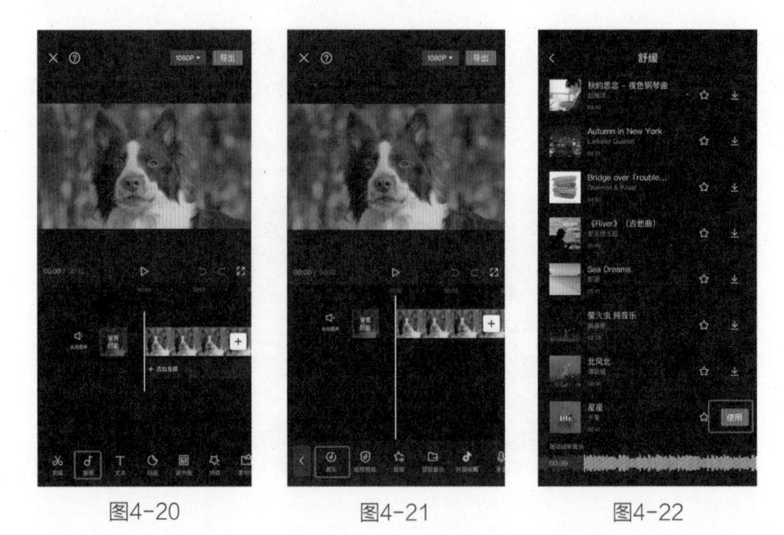

图4-20　图4-21　图4-22

（1）将视频素材导入剪映，先点击界面下方的“音频”按钮，再点击“提取音乐”按钮，如图4-23所示。

（2）选中已经准备好的视频（有你想要的音乐），点击“仅导入视频的声音”按钮，如图4-24所示。提取出的音乐会在时间线区的音频轨道上出现，如图4-25所示。

图4-23　图4-24　图4-25

4.2.3 为视频进行配音并变声

在视频中除了可以添加音乐，有时也可以添加一些语音来辅助表达。剪映不仅具有配音功能，还可以对语音进行变声，从而制作出更有趣的视频。

若视频在录制过程中出现杂音，需要后期进行配音处理，则可按如下步骤进行。

（1）将视频素材导入剪映并选中，点击界面下方的“音量”按钮，将音量调整为0，如图4-26所示。

（2）点击界面下方的“音频”按钮，并点击“录音”按钮，如图4-27所示。

（3）按住界面下方的红色按钮，即可开始录音，如图4-28所示。

（4）松开红色按钮，即可完成录音，如图4-29所示。

（5）选中录制的音频，点击界面下方的“变声”按钮，如图4-30所示。

（6）选择喜欢的变声效果，即可完成“变声”，如图4-31所示。

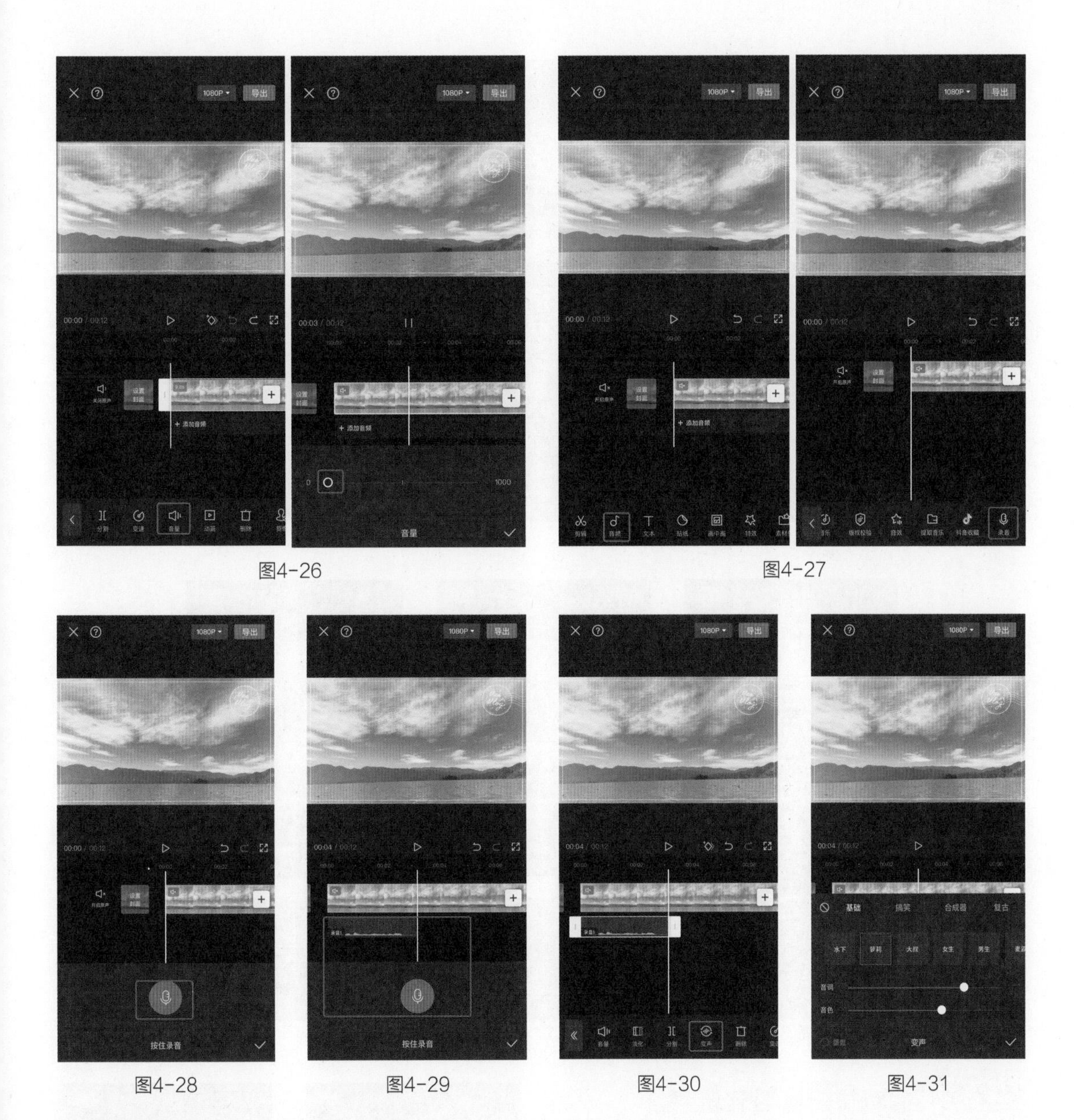

图4-26　　图4-27

图4-28　　图4-29　　图4-30　　图4-31

4.2.4 利用音效让视频更精彩

为视频添加与画面内容相符的音效，会大大增强视频的带入感，让观者更加容易沉浸其中。

（1）将视频素材导入剪映，点击界面下方的“音频”按钮，再点击“音效”按钮，如图4-32所示。

（2）点击界面中不同的音效分类，如“笑声”“综艺”“机械”等，即可选择相应分类下的音效。点击音效右侧的“使用”按钮，即可将其添加至音频轨道，如图4-33所示。

或者直接搜索希望使用的音效，如“烟花”，与其相关的音效会显示在界面下方。从中找到合适的音效，点击右侧的“使用”按钮即可，如图4-34所示。

（3）移动时间轴，找到与音效相关的画面的起始位置，并将音效与时间轴对齐，如图4-35所示。

由于配置音效不是立刻就有声音，因此需要将音效往左边移动一点，让画面与音效匹配得更加完美，如图4-36所示。

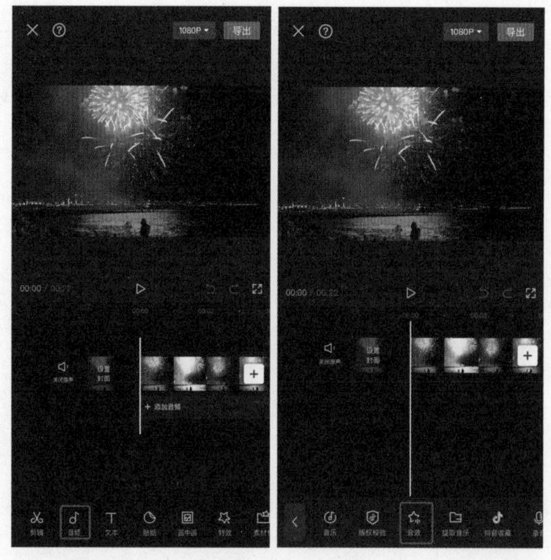

图4-32

图4-33

图4-34

图4-35

图4-36

4.2.5 对音量进行个性化调整

1. 单独调节每个音频轨道的音量

为一段视频添加背景音乐、配音、音效之后，时间轴上会出现多条音频轨道。为了让音频更加有层次感，需要单独调节其音量。

（1）选中需要调节音量的素材，此处选择背景音乐素材，并点击界面下方的“音量”按钮，如图4-37所示。

（2）滑动“音量滑块”，可以设置音频的音量。默认音量为100，这里降低背景音乐音量，调整为60，如图4-38所示。

（3）选择“音效”素材，点击界面下方的“音量”按钮，如图4-39所示。

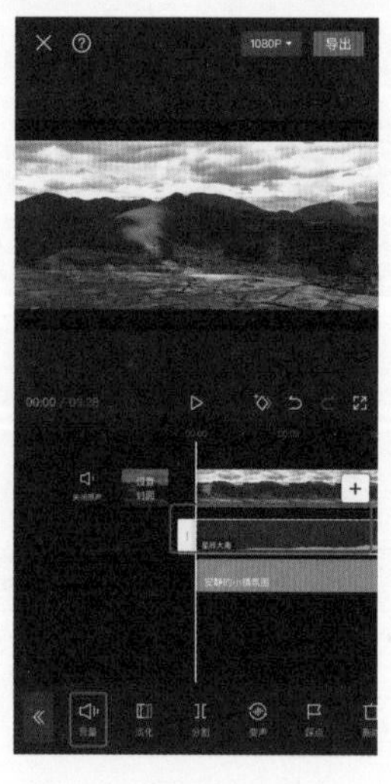

图4-37

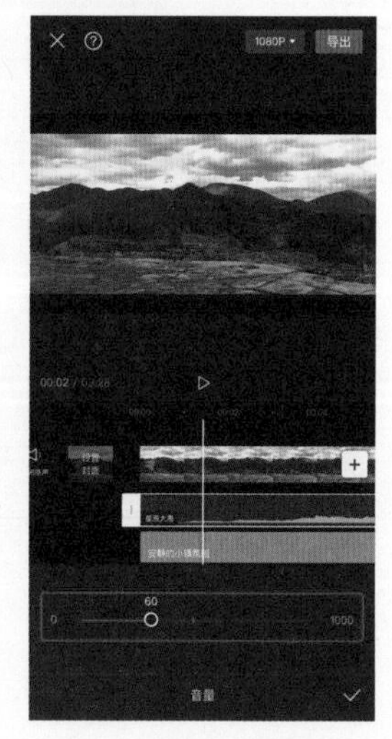

图4-38

（4）适当调节“音效”的音量，将其调整为120，如图4-40所示。

2. 设置淡入和淡出效果

音量的调整只能整体提高或者降低，无法形成由弱到强或者由强到弱的变化。想实现音量的渐变，可以为其设置淡入和淡出效果。

（1）选中一段音频，点击界面下方的“淡化”按钮，如图4-41所示。

（2）通过淡入时长和淡出时长的滑动条，分别调节音量渐变的持续时间，如图4-42所示。

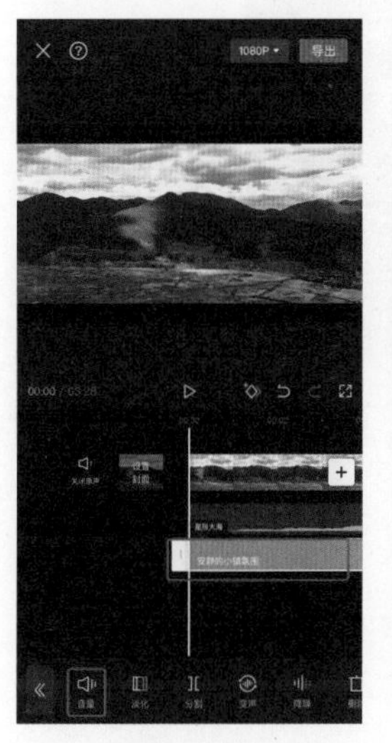

图4-39

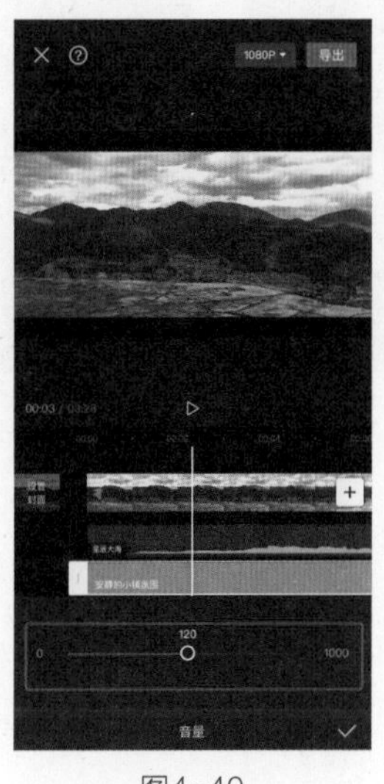

图4-40

图4-41

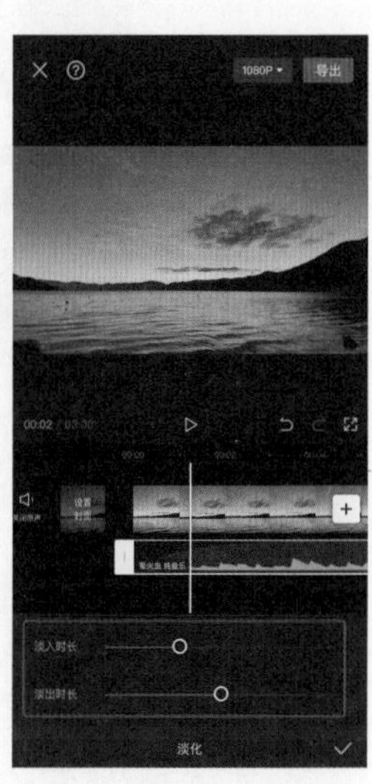

图4-42

绝大多数情况下，都是为背景音乐添加淡入与淡出效果，从而让视频的开始与结束自然过渡。

TIPS 提示

除了通过淡入与淡出营造音量渐变效果，还可以为音频轨道添加关键帧来更灵活地调整音量渐变效果。

4.2.6 避免出现视频黑屏

制作视频时，有时可能会遇到这种情况，明明视频已经“结束”了，却依然有音乐，并且画面是全黑的。之所以会出现这种情况，是因为添加背景音乐后，音乐素材比视频素材长。按照以下方法进行处理即可避免该问题。

（1）将时间轴移动到视频末尾稍靠左侧一点的位置，并选中音频素材，如图4-43所示。

（2）点击界面下方的“分割”按钮，选择时间轴右侧的音频（多余的音频），点击“删除”按钮，如图4-44所示。

删除多余的音频后，视频素材与音频素材的长度关系如图4-45所示。注意，每次剪辑视频时，最后都应该让音乐素材比视频素材短一点，从而避免出现视频最后黑屏的情况。

图4-43

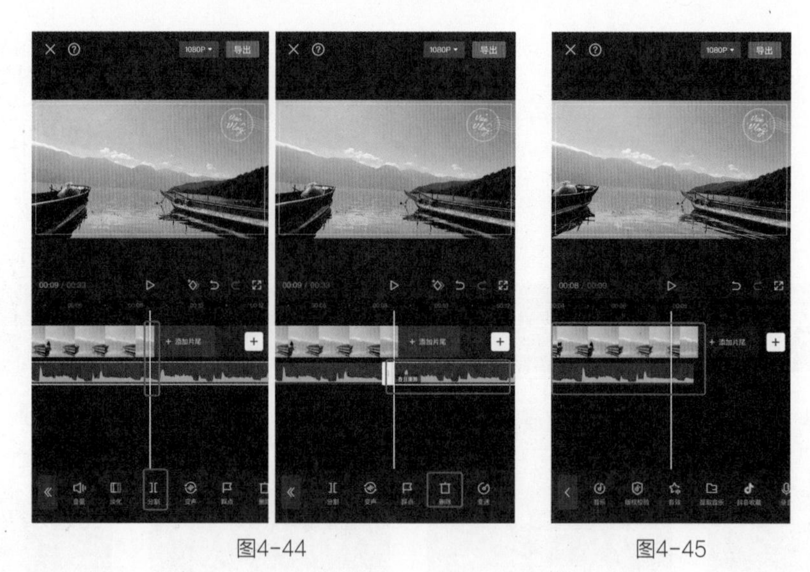

图4-44　　　　图4-45

4.3 为视频润色

4.3.1 利用调节功能调整画面

1. 调节功能的作用

调节功能的作用主要有两点，即调节画面的亮度和调节画面的色彩。在调节画面亮度时，除了可以调节明暗，还可以单独对画面中的亮部进行调整，如图4-46所示，暗部调整如图4-47所示，从而使视频的影调更细腻、更有质感。由于不同的色彩具有不同的情感，所以通过调节功能改变色彩能够表达出视频创作者的主观思想。

图4-46　　　　图4-47

2. 利用调节功能制作小清新风格视频

（1）将视频导入剪映后，向右滑动界面下方的工具栏，在最右侧找到“调节”按钮，如图4-48所示。

（2）利用“调节”中的“亮度”调节画面亮度，使其更接近小清新风格。点击“亮度”按钮，适当调高该参数值，让画面显得更阳光，如图4-49所示。

（3）点击“高光”按钮，并适当调高该参数值。因为在提高亮度后，画面中较亮的白色花朵的表面细节有所减少，提高高光，可恢复白色花朵的部分细节，如图4-50所示。

（4）为了让画面显得更清新，需要让阴影区域不那么暗。点击“阴影”按钮，调高该参数值，可以看到画面变得更加柔和了。至此，小清新风格的影调就确定了，如图4-51所示。

接下来对画面色彩进行调整。

（5）由于小清新风格的画面色彩饱和度往往偏低，所以点击“饱和度”按钮，适当调低该参数值，如图4-52所示。

（6）点击“色温”按钮，适当调低该参数值，让色调偏蓝一点。因为冷色调的画面可以传达出清新的视觉感受，如图4-53所示。

（7）点击“色调”按钮，并向左滑动滑块，为画面增添些绿色，如图4-54所示。因为绿色代表着自然，与小清新风格给人的视觉感受一致。

（8）通过调高褪色参数值，营造“空气感”。至此，画面就具有了强烈的小清新风格既视感，如图4-55所示。

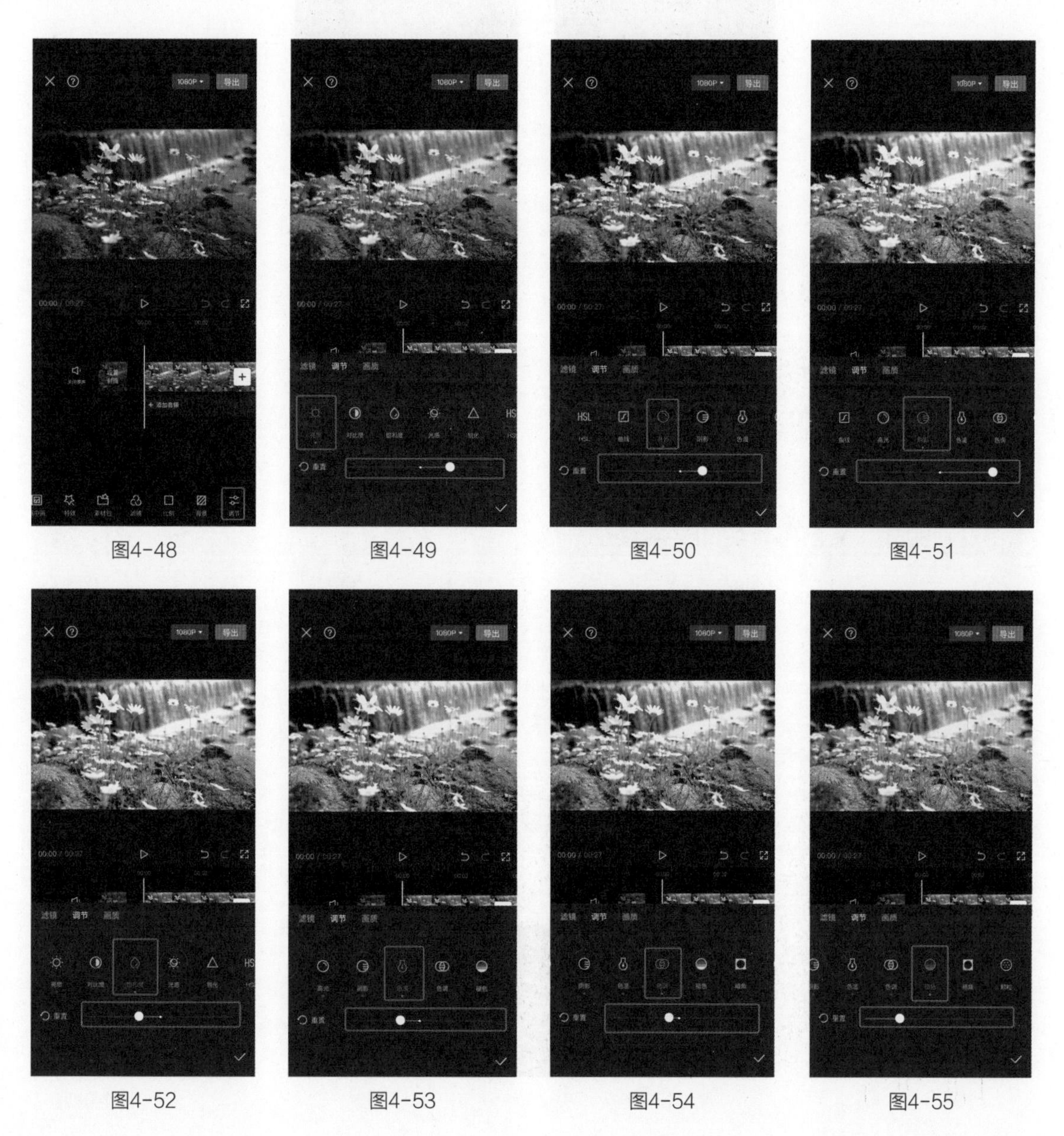

图4-48　图4-49　图4-50　图4-51

图4-52　图4-53　图4-54　图4-55

4.3.2 利用滤镜功能让色调更唯美

与调节功能需要仔细调节多个参数才能获得预期效果不同，利用滤镜功能可以一键调出唯美的色调。

（1）导入需要添加滤镜效果的视频片段，点击界面下方的“滤镜”按钮，如图4-56所示。

（2）可以从多个分类下选择合适的滤镜效果。此处选择“风景”分类下的“柠青”效果，让植物的色彩更艳丽。滑动滑块，可以调节滤镜强度，这里调整为 100（最高强度），如图4-57所示。此时，就给视频添加了滤镜效果。

图4-56

图4-57

4.4 剪映剪辑实战

4.4.1 实战：文艺感十足的文字镂空开场

资源位置 ▶

微课视频

素材位置 素材文件>第4章>4.4.1实战：文字镂空效果
视频位置 视频文件>第4章>4.4.1实战：文字镂空效果.mp4
技术掌握 文字镂空效果的制作

文字镂空开场既可以展示视频标题等文字信息，又让画面显得文艺感十足，是微电影、Vlog等常用的开场方式。制作文字镂空开场的重点在于利用关键帧制作文字缩小效果，再利用蒙版及合适的动画制作大幕拉开的效果，示例效果如图4-58所示。

图4-58

效果视频

设计思路

（1）黑场素材的添加。

（2）画中画效果的使用。

操作步骤

（1）点击“开始创作”按钮，选择“素材库”中的黑场素材，并点击右下角的“添加”按钮，如图4-59所示。

（2）点击界面下方的“文本”按钮后，点击“新建文本”按钮，注意设置文字的颜色为白色，然后将文字调整到画面中间位置，效果如图4-60所示。

（3）截屏当前画面，并将文字部分使用手机中的截图工具以16∶9的比例进行裁剪并保存，从而得到镂空文字的图片，如图4-61所示。

（4）退出剪映后又点击“开始创作”按钮，导入准备好的视频素材，如图4-62所示。

（5）点击界面下方的“画中画”按钮，如图4-63所示，将保存好的文字图片导入。

（6）导入文字图片后，调整其大小。点击界面下方的“混合模式”按钮，如图4-64所示。选择“变暗”模式，即可实现文字镂空效果，如图4-65所示。

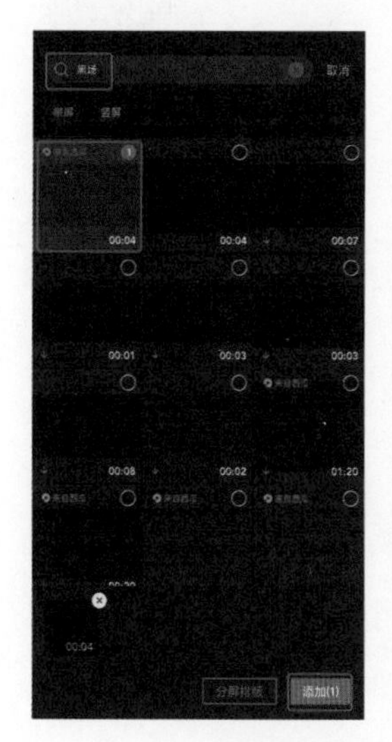

图4-59

图4-60

图4-61

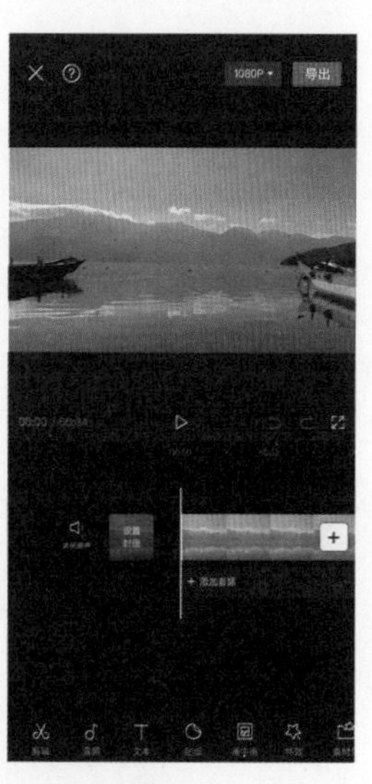

图4-62

图4-63

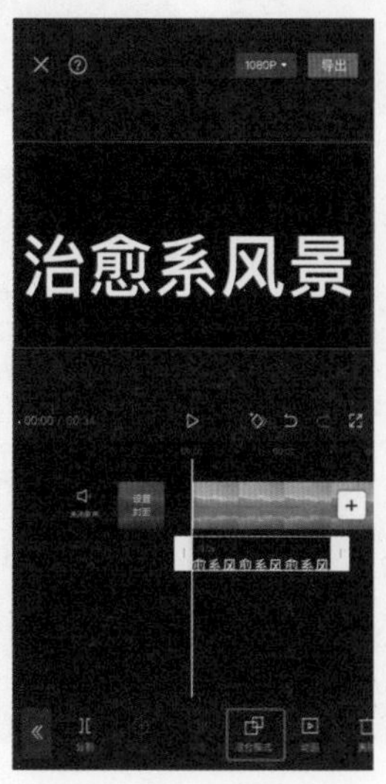

图4-64

图4-65

4.4.2 实战：利用文字动画制作打字效果

资源位置 ▶

微课视频

素材位置 素材文件>第4章>4.4.2实战：打字效果
视频位置 视频文件>第4章>4.4.2实战：打字效果.mp4
技术掌握 打字效果的制作

很多视频的标题都是通过打字效果展示的，这种效果是利用文字入场动画与音效相配合实现的。示例效果如图4-66所示。

图4-66

效果视频

设计思路

（1）音效素材的添加。

（2）动画效果的使用。

操作步骤

（1）选择希望制作打字效果的文字，点击“动画”按钮，并添加“入场动画”分类下的“打字机Ⅰ”动画，如图4-67所示。

（2）依次点击界面下方的“音频”按钮和“音效”按钮，为其添加“机械”分类下的“打字声”音效，如图4-68所示。

（3）为了让“打字声”音效与文字出现的时机相匹配（文字在视频一开始就逐渐出现），所以适当减少“打字声”音效的开头部分，从而令音效也在视频开始时就出现，如图4-69所示。

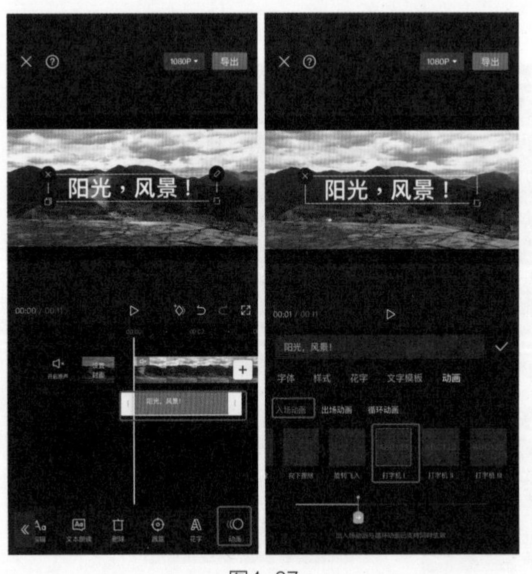

图4-67

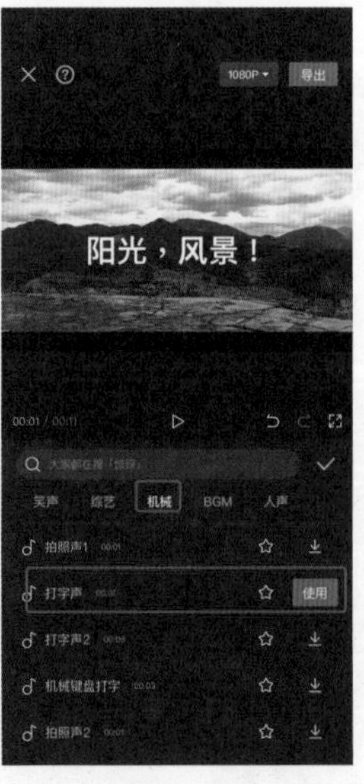

图4-68

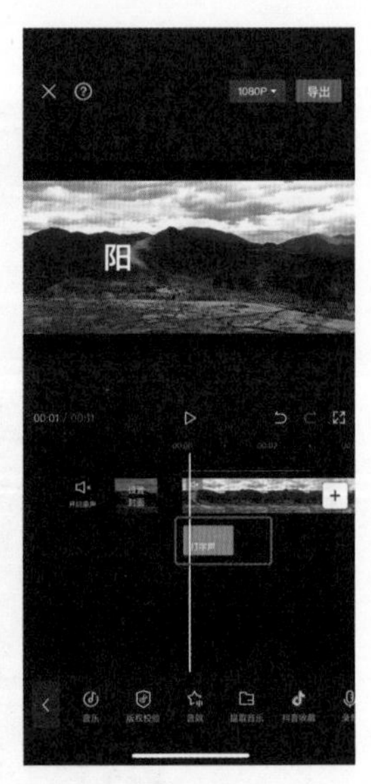

图4-69

（4）因为要让文字随着“打字声”音效逐渐出现，所以要调节文字动画的速度。选择文字素材，点击界面下方的“动画”按钮，如图4-70所示。

（5）适当增加动画时长，并反复试听，直到最后一个文字出现的时间点与“打字声”音效结束的时间点基本一致。对于本实战而言，当“入场动画”时长设置为1.1s时，与“打字声”音效基本匹配，如图4-71所示。

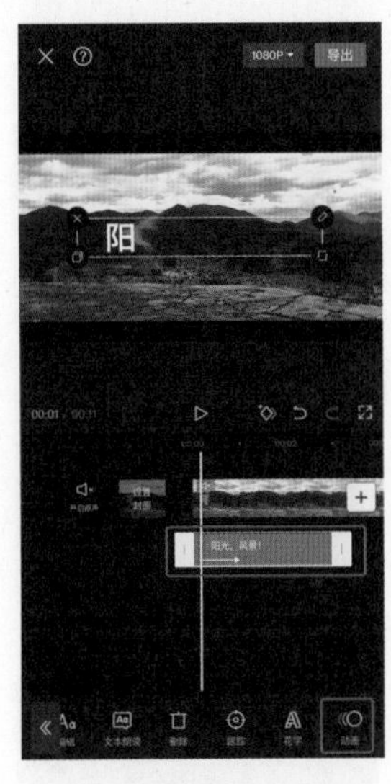

图4-70

图4-71

4.4.3 实战：利用动画功能让视频更酷炫

资源位置 ▶

素材位置 素材文件>第4章>4.4.3实战：动画效果

视频位置 视频文件>第4章>4.4.3实战：动画效果.mp4

技术掌握 动画效果的制作

微课视频

很多读者用剪映时容易将特效或者转场与动画混淆。虽然这三者都可以让画面看起来具有动感，但动画功能既不能像特效那样改变画面内容，又不能像转场那样衔接两个片段，它实现的是所选视频片段出现及消失时的动态效果。也正因为如此，在一些以非技巧性转场为衔接的片段中加入一些动画，往往可以让视频看起来更生动。示例效果如图4-72所示。

图4-72

效果视频

设计思路

（1）音效素材的添加。

（2）动画效果的使用。

操作步骤

（1）选中需要添加动画效果的视频片段，点击界面下方的“动画”按钮，如图4-73所示。

（2）根据需要，可以为该视频片段添加“入场动画”、“出场动画”及“组合动画”。因为此处希望配合相机快门声实现拍照效果，所以为其添加“入场动画”，如图4-74所示。

图4-73

图4-74

（3）选择界面下方的各种效果，即可为所选片段添加动画，并进行预览。因为相机拍照声很清脆，所以此处选择同样比较“干净利落”的“轻微抖动Ⅱ”效果。通过动画时长滑块调整动画的作用时长，注意不要设置过长，这样是为了让画面“干净利落”，如图4-75所示。

（4）在“音频”下添加“音效”“快门声”，并调整其时长，如图4-76所示。

图4-75

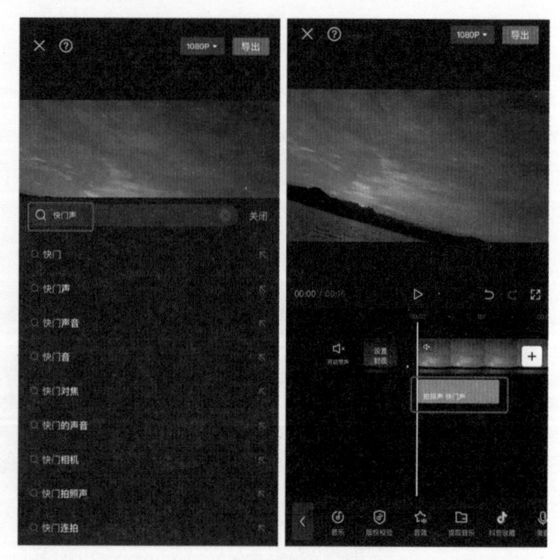

图4-76

4.5 本章小结

本章讲解剪映的进阶操作，重点讲解文字、音乐的添加及部分效果的制作。希望读者对视频剪辑有升级版的操作性认识。

第5章 Premiere剪辑基础

本章导读

本章主要讲解 Premiere 的基本使用方法，让读者了解使用 Premiere 制作短视频的技巧等知识点，对 Premiere 的使用有基本的整体性认识。为之后的视频剪辑打下基础，方便读者快速理解并掌握短视频制作的相关操作。

学习要点

- Premiere 的基本使用方法
- Premiere 的转场使用方法
- Premiere 的调色制作
- Premiere 的文字使用方法
- 剪辑实战

5.1 掌握Premiere的基本使用方法

5.1.1 认识Premiere的界面

本节主要带领读者熟悉Premiere工作区，这是使用Premiere剪辑视频的基础，有助于提高后期的视频剪辑效率。在开始剪辑前，双击桌面上的“Adobe Premiere Pro 2022”图标，就可以启动Premiere，其启动界面如图5-1所示。

图5-1

Adobe Premiere Pro 2022（后简称Premiere）的工作区主要由标题栏、菜单栏、“源”面板、“效果控件”面板、“音频剪辑混合器”面板、“节目”面板、“项目”面板、“工具”面板、“时间轴”面板等部分组成，如图5-2所示。

图5-2

1. 标题栏

在Premiere中，标题栏通常指的是软件顶部的那一栏，它包含了一些重要的信息和功能，包括当前打开项目的名称、编辑软件名称和版本。

2. 菜单栏

Premiere的菜单栏主要包括“文件”“编辑”“剪辑”“序列”“标记”“图形”“视图”“窗口”“帮助”9个主菜单，如图5-3所示。

文件(F)　编辑(E)　剪辑(C)　序列(S)　标记(M)　图形(G)　视图(V)　窗口(W)　帮助(H)

图5-3

重要参数解析如下。

“文件”菜单：包含新建项目、打开项目、关闭项目、保存、另存为、退出等功能操作，如图5-4所示。

“编辑”菜单：包含可以在整个程序中使用的编辑命令，如复制、粘贴等命令，如图5-5所示。

“剪辑”菜单：包含更改素材的运动方式、不透明度等命令，如图5-6所示。

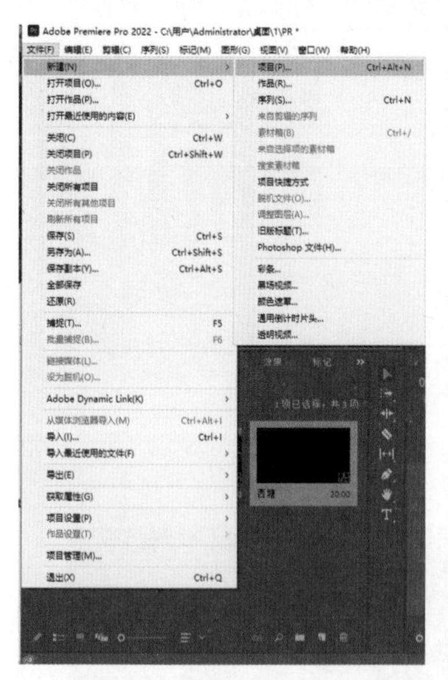

图5-4

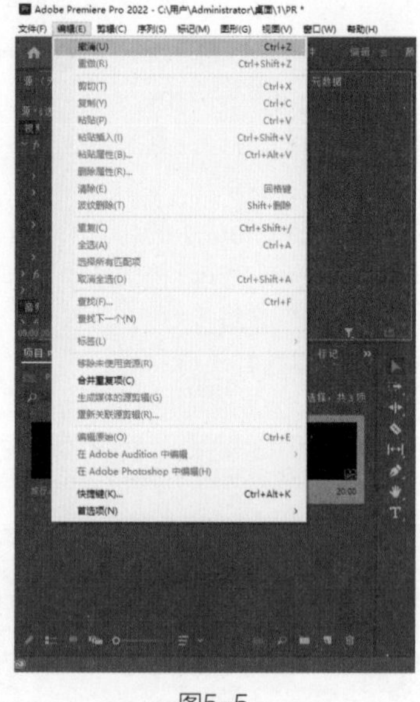

图5-5

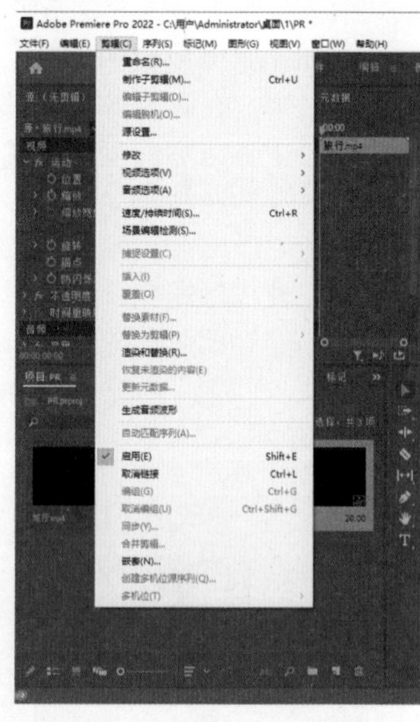

图5-6

“序列”菜单：使用其中的命令可以在“时间轴”面板中预览素材，并能更改“时间轴”面板中的视频轨道和音频轨道，如图5-7所示。

“标记”菜单：其中的命令主要用于编辑“时间轴”面板中素材的标记和“节目”面板中素材的标记，使用标记可以快速跳转到“时间轴”面板中的特定区域或素材的特定帧处，如图5-8所示。

“图形”菜单：用于对打开的图形和文字进行编辑，如图5-9所示。

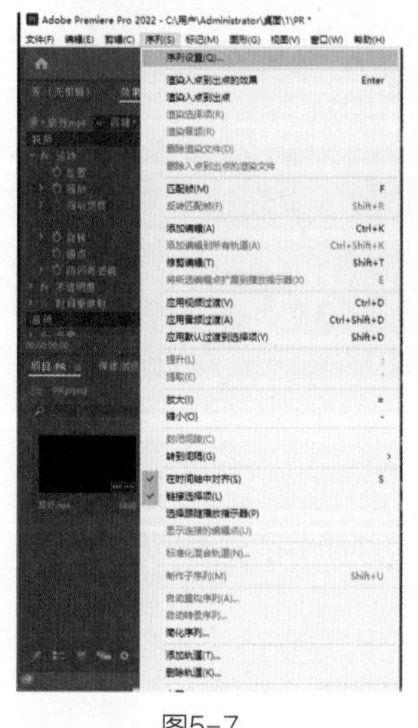

图5-7

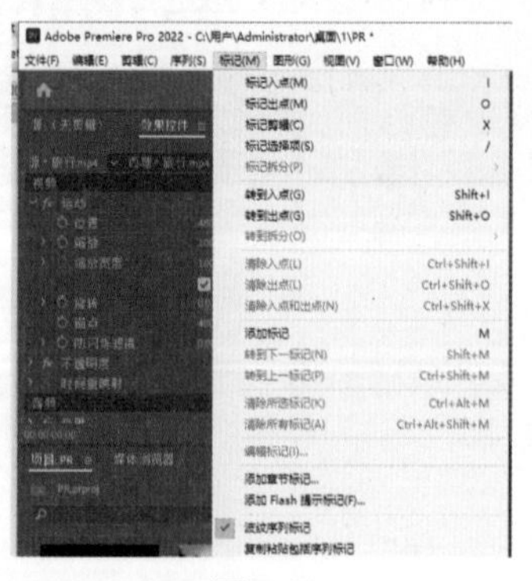

图5-8

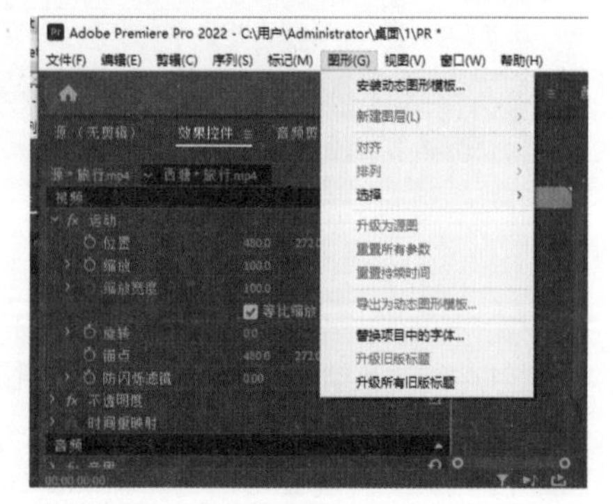

图5-9

“视图”菜单：用于设置回放分辨率、放大率、标尺、参考线等参数，如图5-10所示。

“窗口”菜单：用于管理工作区中的各个面板，如图5-11所示。

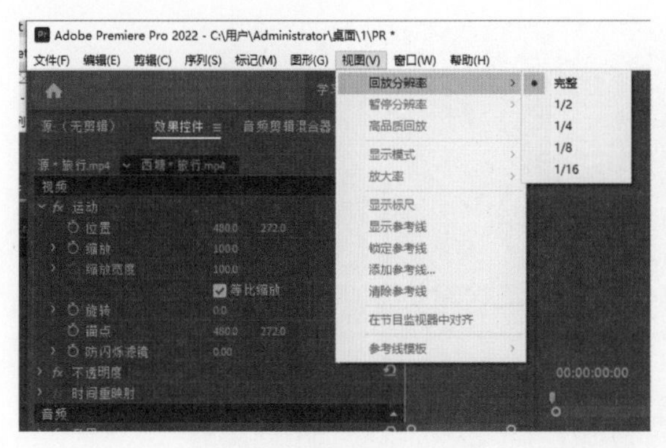

图5-10

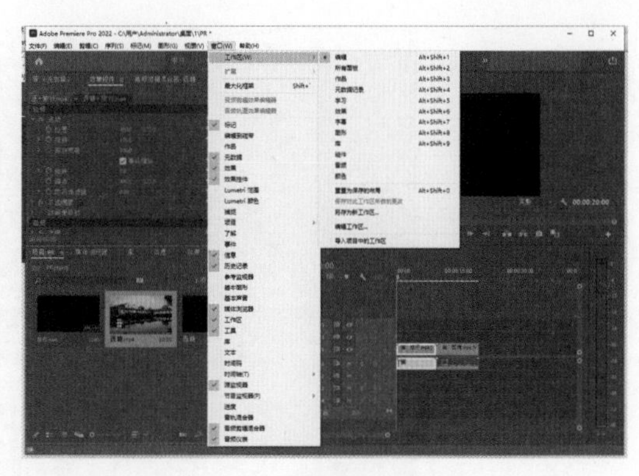

图5-11

“帮助”菜单：包含应用程序的帮助命令和产品改进计划的相关命令等，如图5-12所示。

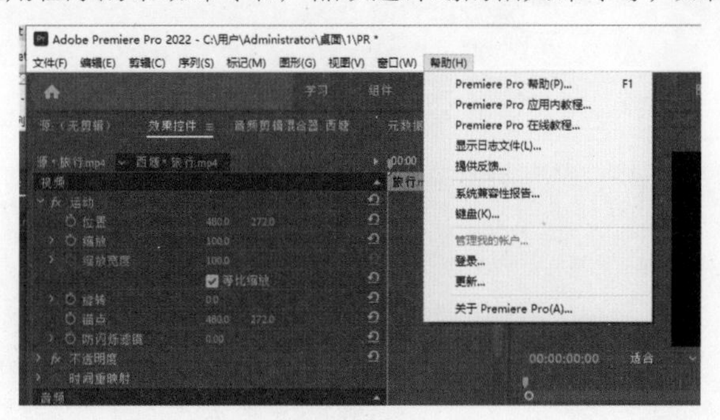

图5-12

3.“源”面板、“效果控件”面板、“音频剪辑混合器”面板

（1）“源”面板。双击“项目”面板的视频素材之后，在“源”面板中会出现视频素材的预览画面，这个面板是原始素材的预览面板，如图5-13所示。其参数与“节目”面板的相同。

图5-13

（2）“效果控件”面板。在“时间轴”面板中若不选择任何素材，则“效果控件”面板为空，如图5-14所示。若在“时间轴”面板中选择素材，则可在“效果控件”面板调整素材效果的参数。例如，选择视频素材，“效果控件”面板默认状态下会显示“运动”“不透明度”“时间重映射”3种参数，如图5-15所示。

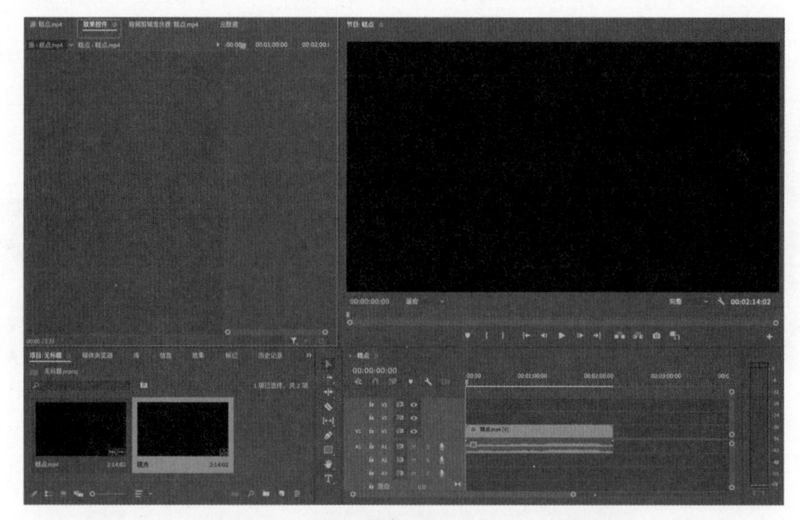

图5-14

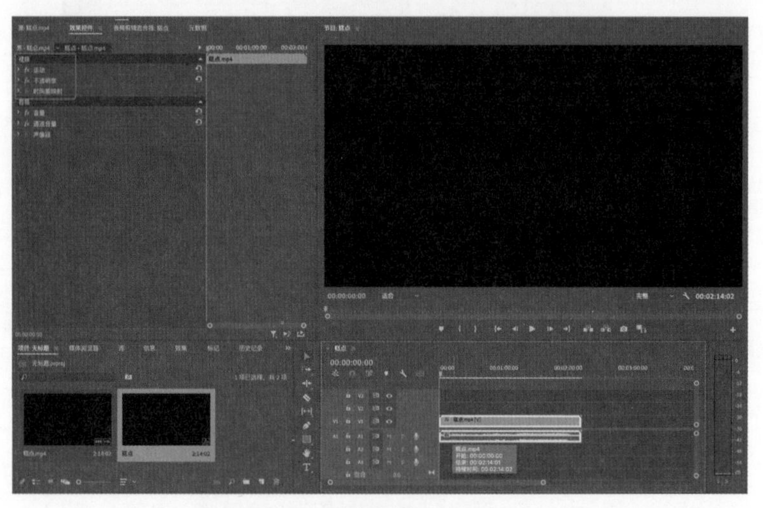

图5-15

重要参数解析如下。

“运动”参数：包含“位置”“缩放”“缩放宽度”“旋转”“锚点”“防闪烁滤镜”等调控参数，如图5-16所示。

调整“位置”参数能够实现视频素材在“节目”面板中移动，是视频编辑过程中经常使用的一种运动参数，如图5-17所示。

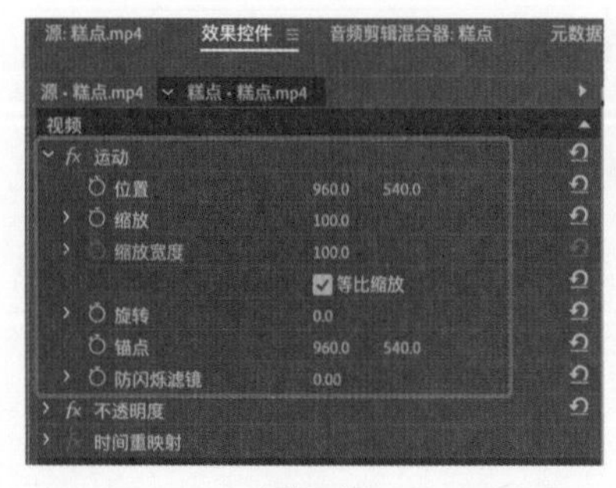

图5-16

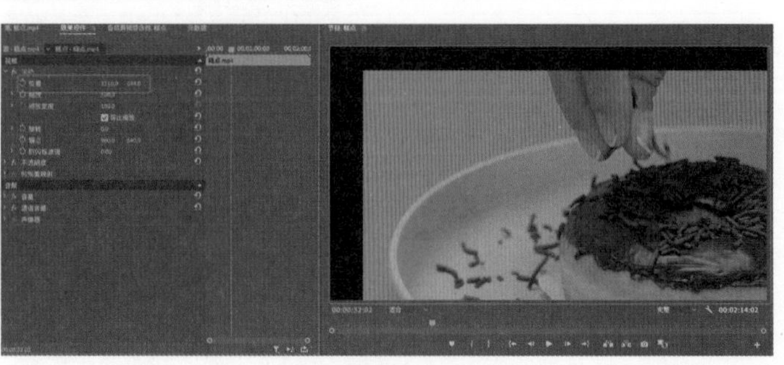

图5-17

通过“缩放”参数可以对视频素材进行放大和缩小处理，如图5-18所示。

“缩放宽度”参数：调整“缩放宽度”参数，可以改变视频画面的显示比例，使其在特定宽度上呈现不同的尺寸和比例。

通过“旋转”参数能增加视频的旋转动感，对视频素材进行旋转处理，如图5-19所示。

图5-18

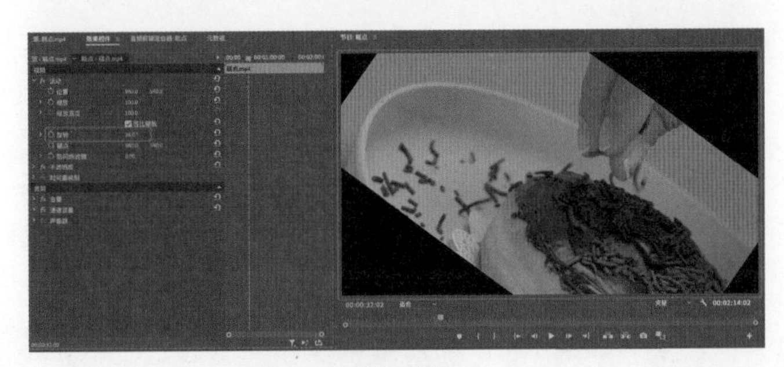

图5-19

“锚点”参数可以决定位置、缩放及旋转效果的控制原点。如果改变锚点的位置，那么旋转效果和缩放效果将同时受到影响。“锚点”右侧的两组数字代表锚点x轴、y轴的坐标信息，如图5-20所示。

“防闪烁滤镜”参数用于消除视频中的闪烁现象，如图5-21所示。

图5-20

图5-21

“不透明度”参数：包括“不透明度”和“混合模式”两个参数，如图5-22所示。

不透明度就是所选视频素材画面的显示程度，“不透明度”参数值越小，画面就越透明。通过设置不透明度关键帧，可以实现视频素材在序列中显示或消失、渐隐渐现等动画效果，常用于创建淡入淡出效果，使画面过渡自然，如图5-23所示。

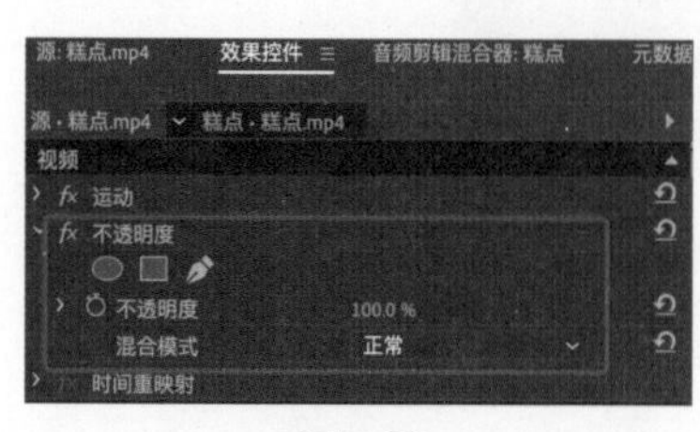

图5-22

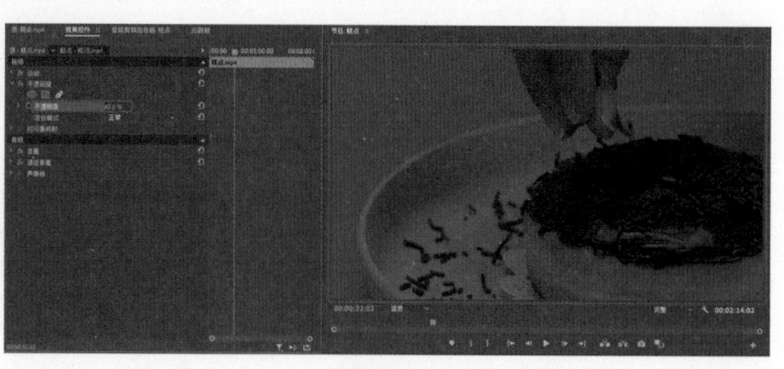

图5-23

“混合模式”参数可用于设置视频素材与其他素材混合的方式，类似于Photoshop中图层的混合模式，共27个模式，如图5-24所示。

“时间重映射”参数：可用于对素材的速度进行改变。比如有些跟着音乐节拍忽快忽慢的视频就是根据“时间重映射”做出来的。

（3）“音频剪辑混合器”面板。在“音频剪辑混合器”面板中，可以更加有效地调节项目的音频，实时混合各轨道的音频对象，如图5-25所示。

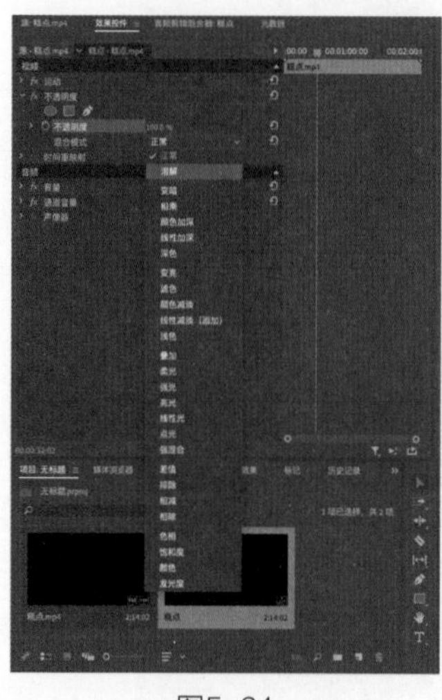

图5-24

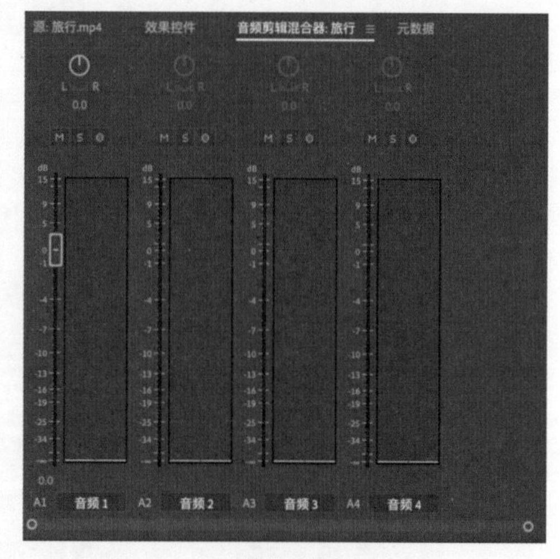

图5-25

4.“节目”面板

“节目”面板显示视频经过编辑后的最终效果，可以方便剪辑者预览剪辑效果，方便下一步的调整与修改，如图5-26所示。

重要参数解析如下。

“添加标记点”按钮：为素材设置标记，如图5-27所示。

“标记入点”按钮：设置素材的起始点，如图5-28所示。

“标记出点”按钮：设置素材的结束点，如图5-29所示。

“转到入点”按钮：单击该按钮，可以将时间指示器移动到起始点的位置，如图5-30所示。

“后退一帧”按钮：用于对素材进行逐帧倒放，单击此按钮，会后退一帧；在按住Shift键的同时单击此按钮，会后退5帧，如图5-31所示。

图5-26 图5-27

图5-28 图5-29

图5-30 图5-31

“播放/停止切换”按钮：用于控制素材的播放与停止，如图5-32所示。

“前进一帧”按钮：用于对素材进行逐帧播放，单击此按钮，会前进一帧；在按住Shift键的同时单击此按钮，会前进5帧，如图5-33所示。

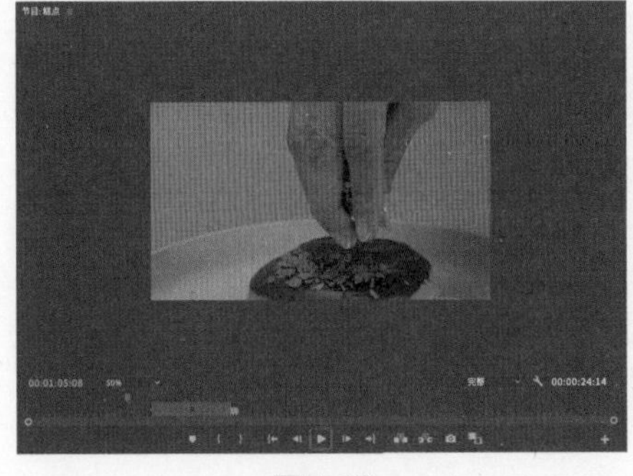

图5-32

图5-33

“转到出点”按钮：单击该按钮，可以将时间指示器移动到结束点的位置，如图5-34所示。

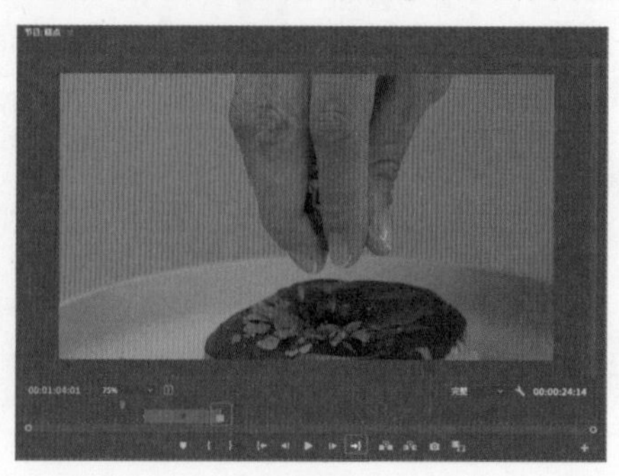

图5-34

“提升”按钮：用于删除入点与出点之间的内容，并保留间隙，如图5-35所示。

“提取”按钮：用于删除入点与出点之间的内容，不保留间隙，素材会自动连接在一起，如图5-36所示。

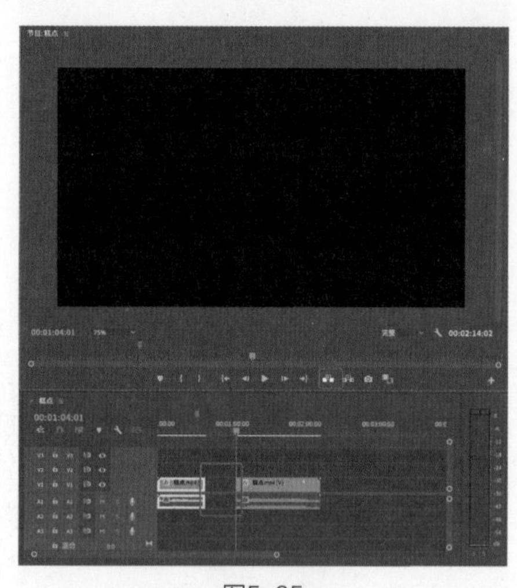

图5-35

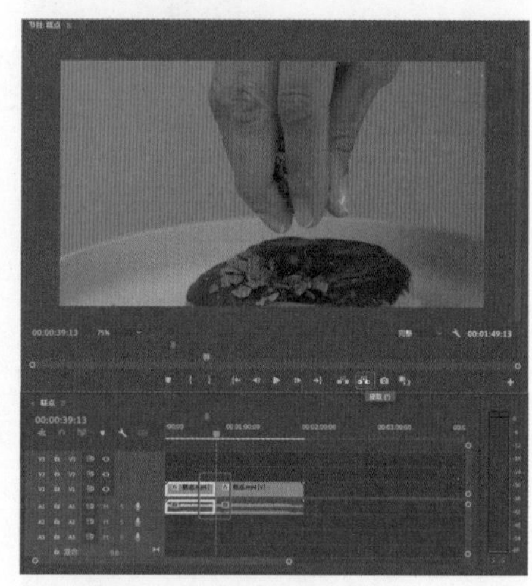

图5-36

“导出帧”按钮：单击该按钮，即可在“导出帧”对话框中自定义“名称”，“格式”可以选“JPEG”，“路径”为保存位置，如图5-37所示，单击“确定”按钮即可导出一帧视频画面。

“比较视图”按钮：单击该按钮，“节目”面板会出现双画面。其中一个视频可以用时间轴操作，另一个视频则用于比较、对照，如图5-38所示。点击中间的视图模式切换按钮，面板上的双视图会分别切换为并排、垂直拆分和水平拆分效果。并排效果如图5-39所示，垂直拆分效果如图5-40所示，水平拆分效果如图5-41所示。

图5-37

图5-38

“按钮编辑器”按钮：单击该按钮可以调出面板中包含但没有完全显示的按钮，如图5-42所示。

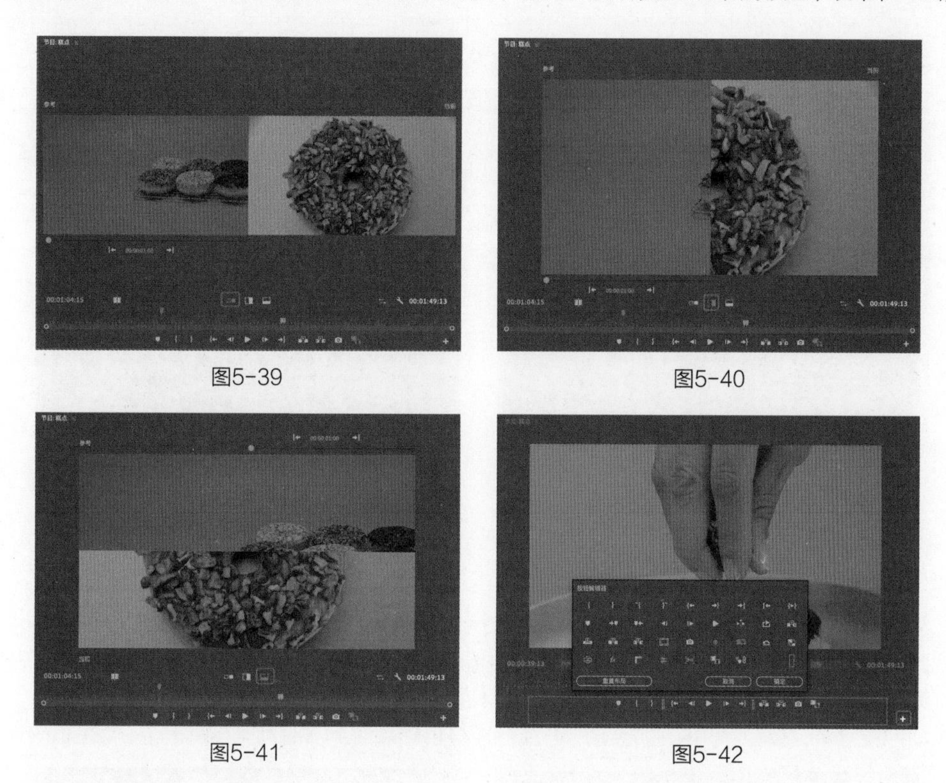

图5-39　图5-40

图5-41　图5-42

5.“项目”面板

“项目”面板主要用于素材的导入、存放和管理。该面板可以显示素材的属性信息，包括素材的缩略图、类型、名称、颜色标签、出入点等，也可以为素材执行新建、分类、重命名等操作。“项目”面板下面有10个功能控件，从左往右分别是“在只读与读/写之间切换项目”按钮、“列表视图”按钮、“图标视图”按钮、“从当前视图切换为自由视图”按钮、“调整图标和缩览图大小”滑动条、“排列图标”按钮、“自动匹配序列”按钮、“查找”按钮、“新建素材箱”按钮、“新建项”按钮、“清除”按钮，如图5-43所示。

图5-43

重要参数解析如下。

“在只读与读/写之间切换项目”按钮：这个按钮允许用户在只读模式和读/写模式之间切换。

“列表视图”按钮：单击此按钮，素材会以列表形式展示，如图5-44所示。

“图标视图”按钮：单击此按钮，素材会以图标形式展示，如图5-45所示。

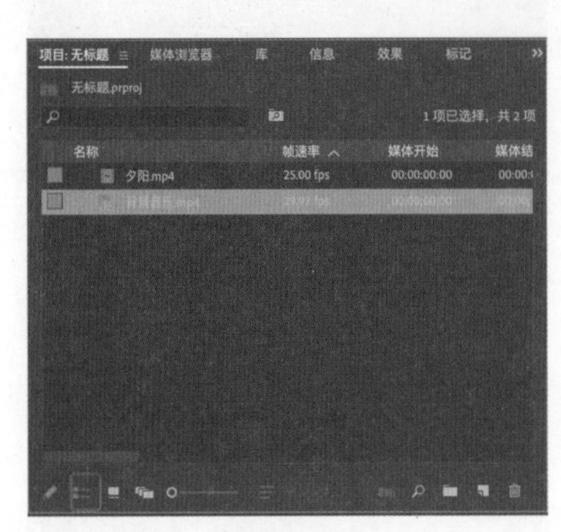

图5-44

图5-45

“从当前视图切换为自由视图”按钮：单击此按钮，素材会以自由形式展示，如图5-46所示。

“调整图标和缩览图大小”滑动条：滑动滑动条上的滑块，素材会放大、缩小，如图5-47所示。

“排列图标”按钮：可自定义素材排列顺序，如图5-48所示。

“自动匹配序列”按钮：单击此按钮，可以将素材自动调整到“时间轴”面板上，如图5-49所示。

图5-46

图5-47

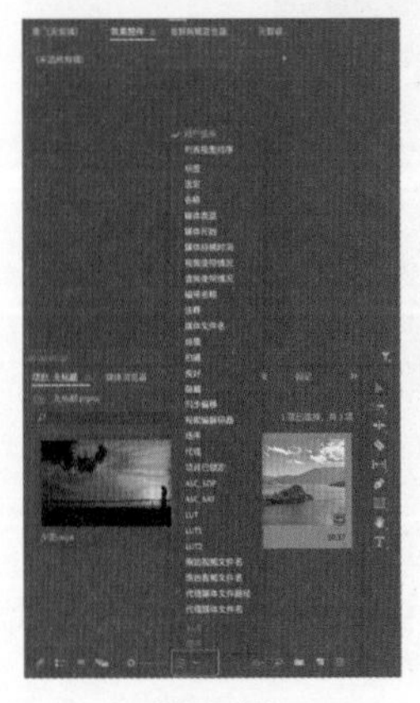

图5-48

图5-49

"查找"按钮：单击此按钮，可以快速查找素材，如图5-50所示。

"新建素材箱"按钮：单击此按钮，可以建立一个新的素材箱，方便素材的分类与管理，如图5-51所示。

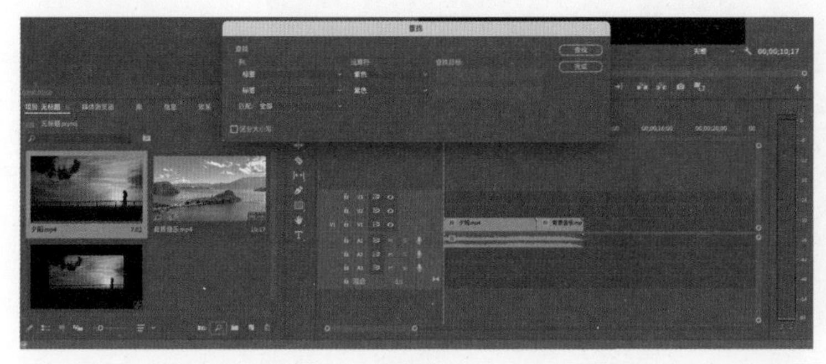

图5-50

图5-51

"新建项"按钮：单击此按钮，可以为素材添加分类，便于对文件进行有序管理，如图5-52所示。

"清除"按钮：选中不需要的素材，单击此按钮可以将其删除，如图5-53所示。

图5-52

图5-53

6."工具"面板

"工具"面板中主要是工具按钮，使用时单击即可激活相应工具，主要用于在"时间轴"面板上编辑素材。

重要参数解析如下。

"选择工具"：用于对素材的选择、移动，可以调节素材的关键帧或为素材设置出入点，如图5-54所示。

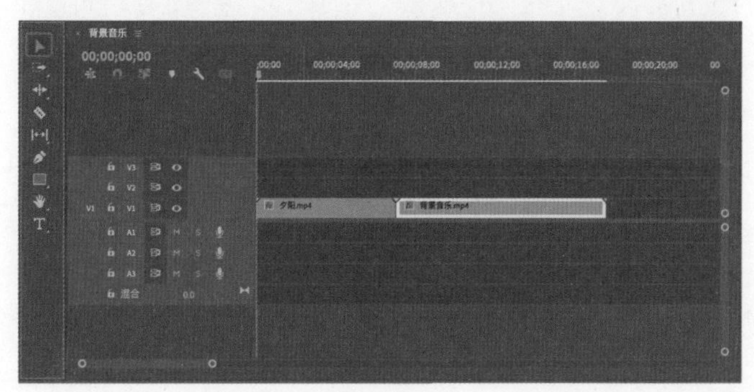

图5-54

“向前选择轨道工具”：使用该工具，可以选择某一个素材之前的所有轨道素材（包括当前素材），如图5-55所示。

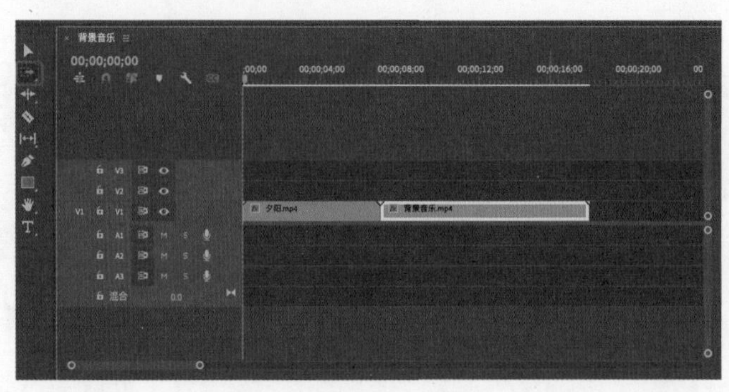

图5-55

“波纹编辑工具”：使用该工具，可以拖动素材的出点以改变素材的长度，相邻的素材长度不变，项目的总长度会发生改变，如图5-56所示。

“剃刀工具”：用于分割素材，如图5-57所示。

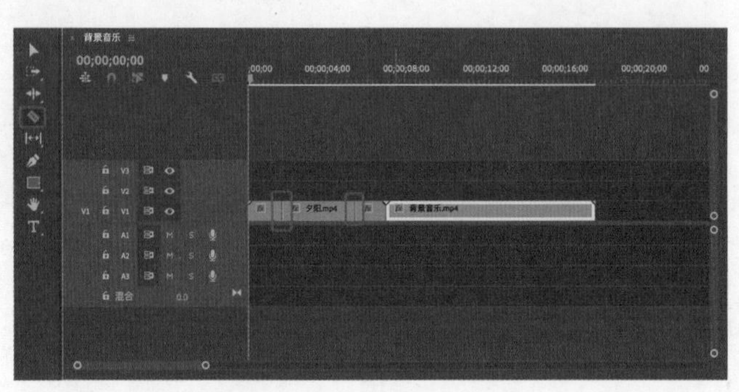

图5-56　　图5-57

“外滑工具”：用于改变一段素材的入点与出点，保持项目总长度不变，且不会影响邻近素材，如图5-58所示。

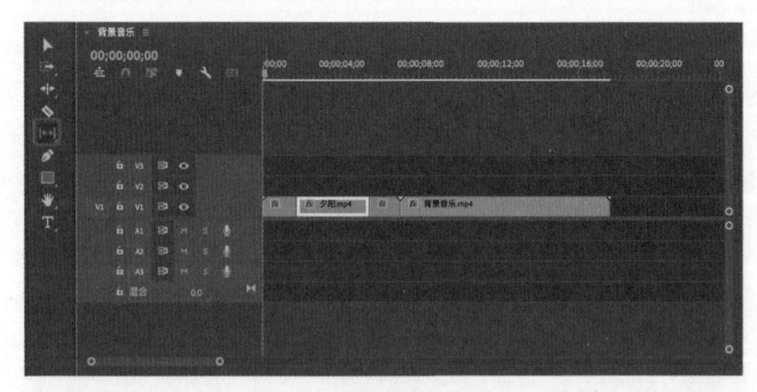

图5-58

“钢笔工具”：用于设置素材的关键帧，如图5-59所示。

“矩形工具”：用于绘制矩形，如图5-60所示。

“手形工具”：使用该工具，可以拖动“时间轴”面板的显示位置，轨道片段不受影响，如图5-61所示。

“文字工具”：使用该工具，可以在“节目”面板中插入文字，并进行编辑，如图5-62所示。

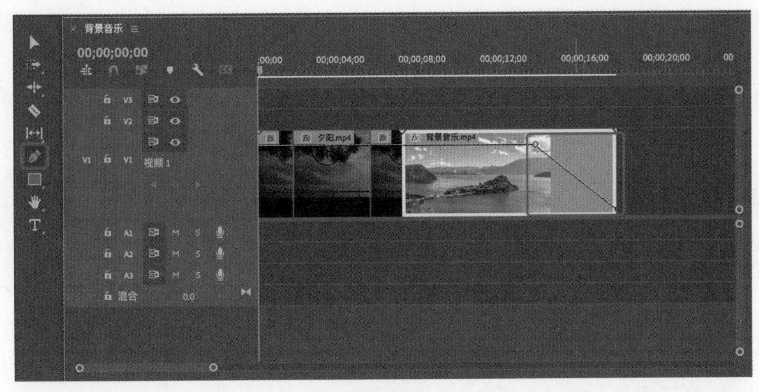

图5-59

图5-60

图5-61

图5-62

7. “时间轴”面板

“时间轴”面板是剪辑的核心，在此面板中可以对素材进行剪辑、插入、复制、粘贴等操作。重要参数解析如下。

时间码：显示影视作品的播放进度，如图5-63所示。

节目标签：显示影视作品名称，如图5-64所示。

图5-63

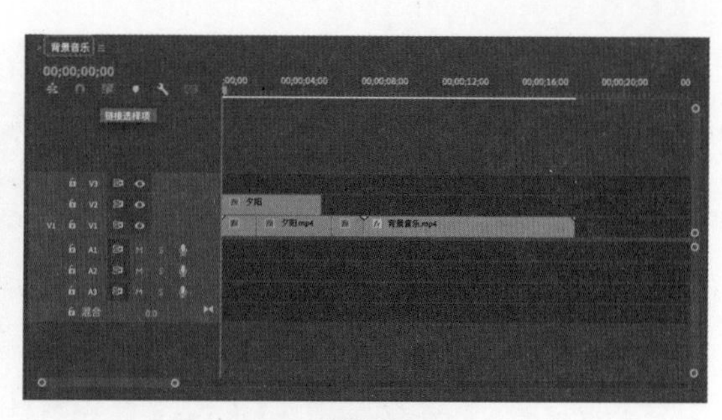

图5-64

轨道面板：剪辑操作的主要区域，也可以对轨道进行缩放、锁定等设置，如图5-65所示。

时间标尺：用于展示影视作品的时间刻度，如图5-66所示。

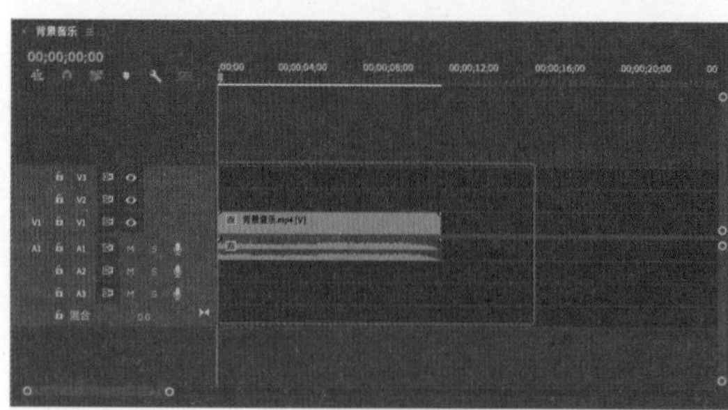

图5-65

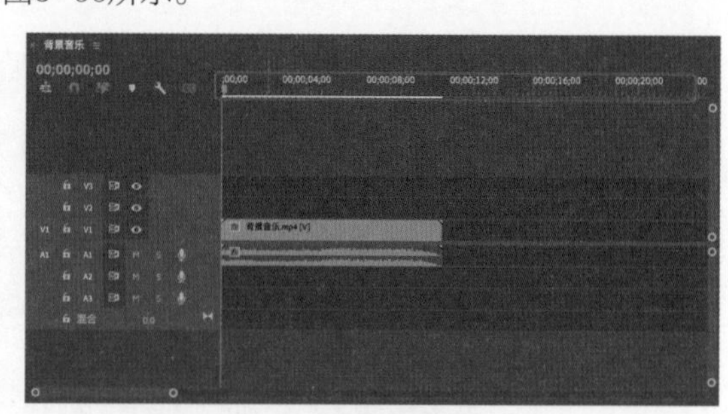

图5-66

视频轨道：用于放置视频、图片等影像素材，如图5-67所示。

音频轨道：用于放置音频素材，如图5-68所示。

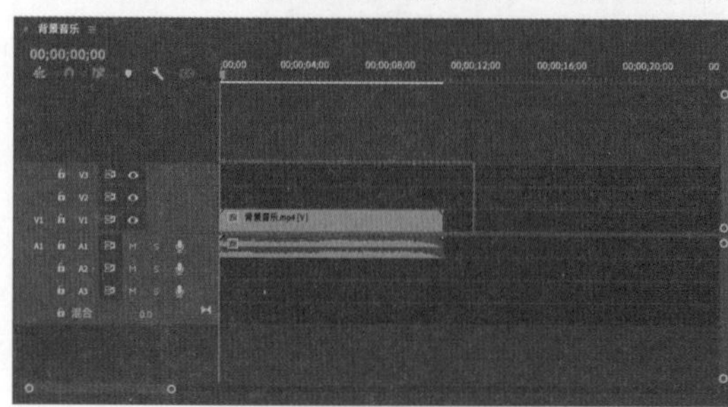

图5-67

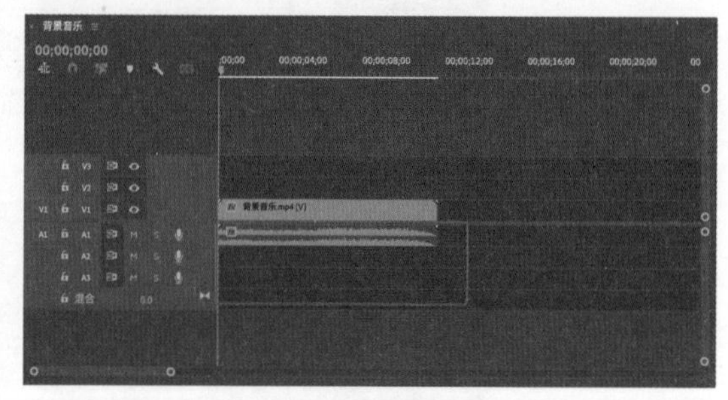

图5-68

“切换视频轨道输出”按钮：单击该按钮，可以设置在“节目”面板是否显示该视频，如图5-69所示。

“静音轨道”按钮：单击该按钮，可以让对应轨道的音频静音，如图5-70所示。

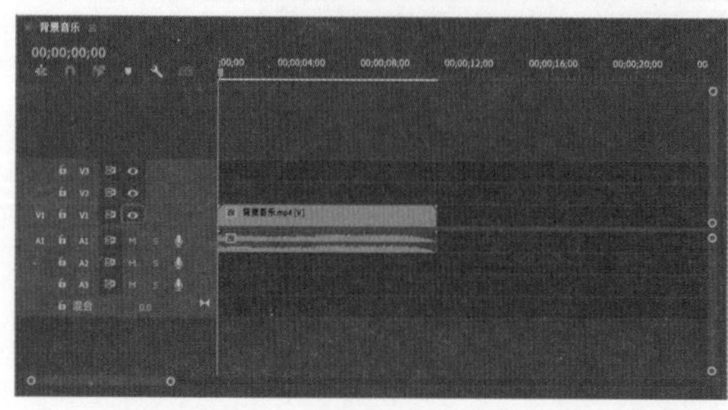

图5-69

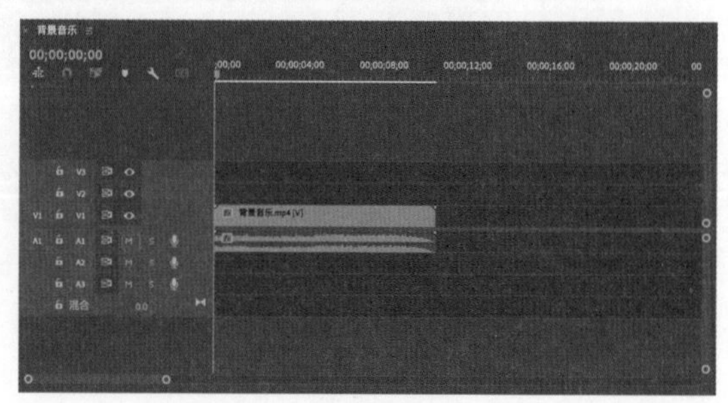

图5-70

“轨道锁定开关”按钮：单击该按钮，对应轨道被锁定，处于不能编辑的状态，如图5-71所示。

滑块：用于放大、缩小轨道中素材的显示长度，如图5-72所示。

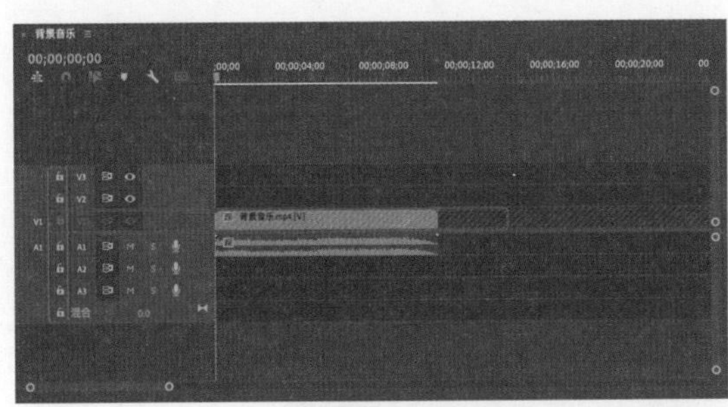

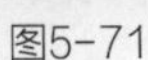
图5-71

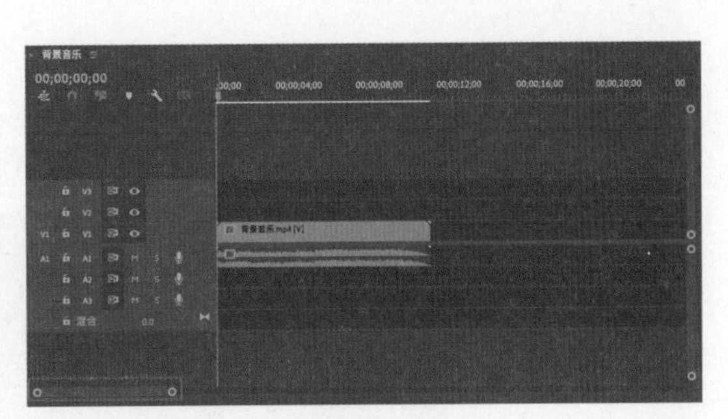

图5-72

5.1.2 视频后期的基本流程

在开始剪辑前，要先掌握剪辑的整体流程，这样可以避免进行一些无效的工作，达到事半功倍的效果。本小节将对新建项目、剪辑流程、输出设置展开讲解，带领读者进入Premiere的“世界”。

1. 新建项目

首先打开Premiere，看到软件的开始界面，然后单击“新建项目”按钮，如图5-73所示。

在弹出的“新建项目”对话框（见图5-74）中，需要给此次制作的项目起名。“名称”指的是工程文件的名字。“位置”指的是保存工程文件的路径，单击“位置”右侧的“浏览”按钮，可以选择保存工程文件的路径。其余选项保持默认即可。单击“确定”按钮，就可以新建一个项目。

图5-73

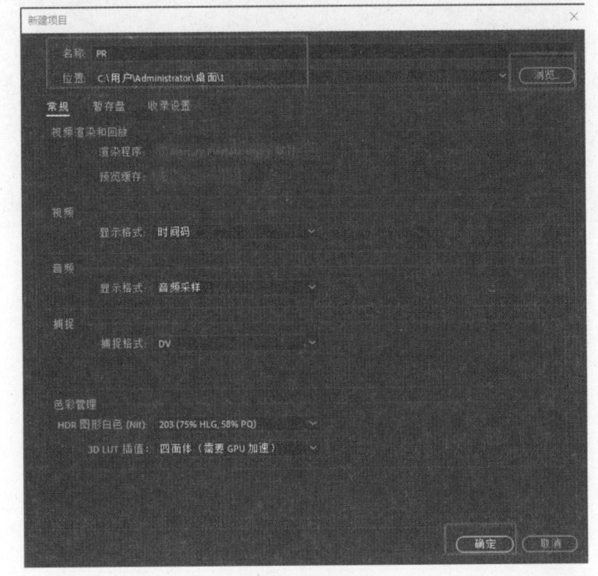

图5-74

TIPS 提示

工程文件：Premiere 中的工程文件又称源文件，也叫项目文件，保存后的扩展名为“.prproj”，工程文件记录了 Premiere 中的编辑信息和素材路径。需要注意的是，工程文件不包含素材文件本身，工程文件要和素材文件放置在同一台设备上才能使用。

2. 剪辑流程

新建项目之后，就会进入Premiere 的工作区。首先将工作区调整到编辑模式，在“菜单栏”中单击“编辑”即可，如图5-75所示。切换后的工作区如图5-76所示。

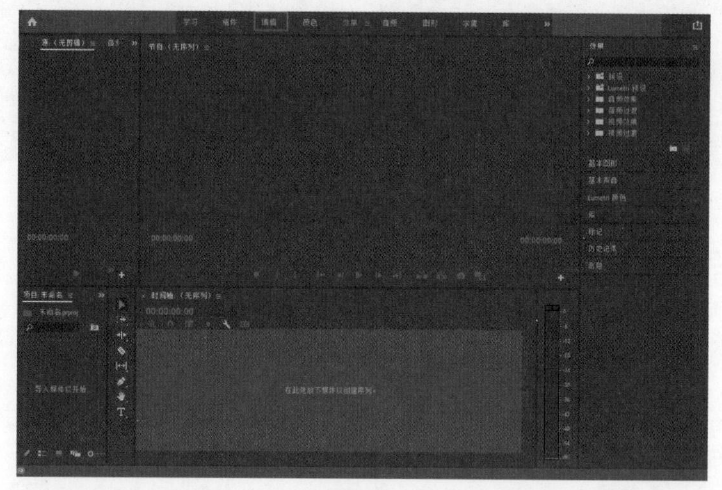

图5-75

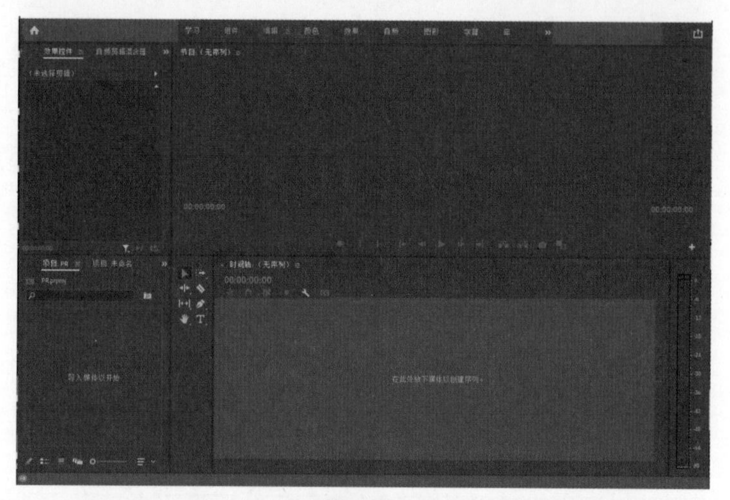

图5-76

在剪辑之前要先导入素材，双击“项目”面板，弹出“导入”对话框，选中要导入的素材，单击“打开”按钮，如图5-77所示。

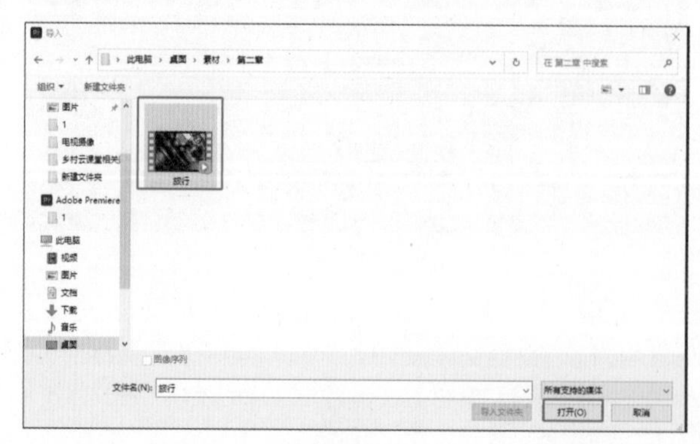

图5-77

接下来开始新建序列，单击“项目”面板中的“新建项”按钮，在弹出的列表中选择“序列”选项，如图5-78所示。

在“新建序列”对话框中单击“设置”选项卡，将“编辑模式”设置为“自定义”，“时基”设置为“25帧/秒”，“帧大小”的“水平”设置为“1920”，“垂直”设置为“1080”，“像素长宽比”设置为“方形像素（1.0）”，其余参数保持默认，单击“确定”按钮，如图5-79所示。

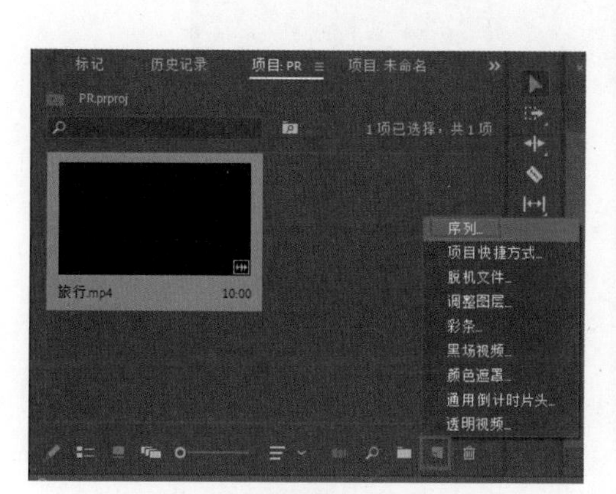

图5-78

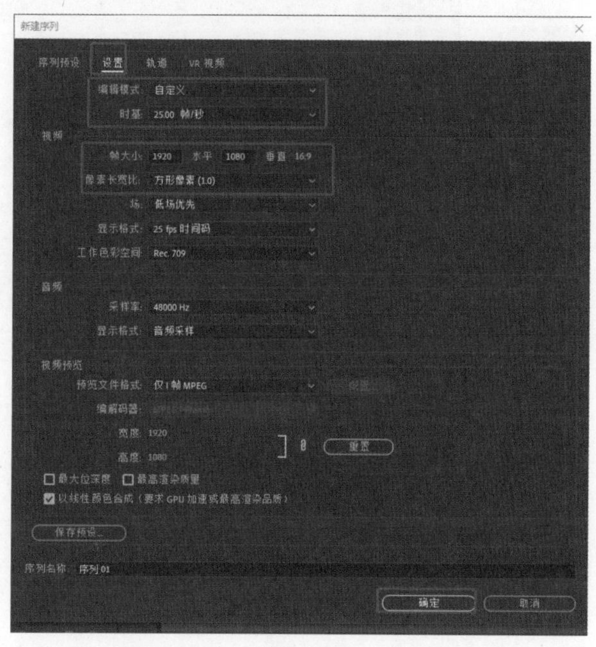

图5-79

新建序列之后需要将导入的素材拖到时间轴上。选中所需素材，按住鼠标左键将其拖至“时间轴”面板中的相应轨道上，如图5-80所示。

这时会弹出“剪辑不匹配警告”对话框，单击“保持现有设置”按钮，如图5-81所示。

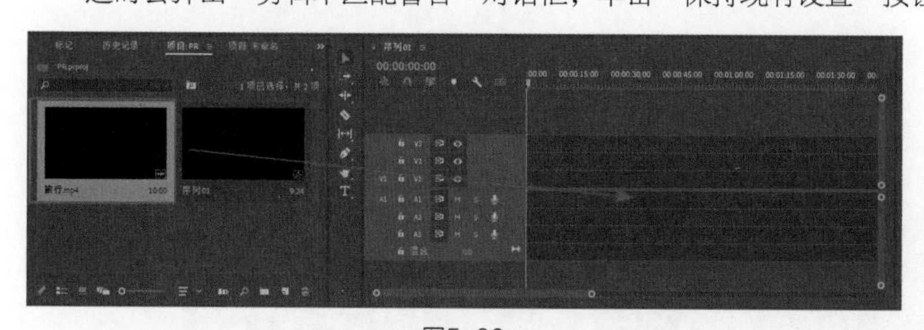

图5-80

图5-81

完成素材导入和新建序列之后，工作区如图5-82所示。

TIPS 提示

序列：起到确定最终成片作用的视频参数。

时基：又称为帧速率，是指每秒显示的静止画面的数量。例如，25 帧 / 秒就是每秒视频是由 25 张画面组成的。帧数越高，视频越细腻，当低于 16 帧 / 秒时，视频会出现卡顿。

帧大小：代表视频的尺寸，即长和宽的像素点个数。

剪辑不匹配警告：出现这个提示是因为新建序列和视频素材的参数不完全相同，其中包含分辨率、时基、像素长宽比等，出现这种情况一般以设置的序列为主。

图5-82

3. 输出设置

视频完成剪辑之后，需要把视频导出。在导出视频前，需要做以下设置。

将时间指示器移动到需要导出的开始位置，可以按快捷键I，设置入点，然后将时间指示器移动到需要导出的结束位置，按快捷键O，设置出点，这样就可以确定视频导出的范围，如图5-83所示。

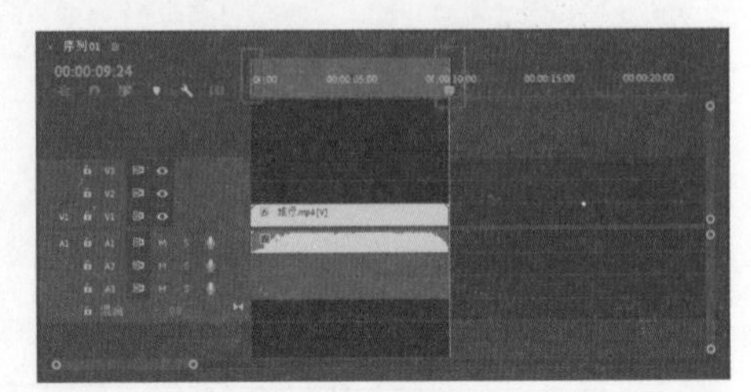

图5-83

导出参数设置。执行“文件>导出>媒体”命令，弹出“导出设置”对话框，将“格式”设置为“H.264”，“预设”设置为“匹配源-高比特率”，单击“输出名称”，选择保存视频的位置，并自定义名称，勾选“导出视频”和“导出音频”复选框，单击“导出”按钮，如图5-84所示。

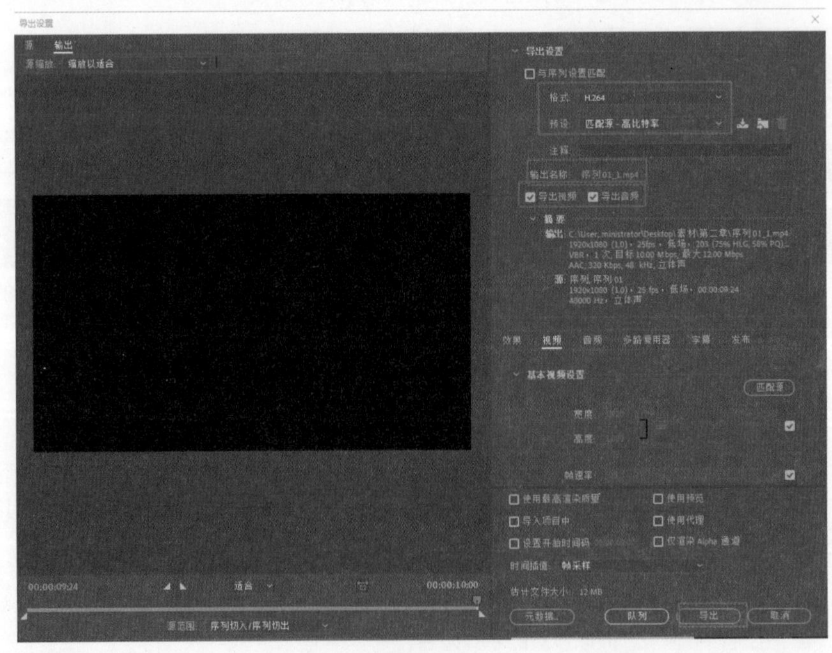

图5-84

TIPS 提示

设置出点和入点的时候要注意，输入法一定要切换到英文输入法状态下。
导出设置的快捷键是 Ctrl+M。
选择“格式”为“H.264”，导出的视频为 MP4 格式。

5.1.3 视频剪辑操作

本小节主要讲解素材的移动、删除、音画分离、字幕的添加、视频的转场、音乐的无缝剪辑等剪辑中常用的基本操作，以及在此过程中涉及的工具的使用。

1. 如何剪辑视频

执行“文件>导入”命令，导入两段视频素材。完成导入之后，选中两段素材并将其拖至“时间轴”面板中的相应轨道上，如图5-85所示。

图5-85

移动素材：在“工具”面板中选择“选择工具”，按住鼠标左键并拖动素材就可以在时间轴上移动素材，如图5-86所示。

删除素材：在“工具”面板中选择“选择工具”，单击需要删除的素材，按Delete键就可以删除素材，如图5-87所示。

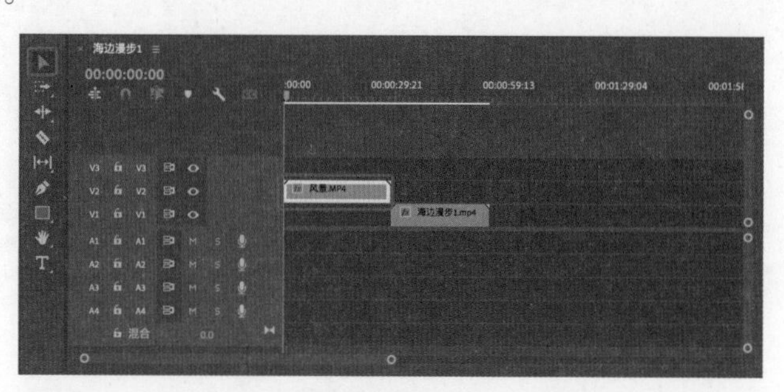

图5-86

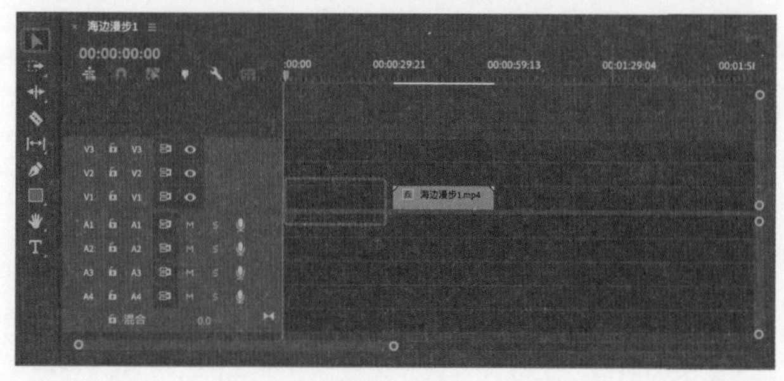

图5-87

放大和缩小时间轴上的素材：按键盘上的+和－键即可。注意一定是英文输入法状态下才有效。

音画分离：选中素材，单击鼠标右键，在弹出的快捷菜单中选择“取消链接”选项，如图5-88所示，就可以实现声音与画面分离的效果。

图5-88

TIPS 提示

在预览视频画面时，会显示位于最上面一层视频轨道的素材画面，音乐不分上下层，会同时播放。

2. 字幕的添加方式

在视频中，字幕是一种非常常见的画面表达样式。字幕的添加不仅可以起到对画面内容解释说明的作用，还可以达到美化画面的效果。

将视频素材导入“项目”面板，并将素材拖至“时间轴”面板中的相应轨道上，如图5-89所示。

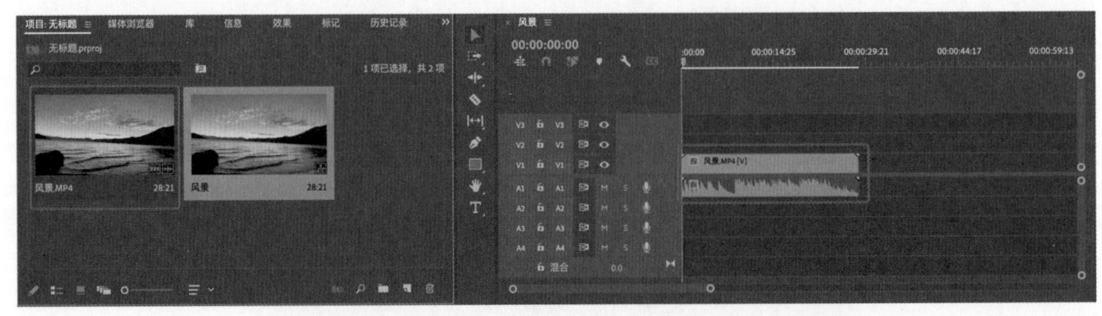

图5-89

执行“文件>新建>旧版标题”命令，在弹出的对话框中单击“确定”按钮，打开“字幕”窗口，如图5-90所示。

单击“文字工具”，输入文字“最好的风景”，然后全选文字，更改“字体样式”为“Regular”，“字体大小”为“100.00”，“X位置”为“641.0”，“Y位置”为“361.0”，“颜色”选择白色，如图5-91所示，设置完成后关闭窗口。

在素材箱中选择“字幕01”，并将其拖至V2轨道，如图5-92所示。

TIPS 提示

若背景为白色，则字体也为白色，可以为字幕添加黑色“外描边”，防止背景和字幕混在一起。

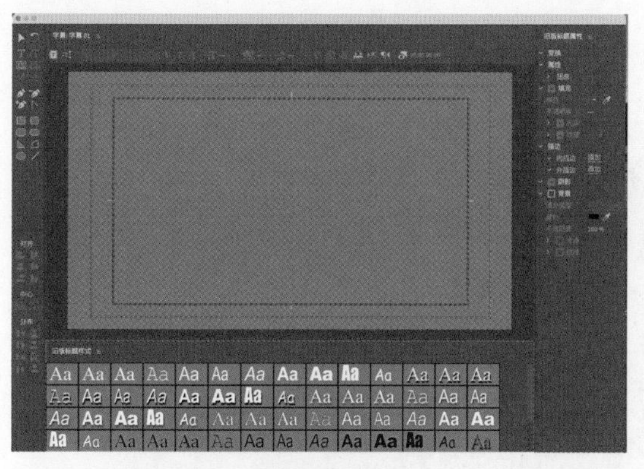

图5-90

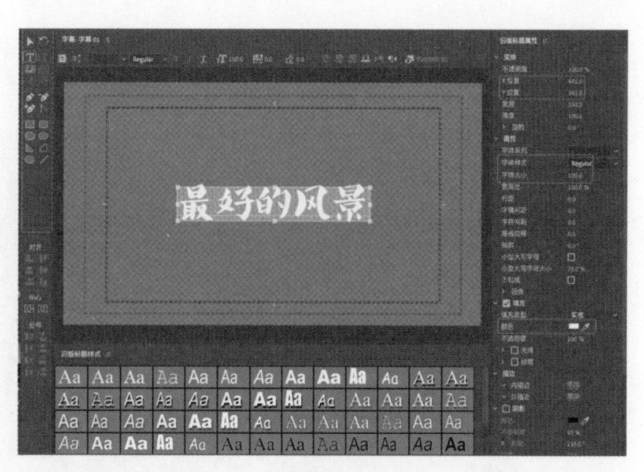

图5-91

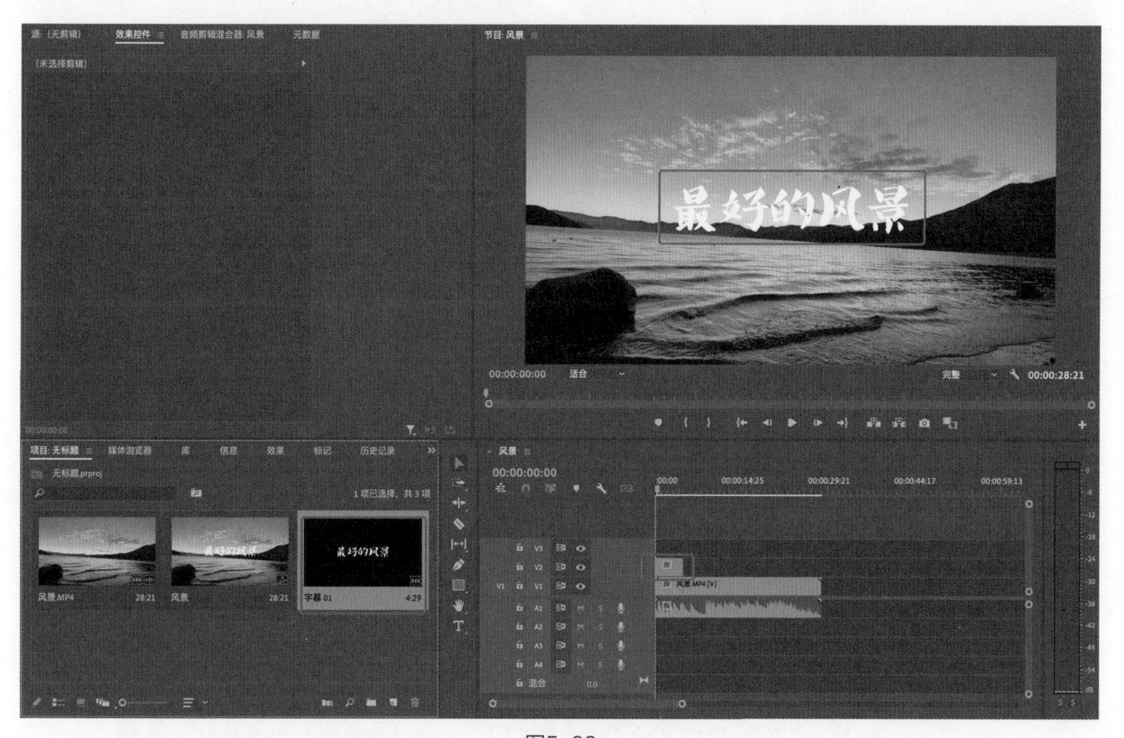

图5-92

3. 视频转场的用法

将4段视频素材导入“项目”面板，然后将素材拖至“时间轴”面板中的相应轨道上，如图5-93所示。

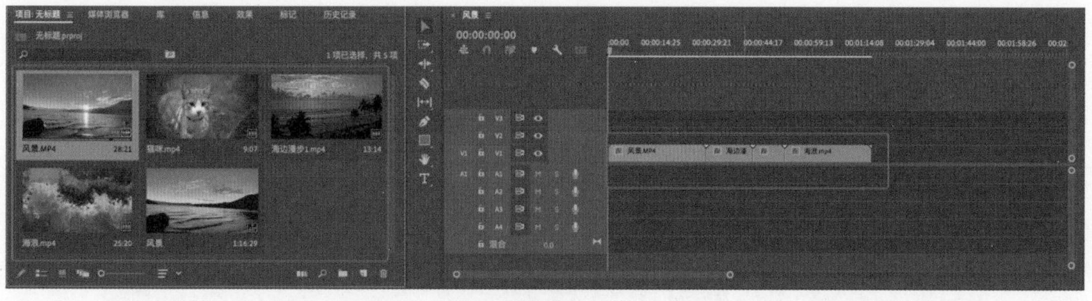

图5-93

打开“效果”面板，展开“视频过渡”素材箱，选择“溶解>交叉溶解”效果，将其拖至第1段和第2段视频素材之间，如图5-94所示。

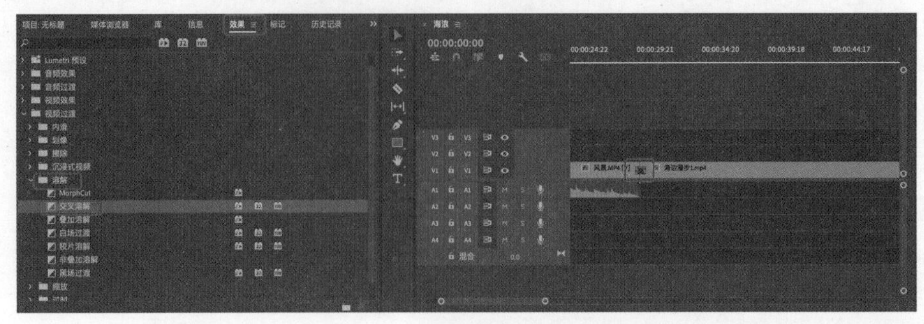

图5-94

在“效果控件”面板可以调整视频过渡的时长及其他参数，如图5-95所示。

展开“视频过渡”素材箱，选择“溶解>白场过渡”效果，将其拖至第2段与第3段视频素材之间，如图5-96所示。

展开“视频过渡”素材箱，选择“溶解>黑场过渡”效果，将其拖至第3段与第4段视频素材之间，如图5-97所示。

4. 音乐的无缝衔接

方法一

将两段音频素材导入“项目”面板，然后将其拖至“时间轴”面板中的相应轨道上，如图5-98所示。

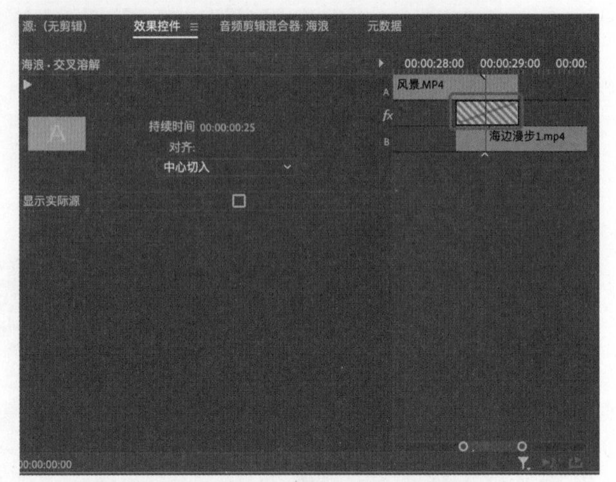

图5-95

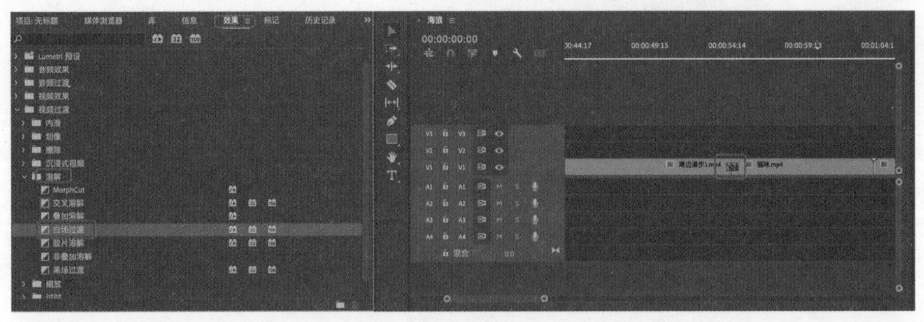

图5-96

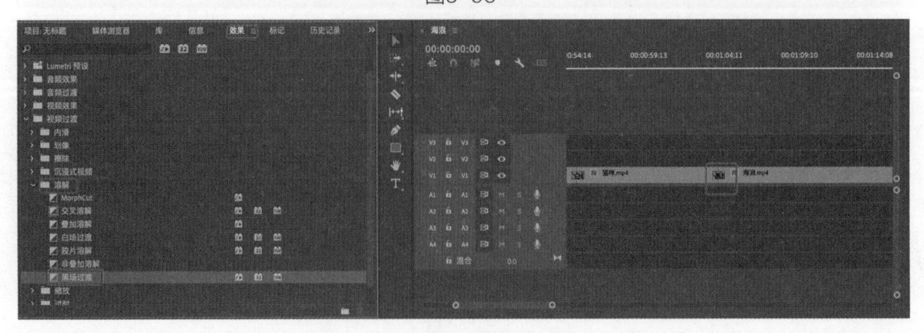

图5-97

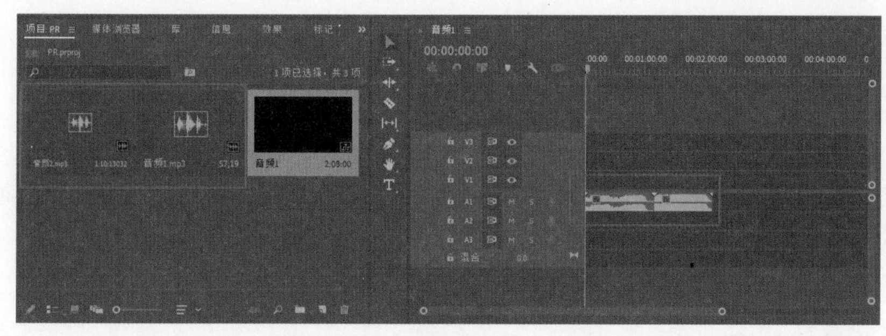

图5-98

按住键盘上的+键，使用“剃刀工具”分别把第1段音频素材的结尾部分和第2段音频素材开头部分的空白切割出来，如图5-99所示。

选中切割出的空白部分，按Delete键将其删除，打开“效果”面板，展开“音频过渡”素材箱，选择“交叉淡化>恒定功率”效果，将其拖至两段音频素材之间，如图5-100所示。

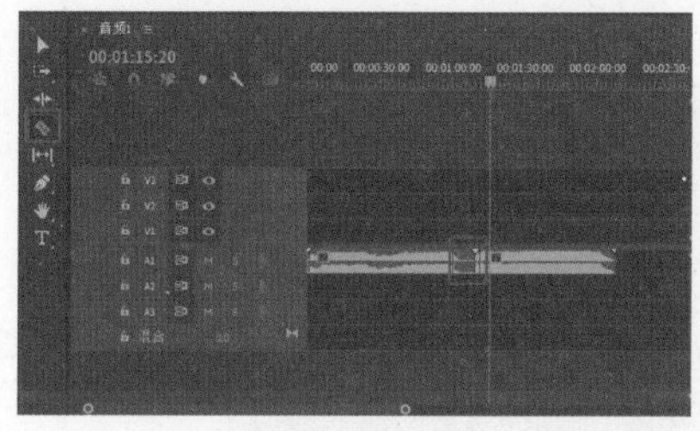

图5-99

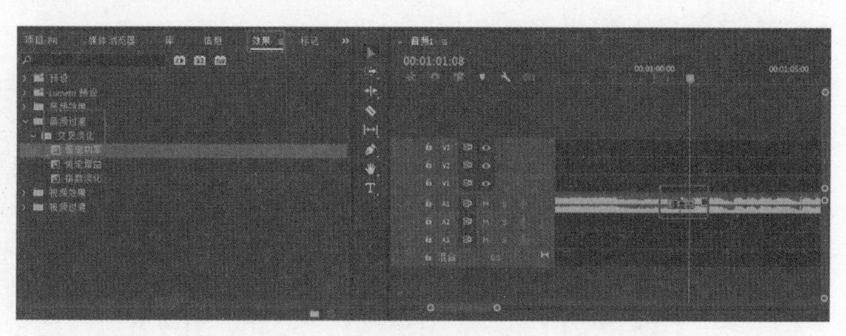

图5-100

方法二

将两段音频素材导入“项目”面板，然后将第1段音频素材拖到A1轨道上，将第2段音频素材拖到A2轨道上，并使其与第1段音频素材一部分重叠，如图5-101所示。

选择第1段音频素材，使用“钢笔工具”在素材结尾处添加两个关键帧，如图5-102所示。

选择第2段音频素材，使用“钢笔工具”在素材开头处添加两个关键帧，如图5-103所示。

将第1段音频素材的第二个关键帧向下拉，将第2段音频素材的第一个关键帧向下拉，如图5-104所示。

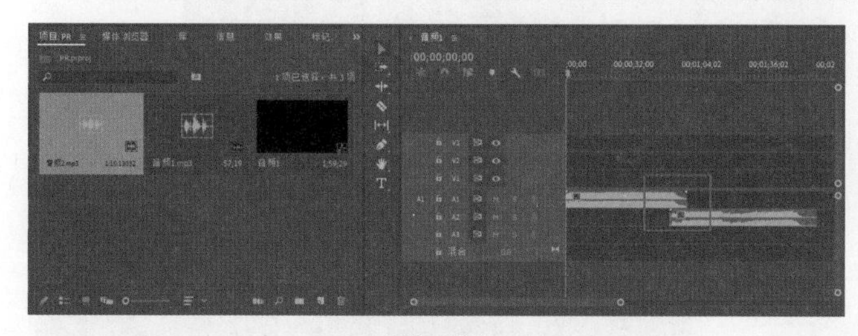

图5-101

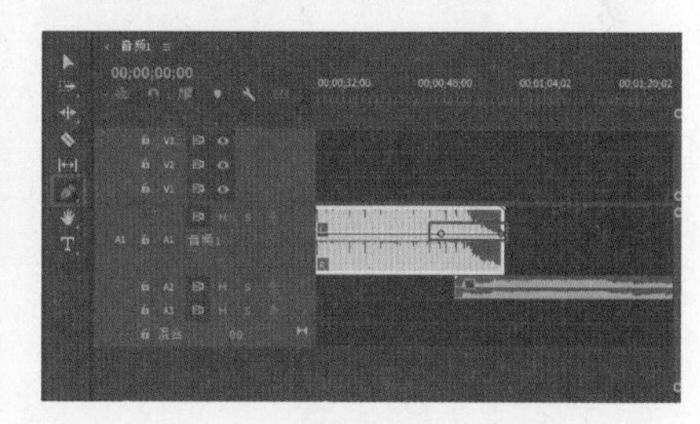

图5-102

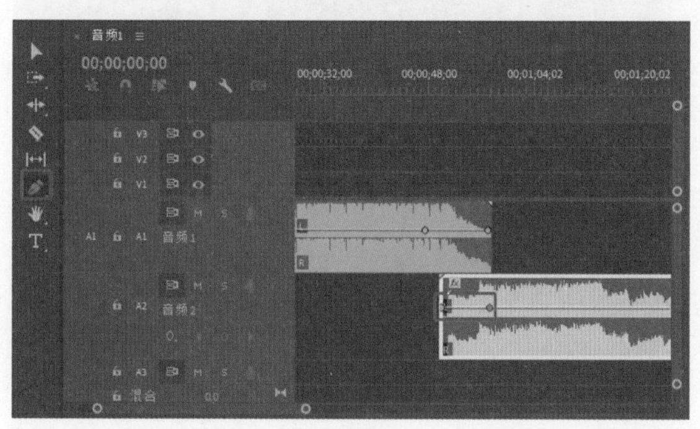

图5-103

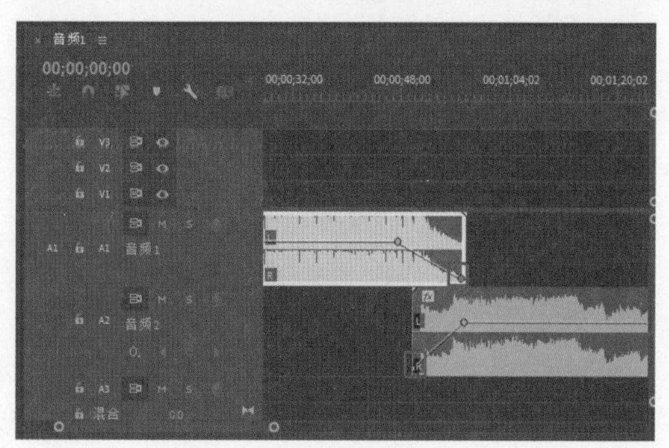

图5-104

5.2 掌握Premiere的进阶功能

本节主要讲解转场效果的制作。一个完整的片段需要多段视频拼接完成，在素材组接处的转换就是转场。转场的方式分为无技巧性转场和技巧性转场。技巧性转场就是在转场时添加某种转场效果，使视频过渡更加具有创意。无技巧性转场就是用镜头自然过渡来连接前后两镜头的内容，主要是蒙太奇镜头之间的切换。本节主要讲授技巧性转场的用法。

5.2.1 经典转场效果制作

1. 交叉溶解

将两段视频素材导入“项目”面板，将素材拖至“时间轴”面板中的相应轨道上，并将素材依次放置，如图5-105所示。

打开“效果”面板，在素材交界处添加“视频过渡>溶解>交叉溶解”效果，并通过拖动鼠标调整“交叉溶解”效果的时间长度，如图5-106所示。

图5-105

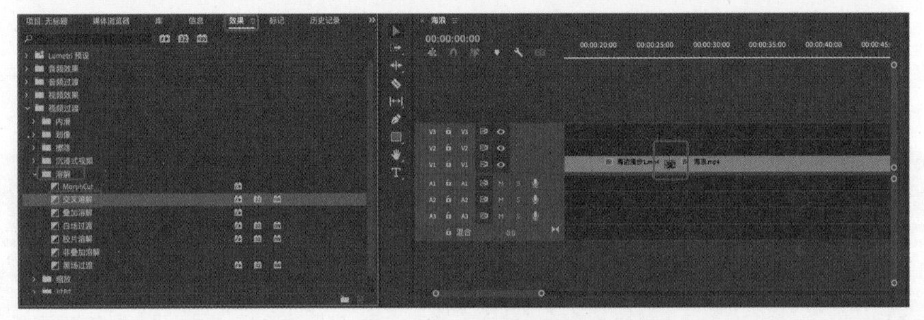

图5-106

选中轨道上的任意一段素材，打开“效果控件”面板，将时间指示器拖至“交叉溶解”效果的开始位置，单击“不透明度”前面的“切换动画”按钮，然后将时间指示器拖至效果末端，将“不透明度”参数值调整为“0.0%”，如图5-107所示。

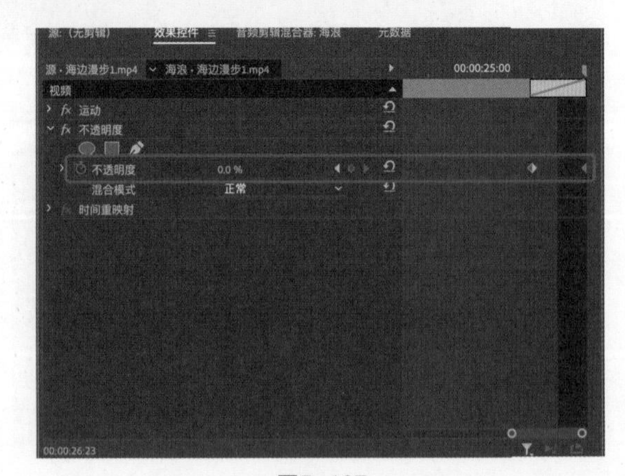

图5-107

2. 渐变擦除

渐变擦除主要以画面的明度作为渐变的依据，可以在亮部和暗部之间进行双向调节。

将两段视频素材导入“项目”面板，将素材拖至“时间轴”面板中的相应轨道上，并将素材依次放置，长度调为一致，如图5-108所示。

选中V2轨道上的素材，打开“效果”面板，添加“视频效果>过渡>渐变擦除”效果，如图5-109所示。

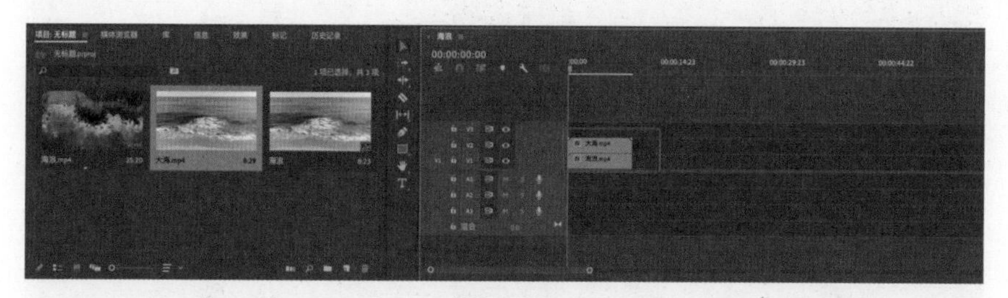

图5-108

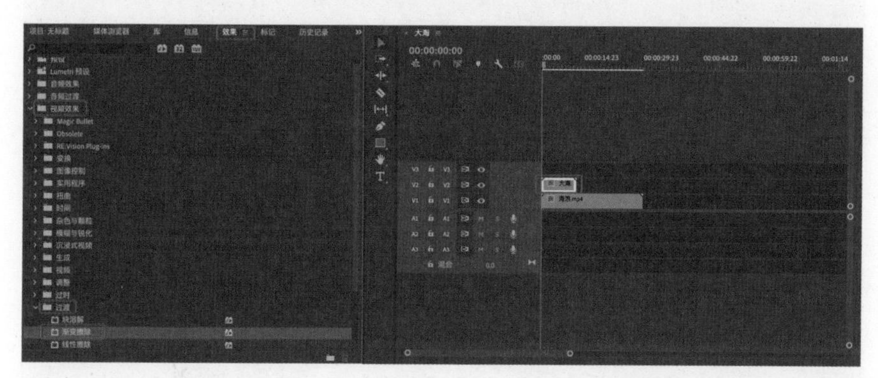

图5-109

打开“效果控件”面板，将时间指示器拖动至“渐变擦除”效果的开始位置，单击“渐变擦除”选项下“过渡完成”前的“效果切换”按钮，然后将时间指示器拖动至效果末端，将“过渡完成”参数值调整为“100%”，将“过渡柔和度”参数值调整为“10%”，如图5-110所示。

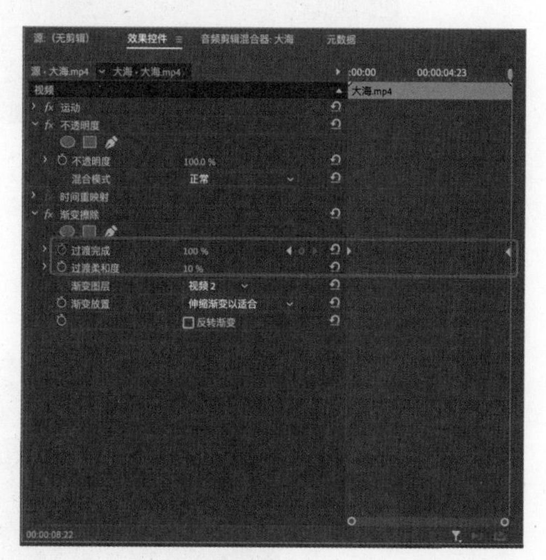

图5-110

3. 湍流置换

将一段视频素材导入“项目”面板，并将素材拖至“时间轴”面板中的相应轨道上，如图5-111所示。

使用“文字工具”在视频画面上输入文字“ON THE WAY”，调整其大小、字体、颜色、位置，并将其拖至V2轨道上，如图5-112所示。

选中文字素材，打开“效果”面板，添加“视频效果>扭曲>湍流置换”效果，如图5-113所示。

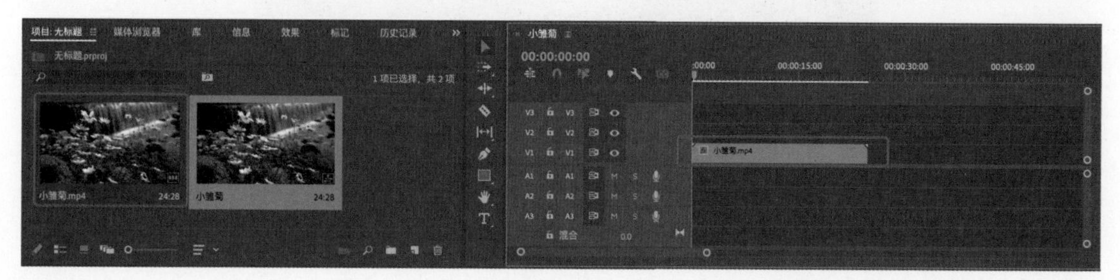

图5-111

图5-112

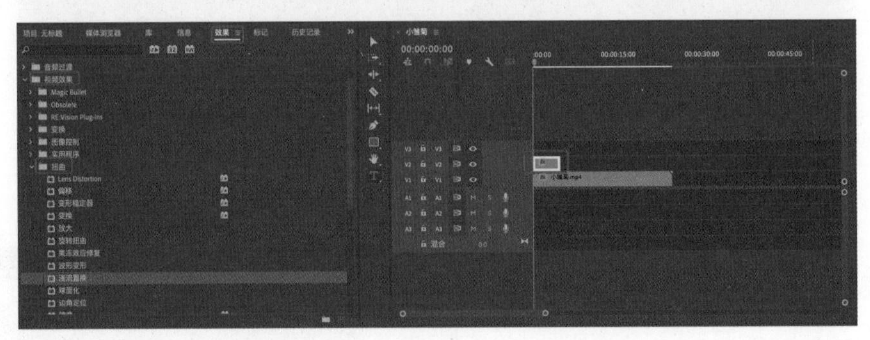

图5-113

选中文字素材，并将时间指示器拖动至第一帧位置，打开“效果控件”面板，调整“湍流置换”选项下的参数，“置换”设置为“湍流”，单击“数量”前面的“效果切换”按钮，将“数量”参数值调整为“50.0”，将时间指示器向后拖动10帧，“数量”参数值调整为“0.0”，如图5-114所示。

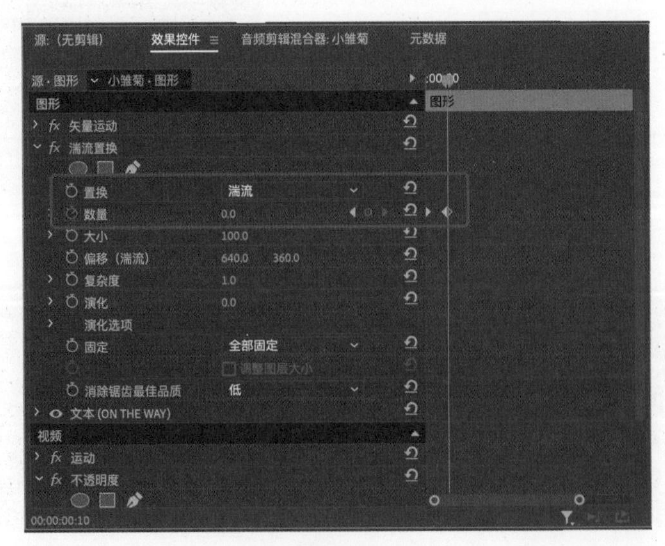

图5-114

4. 亮度键

亮度键主要用于分离画面中的亮部和暗部区域，通过较高的亮度反差来实现背景与画面的分离。

将两段视频素材导入“项目”面板，并将素材拖动至“时间轴”面板中的相应轨道上，如图5-115所示。

选择V2轨道上的素材，打开“效果”面板，添加“视频效果>键控>亮度键”效果，如图5-116所示。

选择V2轨道上的素材，打开“效果控件”面板，将“亮度键”下面的“阈值”参数值调整为“65.0%”，“屏蔽度”参数值调整为“70.0%”，如图5-117所示。

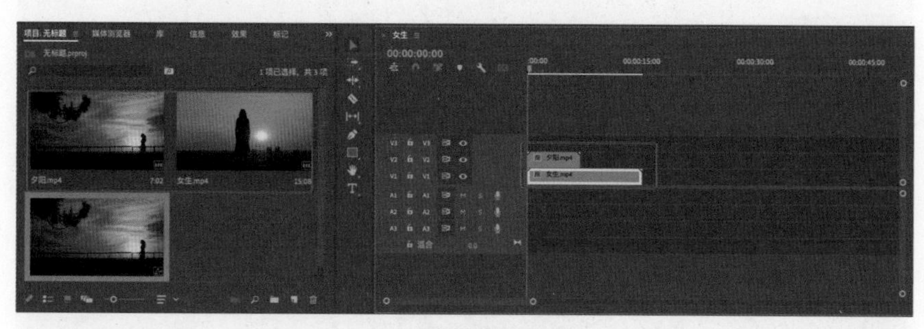

图5-115

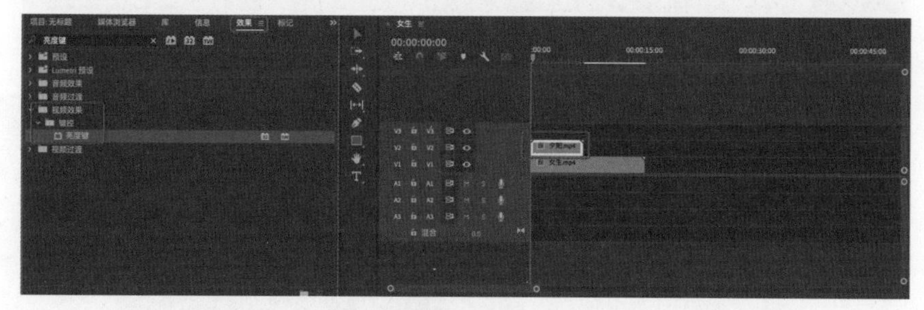

图5-116

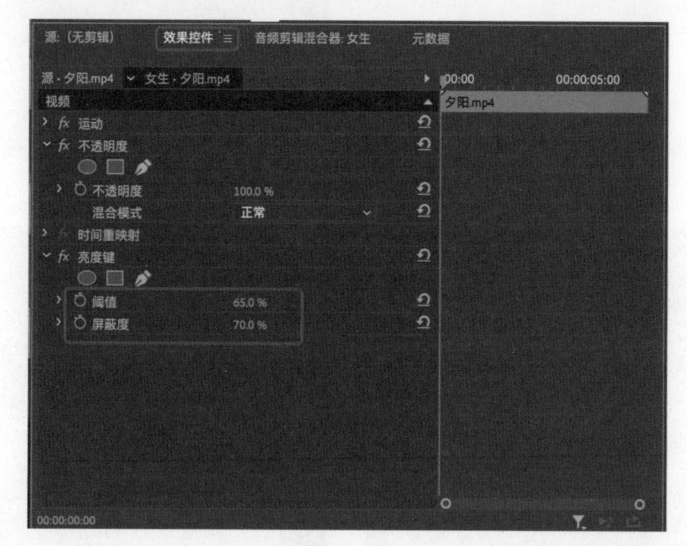

图5-117

5. 差值遮罩

将两段视频素材导入“项目”面板，并将素材拖动至“时间轴”面板中的相应轨道上，如图5-118所示。

选择V2轨道上的素材，打开“效果”面板，添加“视频效果>过时>差值遮罩”效果，如图5-119所示。

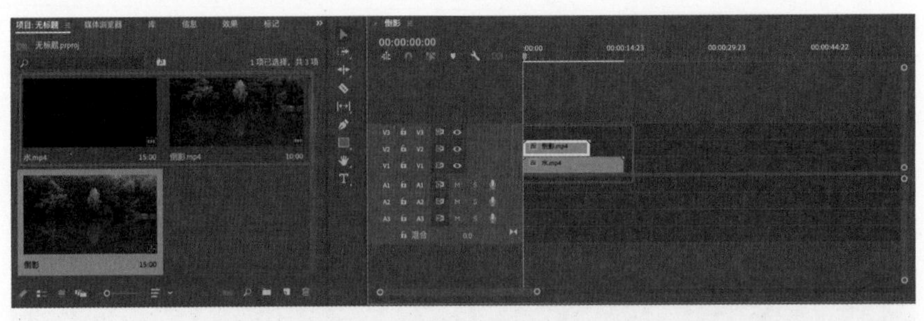

图5-118

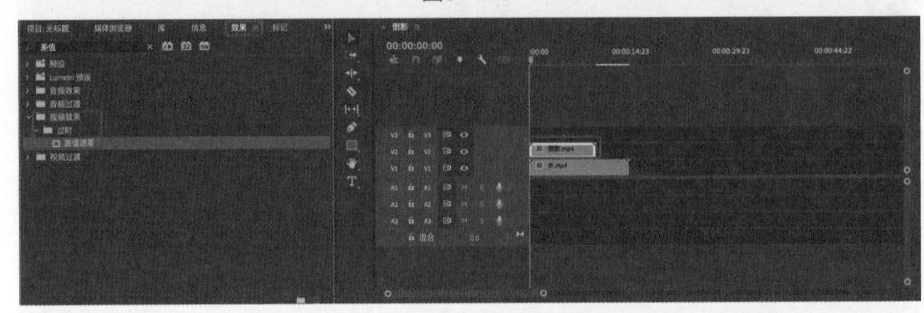

图5-119

选择V2轨道上的素材，打开“效果控件”面板，将“差值遮罩”下面的“差值图层”调整为“视频1”，“匹配容差”参数值调整为“0.0%”，“匹配柔和度”参数值调整为“0.0%”，如图5-120所示。

将时间指示器移动到素材开始的位置，并选中V2轨道的素材，在“效果控件”面板中单击“匹配容差”前面的”效果切换”按钮，如图5-121所示。

将时间指示器移动到素材结束的位置，将“匹配容差”参数值调整为“100.0%”，如图5-122所示。

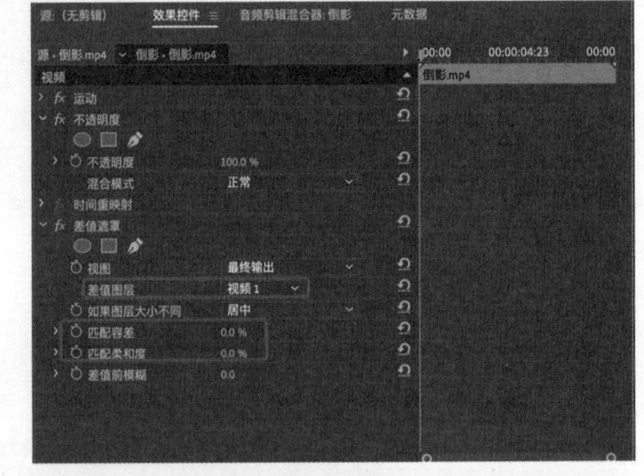

图5-120

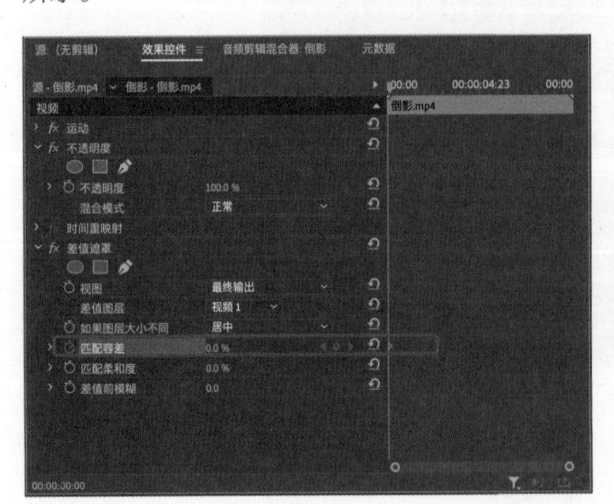

图5-121

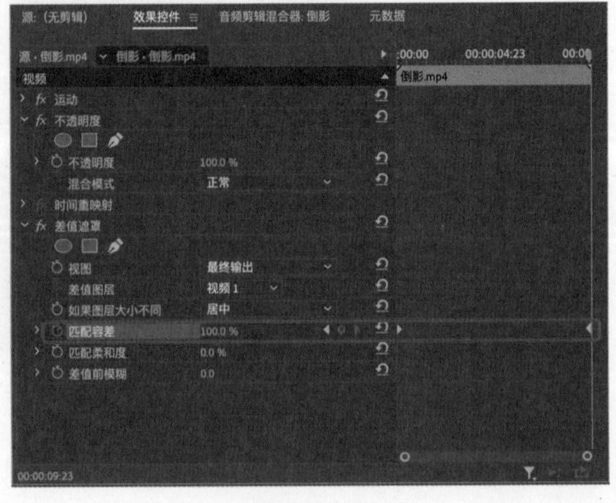

图5-122

6. 高斯模糊

将一段视频素材导入“项目”面板，并将素材拖动至“时间轴”面板中的相应轨道上，如图5-123所示。

选择轨道上的素材，打开“效果”面板，添加“视频效果>模糊与锐化>高斯模糊”效果，如图5-124所示。

打开“效果控件”面板，将“高斯模糊”下面的“模糊度”参数值调整为“100.0”，视频变得模糊，如图5-125所示。

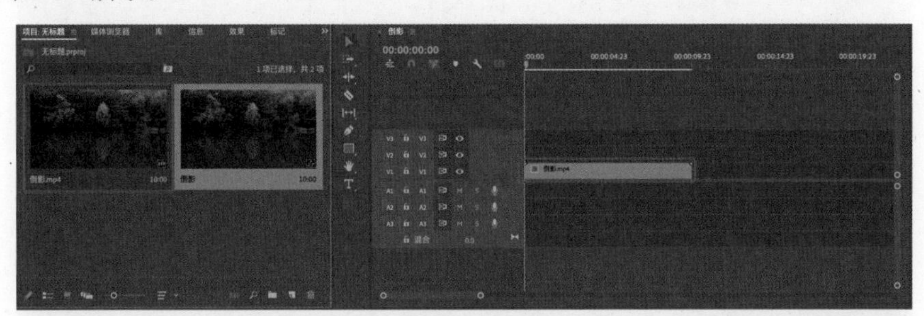

图5-123

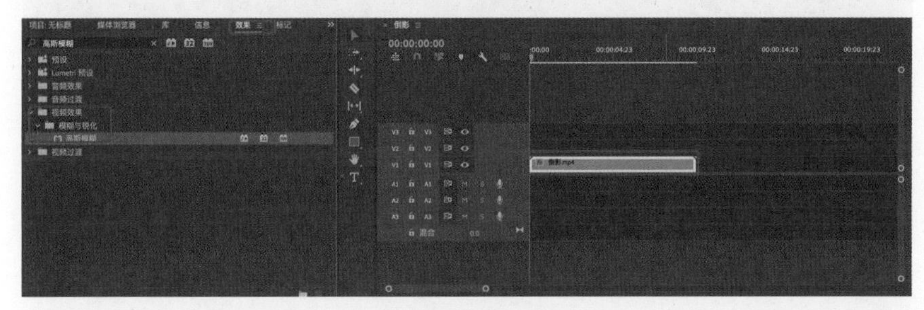

图5-124

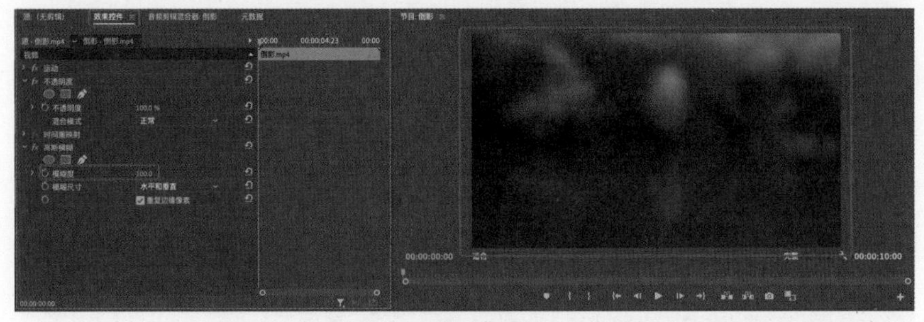

图5-125

7. 方向模糊

将一段视频素材导入“项目”面板，并将素材拖动至“时间轴”面板中的相应轨道上，如图5-126所示。

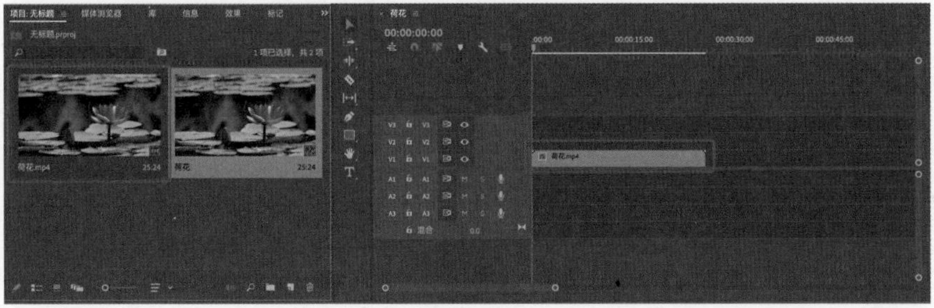

图5-126

选择轨道上的素材，打开“效果”面板，添加“视频效果>模糊与锐化>方向模糊”效果，如图5-127所示。

打开“效果控件”面板，将“方向模糊”下面的“模糊长度”参数值调整为“70.0”，视频变得模糊，如图5-128所示。

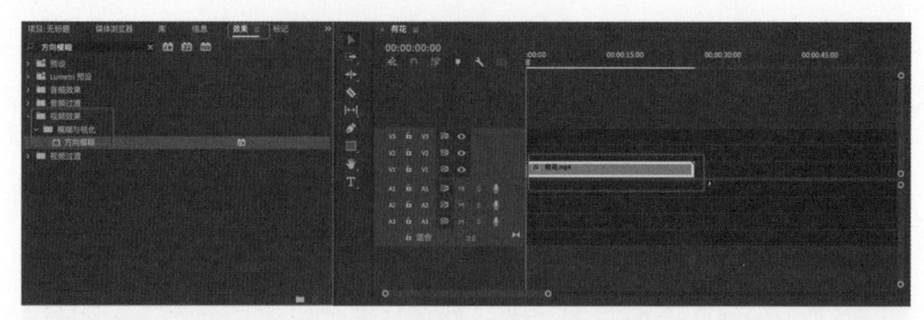

图5-127

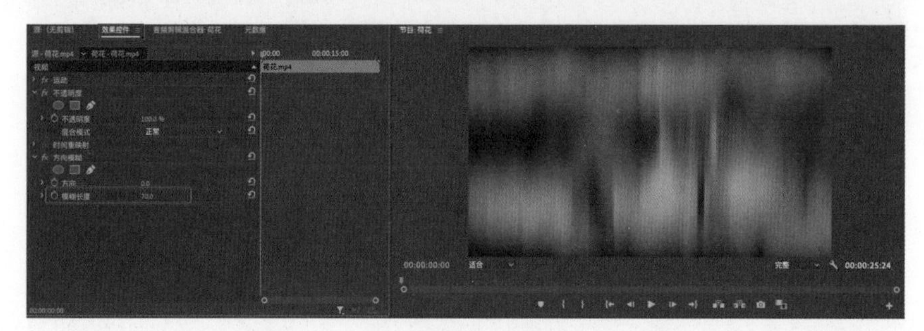

图5-128

8. 裁剪

将一段视频素材导入“项目”面板，并将素材拖动至“时间轴”面板中的相应轨道上，如图5-129所示。

选择轨道上的素材，打开“效果”面板，添加“视频效果>变换>裁剪”效果，如图5-130所示。

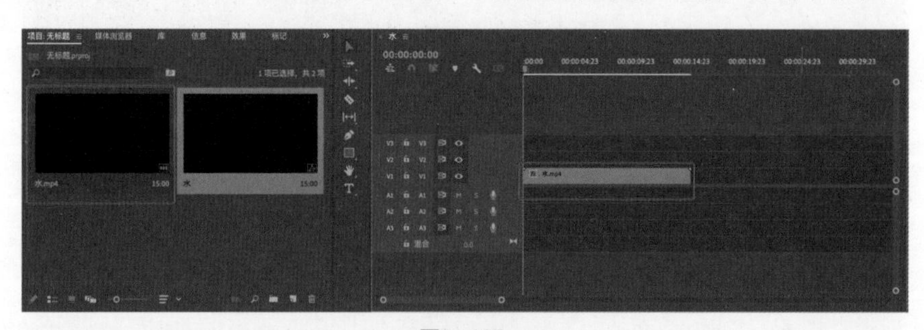

图5-129

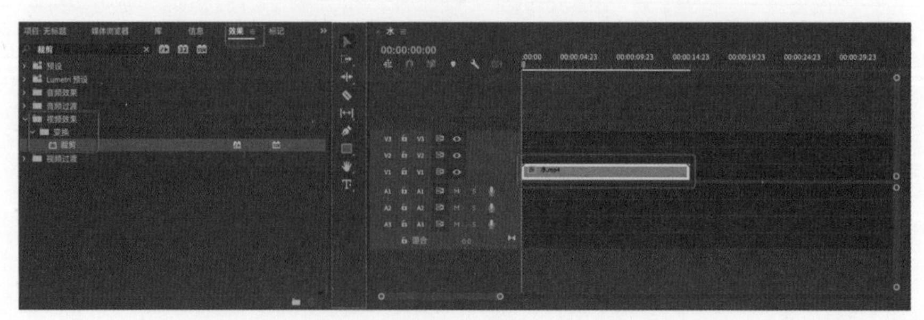

图5-130

打开“效果控件”面板，将“裁剪”下面的“左侧”参数值调整为“10.0%”，“右侧”参数值调整为“10.0%”，视频左右被裁剪掉一部分，如图5-131所示。

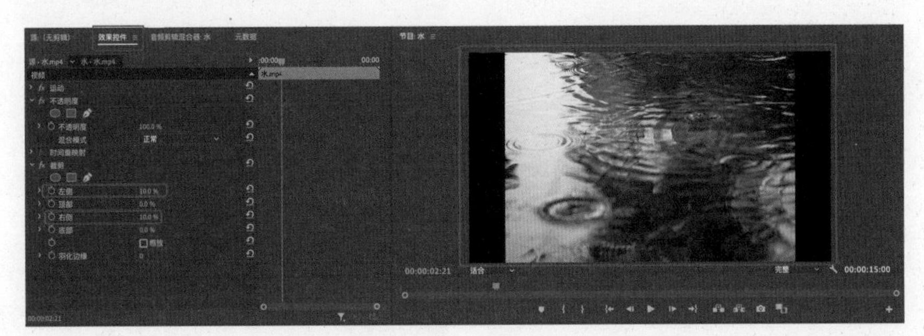

图5-131

5.2.2 视频特效设计

1. 渐变擦除

通过对两个不同镜头重新组合的过程，得到现实的转场效果。

将一段视频素材导入“项目”面板，并将其拖动至“时间轴”面板中的相应轨道上，如图5-132所示。

选择轨道上的素材，打开“效果”面板，添加“视频效果>过渡>渐变擦除”效果，如图5-133所示。

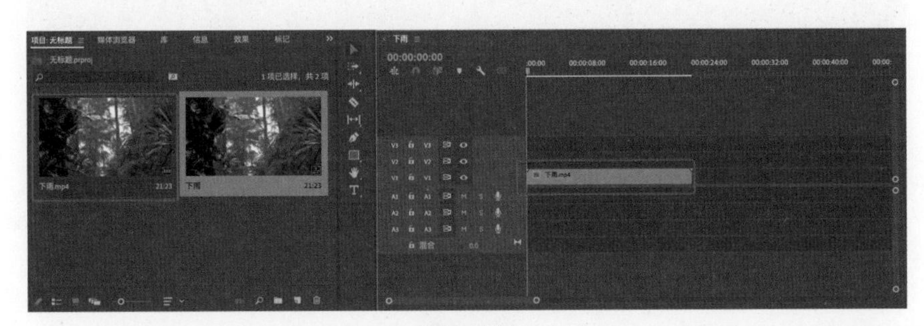

图5-132

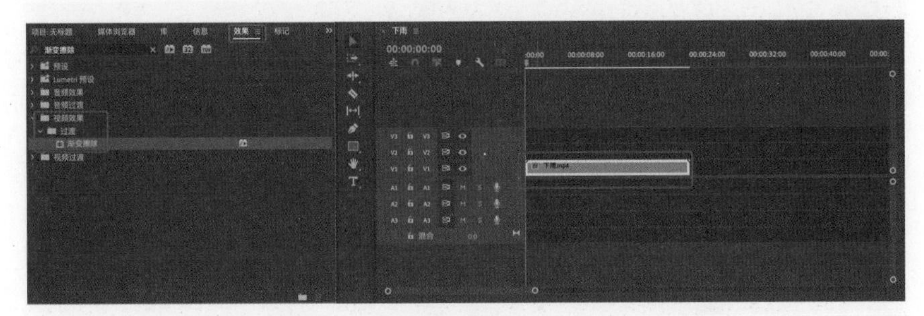

图5-133

打开“效果控件”面板，将时间指示器移动到第一帧，单击“渐变擦除”下面“过渡完成”前面的“效果切换”按钮，并将参数值调整为“0%”，单击“过渡柔和度”前面的“效果切换”按钮，将参数值调整为“0%”，“渐变图层”设置为“视频1”，如图5-134所示。

将时间指示器移动到5s位置，将“渐变擦除”下面的“过渡完成”参数值调整为“30%”，“过渡柔和度”参数值调整为“30%”，“渐变图层”设置为“视频1”，如图5-135所示。

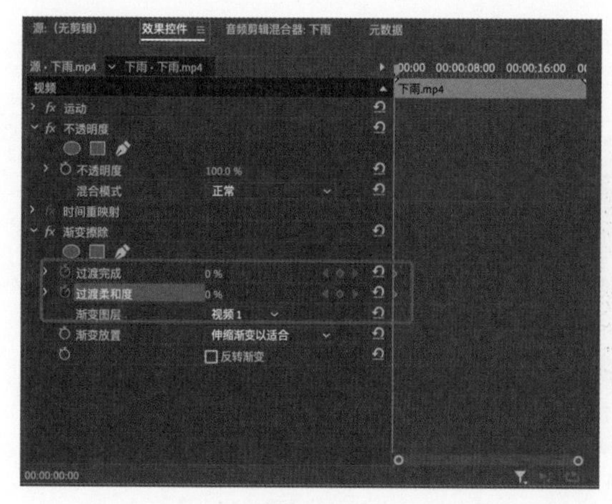

图5-134

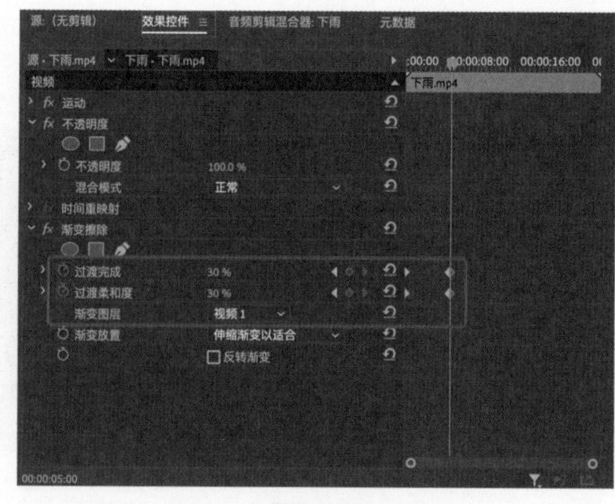

图5-135

2. 轨道遮罩键

将一段视频素材导入“项目”面板，并将其拖动至“时间轴”面板中的相应轨道上，如图5-136所示。

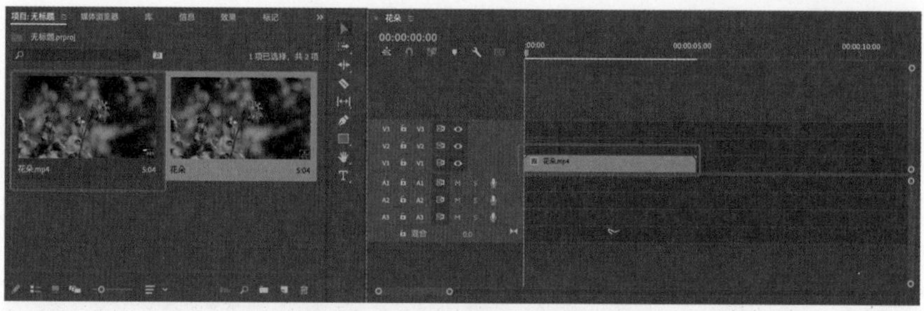

图5-136

选择“文字工具”，输入文字“花朵”，并调整其大小、位置、时长，如图5-137所示。

选择V1轨道上的素材，打开“效果”面板，添加“视频效果>键控>轨道遮罩键”效果，如图5-138所示。

打开“效果控件”面板，将“轨道遮罩键”下面的“遮罩”选择为“视频2”，如此就可以看见字体部分有V1轨道上视频的底色，如图5-139所示。

图5-137

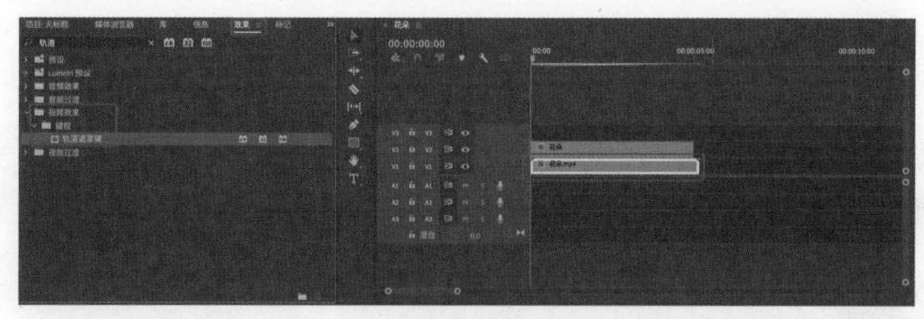

图5-138

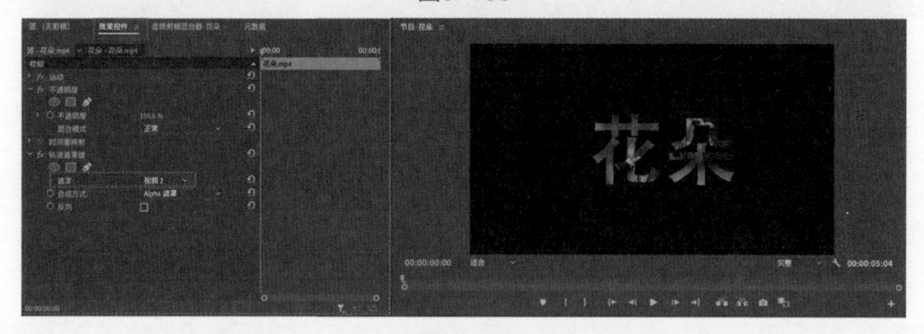

图5-139

3. 蒙版

将两段视频素材导入“项目”面板，并将其拖动至“时间轴”面板中的相应轨道上，如图5-140所示。

将时间指示器移动到V2轨道素材第一帧的位置，如图5-141所示。

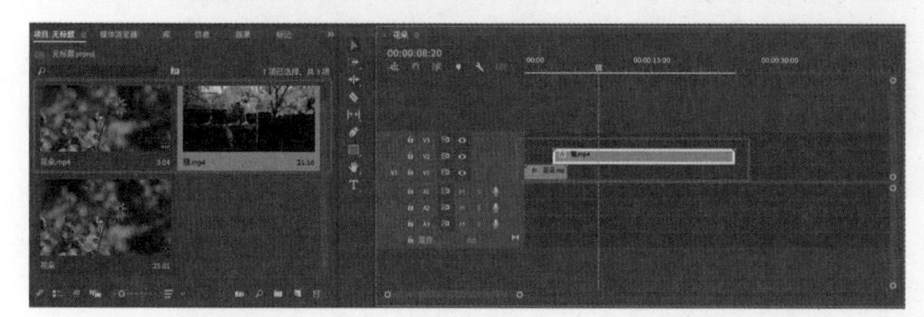

图5-140

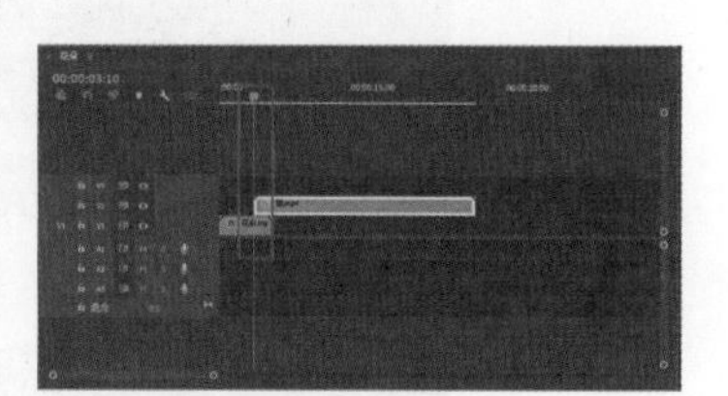

图5-141

单击“节目”面板中的“导出帧”按钮，在“导出帧”对话框中设置导出“格式”为“JPEG”，路径自定，勾选“导入到项目中”，单击“确定”按钮，如图5-142所示。

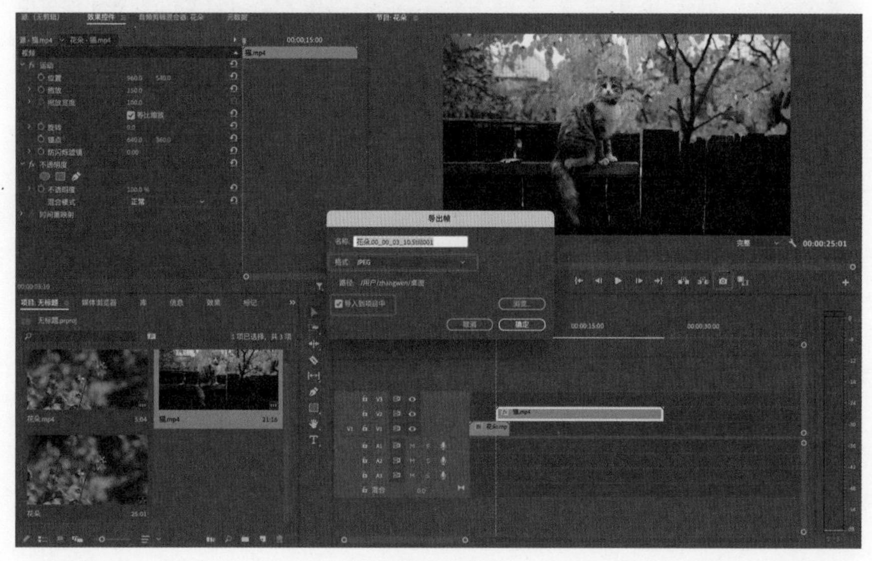

图5-142

将导入的图片素材拖动至V3轨道上，长度延长至V2轨道素材的第一帧，如图5-143所示。

将时间指示器移动到2s位置，拖动图片素材使其开始位置为2s位置，如图5-144所示。

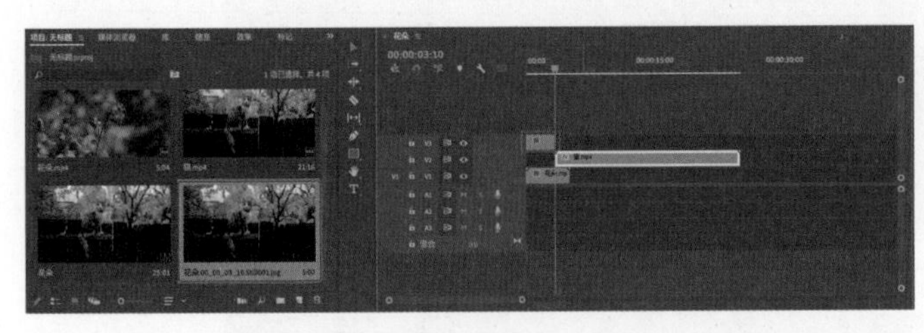

图5-143

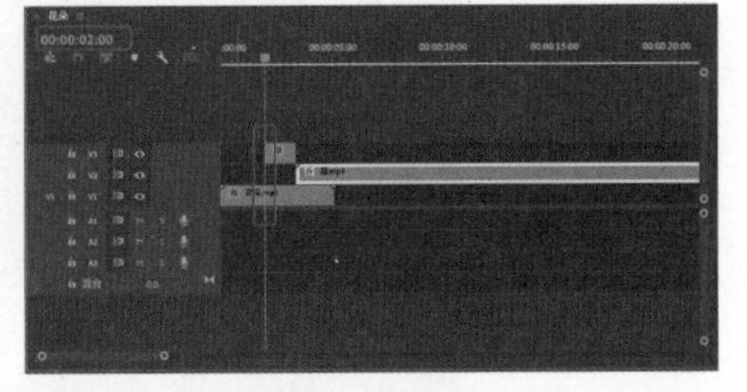

图5-144

将时间指示器向后移动5帧，打开“效果控件”面板，单击“不透明度”下面的“自由绘制贝塞尔曲线”按钮，将猫的轮廓抠出来，如图5-145所示。

选择图片素材，打开“效果控件”面板，将“蒙版（1）”选项下的“蒙版羽化”参数值调整为“20.0%”，将时间指示器移动到2s10帧的位置，单击“蒙版扩展”前面的“效果切换”按钮，再将时间指示器移动到图片素材的结束位置，将“蒙版扩展”参数值调整为“1049.0”，如图5-146所示。

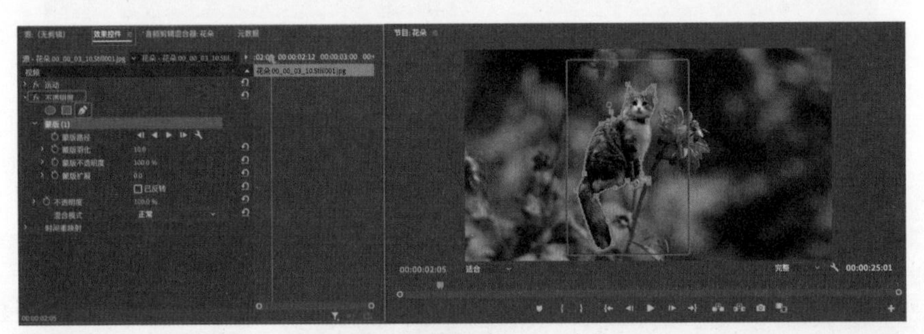

图5-145

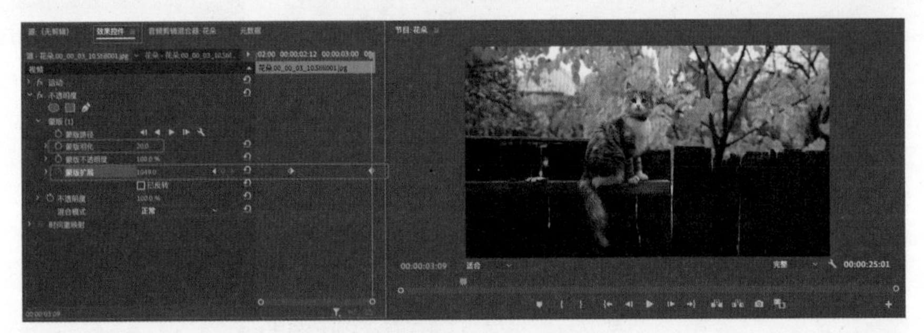

图5-146

4. 蒙版-任意门

任意门转场效果主要利用窗户、柜子、瓶盖、门等开门式物体，达到创意性“开门”切换场景效果。

导入两段视频素材，并将其拖动至“时间轴”面板中的相应轨道上，如图5-147所示。

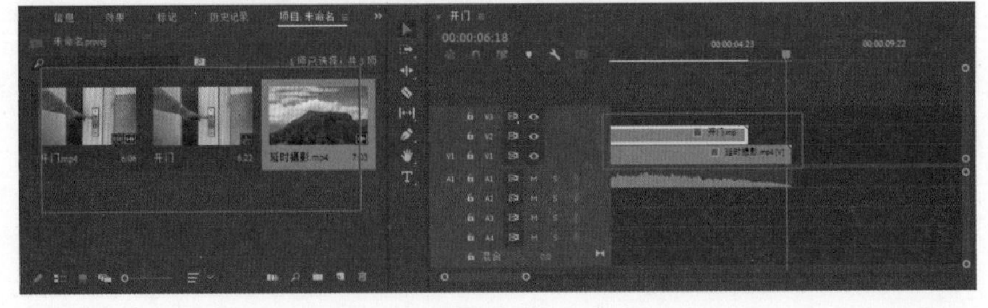

图5-147

选中V2轨道素材并将时间指示器移动到V2轨道素材开门的位置，打开“效果控件”面板，单击“不透明度”下面的“创建4点多边形蒙版”按钮，将蒙版路径调整到与门框吻合，并勾选“已反转”，如图5-148所示。

蒙版确定好之后，开始对蒙版路径进行逐帧跟踪，单击“蒙版（1）”选项下“蒙版路径”前面的“效果切换”图标，然后向后移动一帧，重新调整蒙版路径的位置，保证其与门框部分吻合，如图5-149所示。

重复蒙版路径逐帧跟踪步骤，直到门框部分完全走出画面，如图5-150所示。

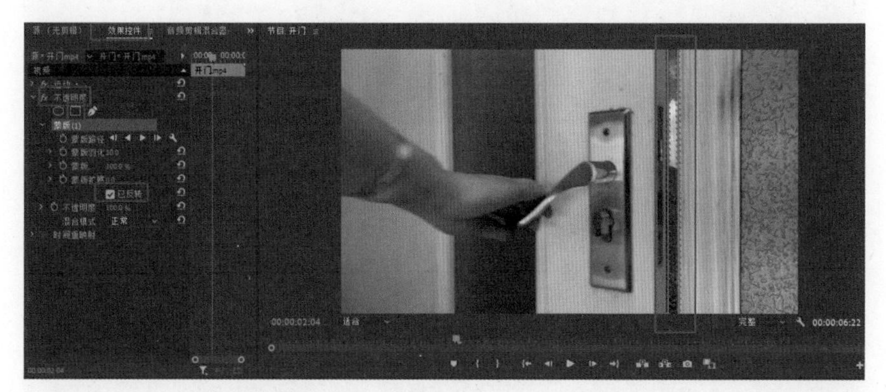

图5-148

图5-149

图5-150

为保证开门前的画面不受影响，将时间指示器移动到第一个关键帧位置，并向左移动一帧，将蒙版路径移除到画面之外，如图5-151所示。

将V1轨道上的素材移动到时间指示器所在的位置，并删除后面多余的素材，如图5-152所示。

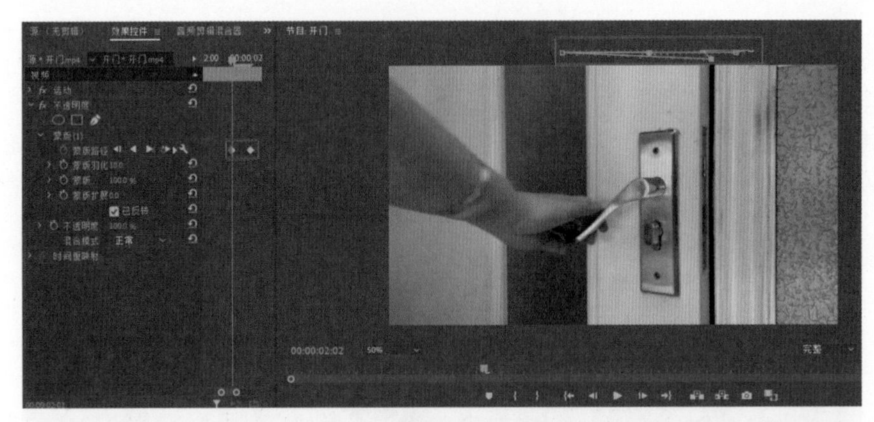

图5-151

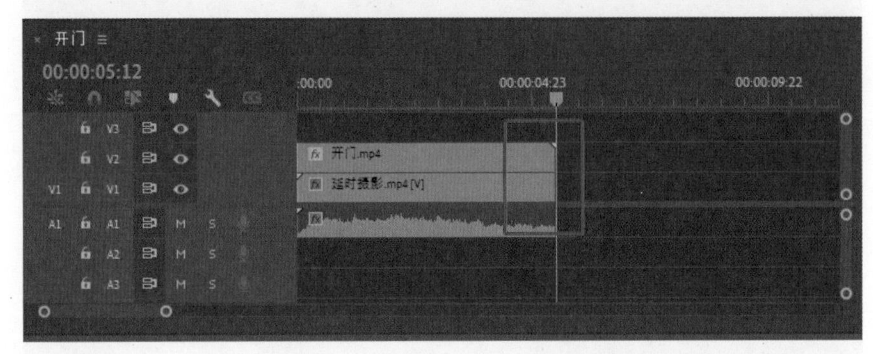

图5-152

5. 缩放

导入两张图片素材，并将其拖动至“时间轴”面板中的相应轨道上，如图5-153所示。

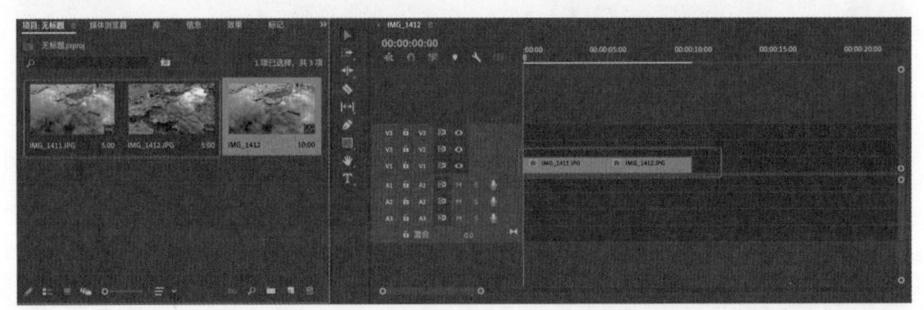

图5-153

选择第一张图片素材，将时间指示器移动至第一帧，打开“效果控件”面板，单击“缩放”前面的“效果切换”按钮，再将时间指示器移动到第一张图片素材的最后一帧，将“缩放”参数值调整为“5000.0”，如图5-154所示。

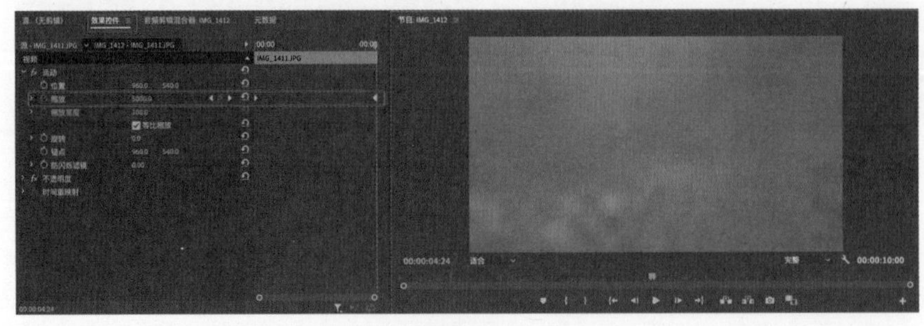

图5-154

选择第二张图片素材，将时间指示器移动至其第一帧，打开“效果控件”面板，将“运动”下的“缩放”参数值调整为“5000.0”，单击“缩放”前面的“效果切换”按钮，再将时间指示器移动到第二张图片素材的最后一帧，将“缩放”参数值调整为“100.0”，如图5-155所示。

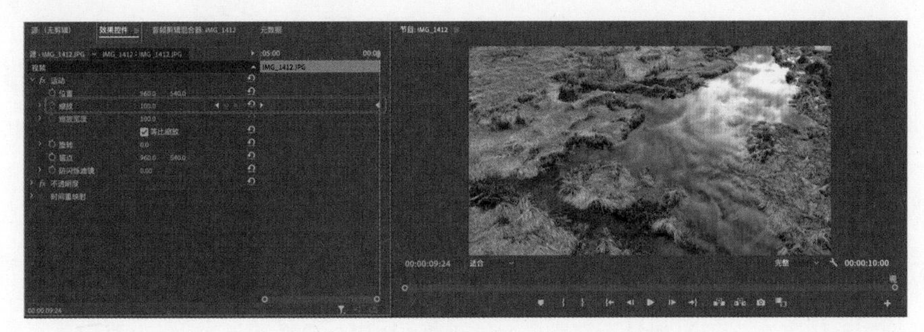

图5-155

5.3 为视频画面进行润色以增加美感

本节主要讲解色彩的基础知识及风格化调色的操作步骤。客观上说，调色的目的是从形式上更好地表达视频内容，烘托气氛，甚至调色对整部影视作品的剧情走向起着决定性的作用，可以改变一部影视作品的最终风格。在调色中注意：不夸张、不炫技，贴合视频主题。

5.3.1 色彩基础理论知识

1. 基本属性HSL

色彩具有3个基本属性，它们的英语缩写是H、S、L，分别代表色相、饱和度、亮度。

色相是颜色的基本属性，它能够比较确切地表示某种颜色的名称，有些颜色的相貌特征很明显，比如红、黄、蓝、绿等，其色相的名称也很明确；也有许多颜色的特征不明显，只能区别其色感倾向，如黄绿、蓝绿、紫灰等。但无论什么颜色，它们都有不同于其他颜色的相貌特征，如图5-156所示。

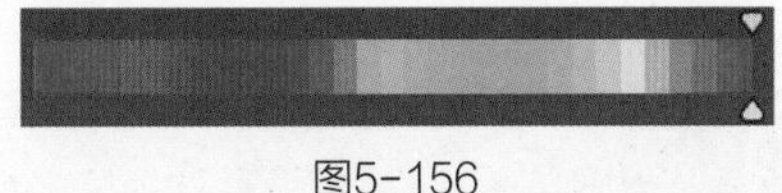

图5-156

饱和度是指色彩的纯度。饱和度越高，色彩越浓；饱和度越低，色彩越偏灰，常取0%～100%的数值，如图5-157所示。

亮度是指色彩的亮暗程度。亮度越低，色彩越暗；亮度越高，色彩越亮，趋近于白色，如图5-158所示。

图5-157　图5-158

2. RGB

RGB色彩空间是工业界的一种颜色标准，是通过对红（R）、绿（G）、蓝（B）这3个颜色通道的变化以及它们相互之间的叠加来得到各式各样的颜色的。R、G、B即代表红、绿、蓝这3个通道的颜色，这个标准几乎包括了人类视力所能感知的所有颜色，是运用最广的颜色系统之一。显示器大都采用RGB颜色标准。显示器是通过电子打在屏幕的红、绿、蓝三色发光极上来产生色彩的。计算机一般都能显示32位颜色，有一千万种以上的颜色。红、绿、蓝三色的叠加情况如图5-159所示，中心最亮的叠加区为白色，这也体现了加法混合的特点——越叠加越明亮。

3. CMYK

CMYK色彩空间是一种印刷四色模式，顾名思义就是用来印刷的。利用色料的三原色混色原理，加上黑色油墨，共计4种颜色混合叠加，形成所谓全彩印刷。在4种标准颜色中，C=Cyan=青色，又称为天蓝色或湛蓝色；M=Magenta=品红色，又称为洋红色；Y=Yellow=黄色；K=black=黑色。CMYK混色原理如图5-160所示。

图5-159

图5-160

5.3.2 认识示波器

在调色过程中，由于人眼长时间看一种画面就会适应当前的色彩环境，看到的画面会产生误差，所以在调色时，还需要借助一些色彩显示工具帮助分析色彩的各种属性。

1. 分量图

分量图的主要作用是观察画面中红、绿、蓝的色彩平衡，通过RGB色彩空间的加色原理解决素材画面的偏色问题。如图5-161所示，肉眼可以看到画面偏黄，在RGB分量图中，红色和绿色占比会相对高一些，结合RGB加色原理（红+绿=黄），就可以分析出画面偏黄的原因。

如图5-162所示，分量图左侧的0～100代表亮度值，从上向下分别是高光区、中间调、阴影区。从图5-162中可以看到红色和绿色偏高的部分主要集中在高光区，只需将高光区的黄色部分向它的补色方向调整，就可以让红、绿、蓝3个通道达到平衡。

图5-161

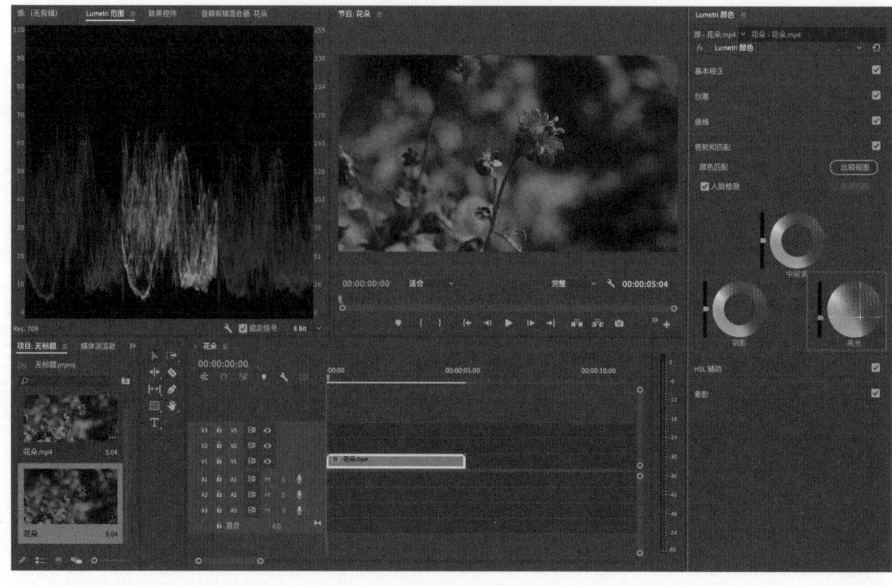

图5-162

2. 波形图

波形图可以看作分量图的合体，通过它可以实时预览画面的色彩和亮度信息。波形图的纵坐标从下到上表示的是0～100的亮度值，横坐标代表横向空间位置对应像素点的色度信息。在一般调色时，波形的阴影部分处于刻度10附近，高光区处于刻度90附近，就是正常曝光，如图5-163所示，特殊情况除外。

如果高光区溢出，画面就会曝光过度，如图5-164所示。

如果阴影区溢出，画面就会曝光不足，丢失暗部细节，如图5-165所示。

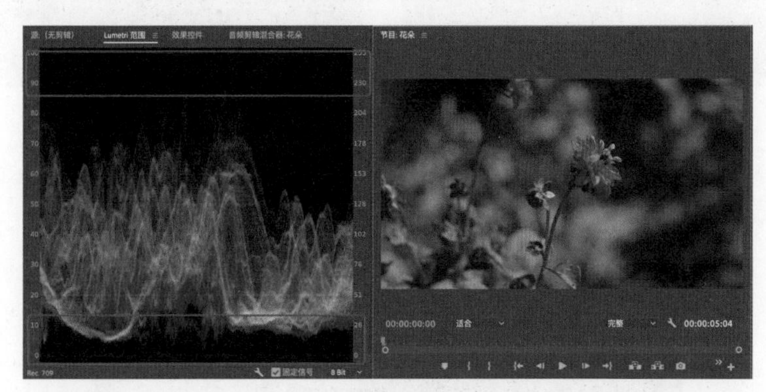

图5-163

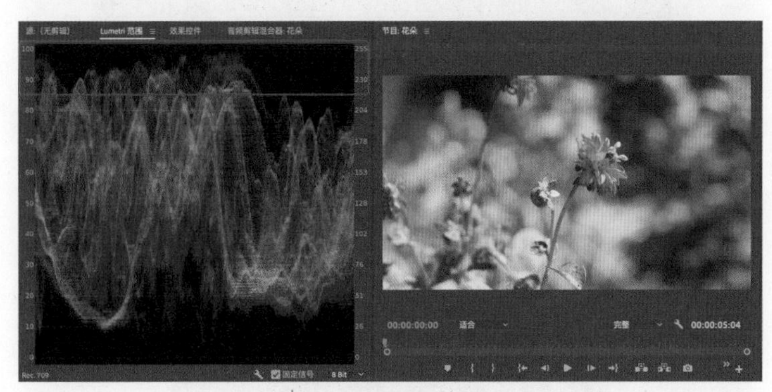

图5-164

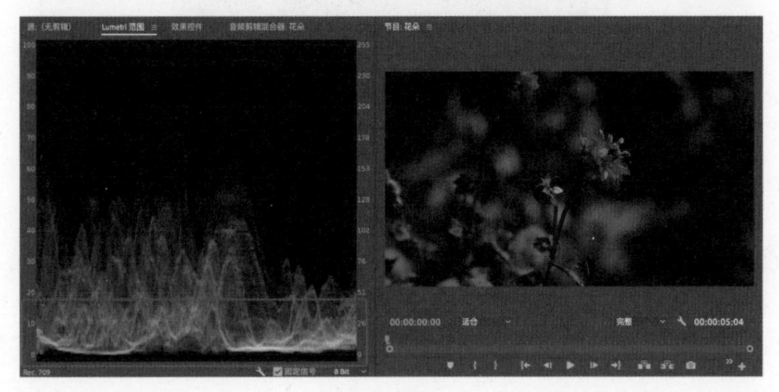

图5-165

3. 矢量示波器

矢量示波器代表色彩的倾斜方向和饱和度，也可以将它看成一个色环，由中心位置向外扩散，白色信息倾斜的方向就是画面趋向的色相，白色信息距离中心点越远，说明该方向的画面饱和度越高。除此之外，还可以通过矢量示波器观察画面的色彩搭配，如图5-166所示。

在矢量示波器中的“六边形”代表饱和度的安全线，如果白色部分超过“六边形”，就会出现饱和度过高的情况，如图5-167所示。

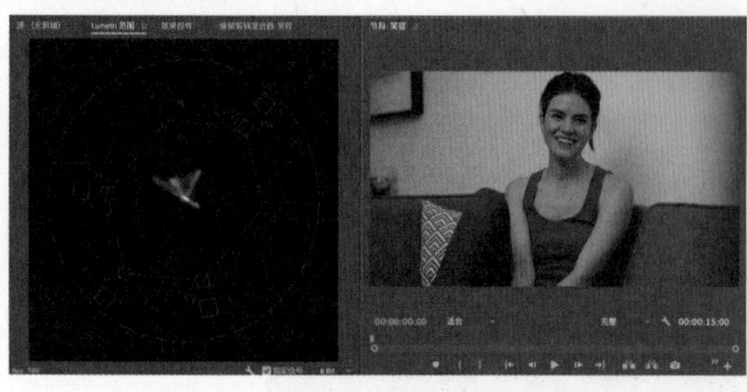

图5-166

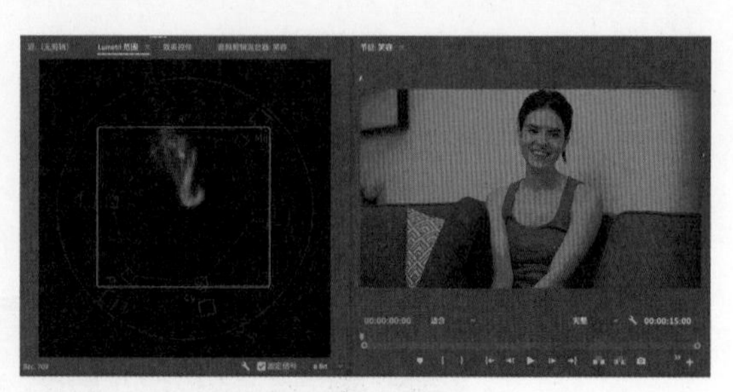

图5-167

在Y（黄色）和R（红色）中间的这条线叫作“肤色线”，当用蒙版只选择人物皮肤时，白色部分分布与“肤色线”重合，表示人物肤色正常，不偏色，如图5-168所示。

图5-168

TIPS 提示

通过“Lumetri范围”面板下侧的“扳手”图标，如图5-169所示，可以切换示波器的类型。

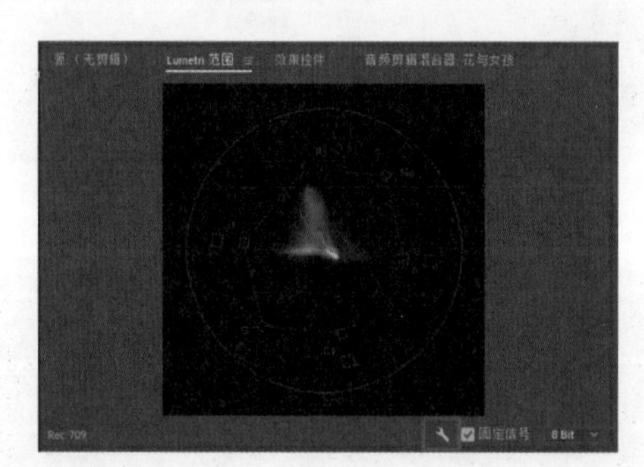

图5-169

5.3.3 调色效果

“Lumetri颜色”是目前Premiere中常用的调色工具，其中包括基本矫正、创意、曲线、色轮和匹配、HSL辅助等多种工具，一般只需要在“Lumetri颜色”这一个效果内就可以完成基本调色工作。

1. 基本矫正

将调色素材导入并拖至“时间轴”面板中的相应轨道上，然后将工作区切换到“颜色”模式，打开“Lumetri范围”面板，如图5-170所示。

白平衡选择器：一种自动实现白平衡的工具，在使用时只需要用“吸管工具”吸取画面中的“中间色”部分，一般选择白色部分，软件就会自动校正画面的偏色问题，如图5-171所示。需要注意，如果拍摄中没有标准的色卡，那么校正过程中会出现不同程度的偏差。

图5-170

图5-171

“色温”和“色彩”：这两个参数的实际原理就是“互补色”。在整体画面存在偏色问题时，可以利用“想要减少画面中的某种颜色，只要增加它的互补色”这一概念进行调整，还可以为了达到某种风格让画面偏向某一种颜色。例如，想将画面调整为偏冷色调，只需要将色温向“蓝色”方向、色彩向“绿色”方向调整即可，如图5-172所示。

饱和度：饱和度是指色彩的纯度。饱和度越高，色彩越浓；饱和度越低，色彩越偏灰。例如，想将画面调整为偏灰色调，只需要将“饱和度”参数值调低。

“曝光”：从调光角度来讲，曝光是将画面中所有元素信息进行亮度的整体调整，即将亮度进行整体升高或降低。例如，将“曝光”参数值调整为“2.0”，整体画面亮度增加，从分量图来看，红、绿、蓝3个通道整体向高光区集中，如图5-173所示。

图5-172

图5-173

“对比度”：对比度一般是指画面层次感、画面细节与清晰度。对比度越大，画面层次感越强，画面细节越突出，画面越清晰。例如，将“对比度”参数值调整为“90.0”，画面的清晰度增加，从分量图来看，红、绿、蓝3个通道均向上下两端扩展，如图5-174所示。

图5-174

“高光”和“白色”：用于调整画面中较亮部分的色彩信息。例如，将“高光”参数值调整为“100.0”，画面的高光区域变亮，从分量图来看，红、绿、蓝3个通道亮部向高光区集中，阴影区信息保留，如图5-175所示。

将“白色”参数值调整为“100.0”，画面的高光区域变亮，从分量图来看，红、绿、蓝3个通道亮部和暗部向高光区集中，如图5-176所示。

图5-175

图5-176

“阴影”和“黑色”：用于调整画面中暗部的色彩信息。例如，将“阴影”参数值调整为“100.0”，画面的大部分区域变暗，从分量图来看，红、绿、蓝3个通道的暗部和少量亮部向阴影区集中，如图5-177所示。

将“黑色”参数值调整为“100.0”，画面的阴影区域变暗，从分量图来看，红、绿、蓝3个通道的暗部向阴影区集中，如图5-178所示。

图5-177

图5-178

2. 曲线

“RGB曲线”分为RGB模式、红色模式、绿色模式、蓝色模式。

RGB模式用于调整整体画面的色彩亮度，x轴大致可以分为阴影区、中间调、高光区，y轴代表色彩的亮度值，如图5-179所示。

增强画面的对比度就是使“亮部更亮，暗部更暗”。在白色线上单击，打3个标记点，将高光区部分向上提，将阴影区部分向下拉，如图5-180所示。

红色模式用于调整画面的红色通道的亮度，x轴大致可以分为阴影区、中间调、高光区，y轴代表红色亮度值，如图5-181所示。绿色模式和蓝色模式同理。

要增加画面中高光区的红色信息，在阴影区和中间区内打4个标记点（不受高光区影响），然后将高光区部分向上提，如图5-182所示。

图5-179　　　　图5-180

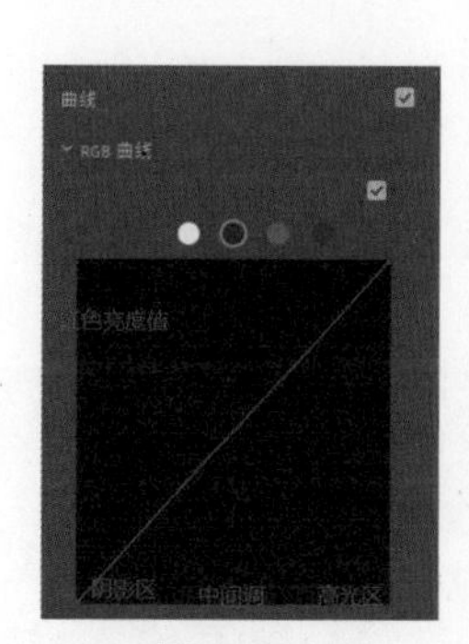

图5-181

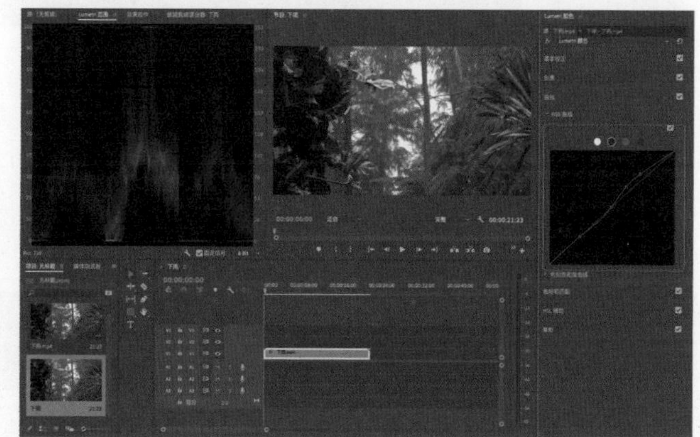

图5-182

3. 色轮和匹配

“色轮和匹配”选项包含“阴影”“中间调”“高光”这3种不同参数的色轮。色轮分为“色环”和“滑块”两部分，“色环”控制画面的色相，“滑块”控制画面的明暗，如图5-183所示。

在分量图中将画面的高光、阴影部分分别调至刻度90和刻度10附近，增强画面的对比度，然后将画面的高光部分色调调整为偏暖，将阴影部分色调调整为偏冷，增强前后背景的冷暖色调对比如图5-184所示。

图5-183

图5-184

4. HSL辅助

本部分讲解的HSL要与5.3.1小节中的H、S、L理论知识结合，设置色彩的3个基本属性并建立颜色选区，以单独调整画面某一部分的色彩而不影响画面的其他色彩信息，如图5-185所示。

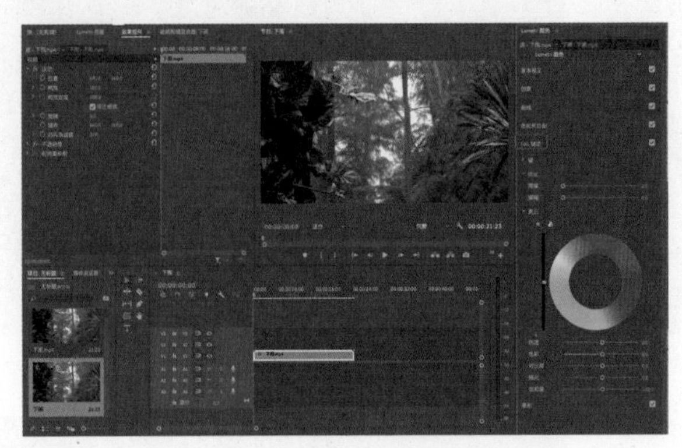

图5-185

从画面中可以看出前景植物与背景之间最大的属性差别是色相，利用“吸管工具”吸取前景植物部分的颜色，勾选“彩色/灰色”可查看选取情况，再通过“增加选区”和“减少选区”按钮，添加或减少不需要的选区，就可以单独选出前景植物区域，如图5-186所示。

选区确定好之后，结合实际情况进行色彩参数调整，如图5-187所示。

图5-186

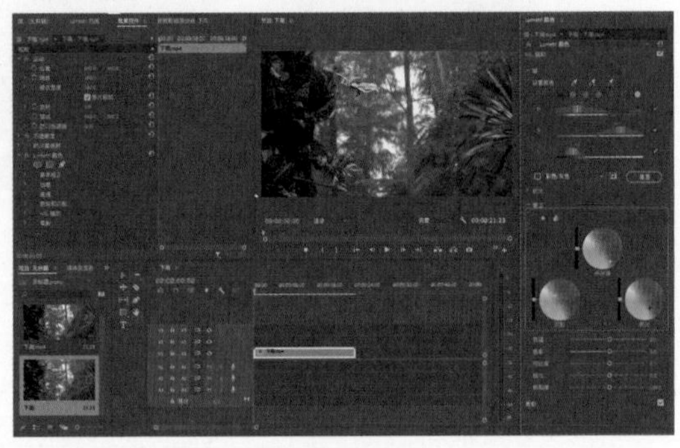

图5-187

5.4 用文字让视频图文并茂

字幕在视频制作中是不可缺少的一部分，在内容表现形式上占有重要的地位，可以让观者更清晰地理解视频中的内容，本节主要讲解字幕的制作。

5.4.1 为视频添加字幕

1. 文本工具

“文本工具”是Adobe Premiere Pro CC 2017.1.2新增的一种文字工具，在使用上与在Adobe Photoshop和Adobe After Effects中使用文字工具在节目监视器中从头开始创建字幕类似。直接将文字工具加入Premiere中，从而使字幕创建变得迅速、快捷。下面通过操作来理解“文本工具”的使用方法。

先将“风景”视频素材导入并拖至“时间轴”面板中的相应轨道上，单击“文本工具”，如图5-188所示，然后单击素材画面中的任意位置并输入文字“倒影”，如图5-189所示。

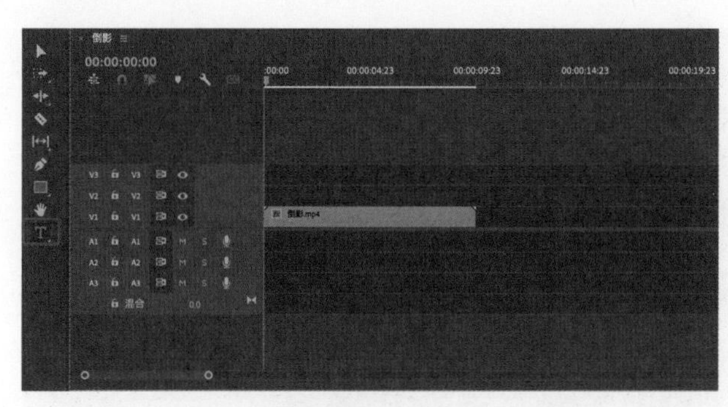

图5-188

图5-189

输入文字之后，进行细节调整。调整前先在“时间轴”面板中选中文字素材，再打开“效果控件”面板，在“文本”选项中对“源文本”进行调整。第一行是字体样式调整，第二行是字号调整，“Regular”表示“常规字体”，将字体大小调整为“350”，然后单击“左对齐文本”按钮，如图5-190所示。

接下来调整文字之间的位置关系，如图5-191所示。第一个图标用于调整字距，在右侧输入数字可调整文字左右两侧的距离，此处将该值设置为“30”；第三个图标用于调整行距，在右侧输入数字可调整文字上下两侧的距离，此处将数值设置为“0”。

图5-190

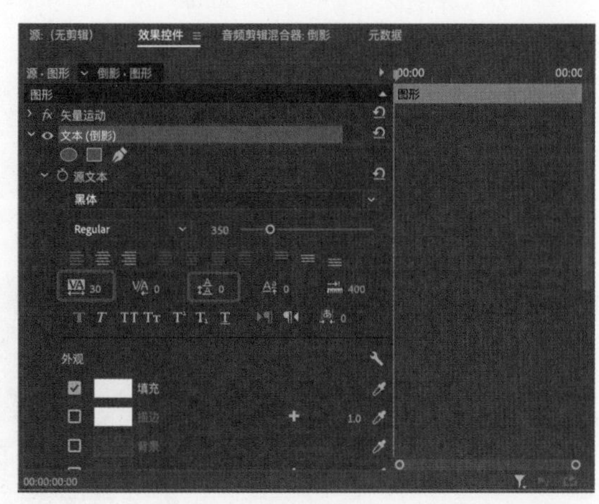

图5-191

确定好文字字体、大小、间距之后，对文字外观进行调整，主要包含颜色填充、描边、阴影3个属性。首先将“填充”设置为白色，然后勾选“阴影”，此时参数调整细节选项将展开。第一个图标为隐形的不透明度，将参数值调整为“70%”；第二个图标为阴影的角度，将参数值调整为“130°”；第三个图标为阴影距离文字的距离，将参数值调整为“15.0”；第四个图标为阴影的扩散大小，将参数值调整为“5.0”；第五个图标为阴影的模糊程度，将参数值调整为“9”，如图5-192所示。

最后调整文字整体的位置，将“变换”选项下的“位置”参数值调整为“650.0 500.0”，如图5-193所示。

完成设置之后，可以根据需要在“时间轴”面板上移动字幕素材，最终效果如图5-194所示。

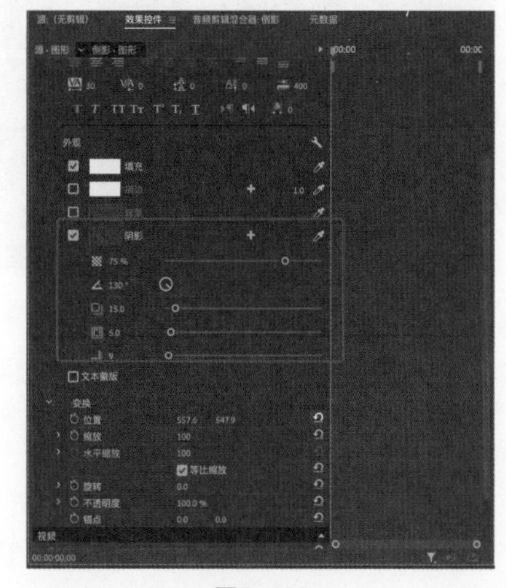

图5-192

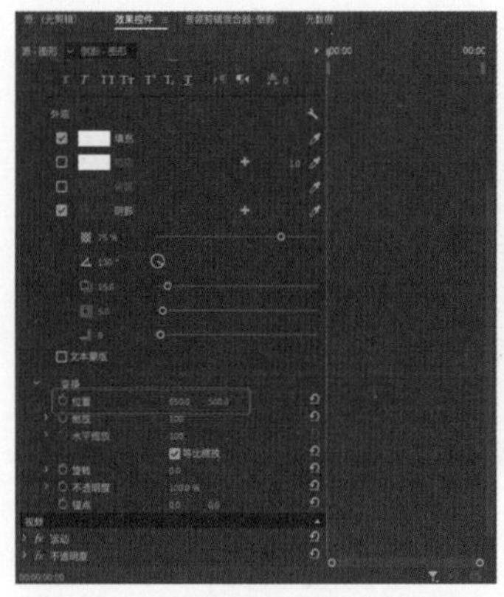

图5-193

图5-194

TIPS 提示

在输入文字时，如果出现部分字体无法识别的情况，则更换字体即可。

2. 使用旧版标题制作字幕

下面介绍旧版标题的操作细节，包含“旧版标题”命令打开、“字幕”窗口内工具栏的作用、常用工具的操作等。

执行“文件>新建>旧版标题”命令，打开“新建字幕”对话框，如图5-195所示，单击“确定”按钮，打开“字幕”窗口。

“字幕”窗口左上角的工具栏中包含文字的移动、输入工具和创建图形工具。单击“文字工具”，输入“倒影”，然后全选输入的文字，更改文字字体为“黑体”，如图5-196所示。

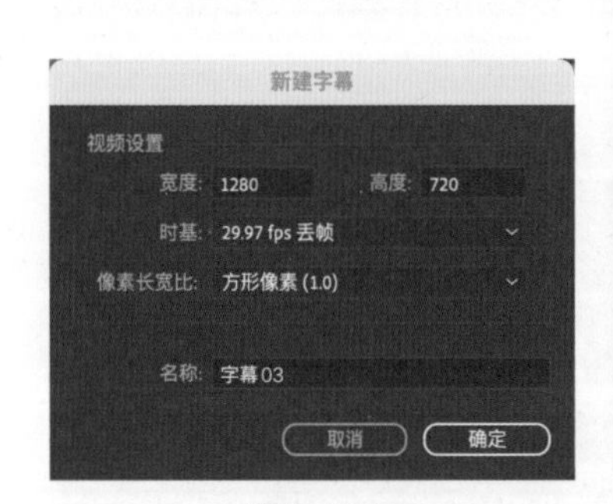

图5-195

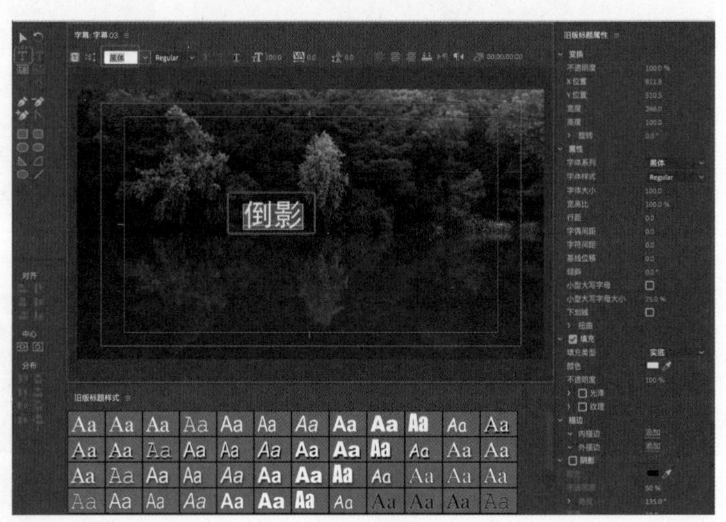

图5-196

使用“路径文字工具”，可以按照特定的路径来排列输入的文字。单击“路径文字工具”并在视频画面中画出一个“~”路径，画完之后再次单击“路径文字工具”按钮，然后输入“最美的时光”，如图5-197所示。

图形工具有可自定义形状的“钢笔工具”和规范的几何图形。单击“矩形工具”按钮，将鼠标指针移到视频画面中央画一个矩形，如图5-198所示。

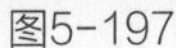
图5-197

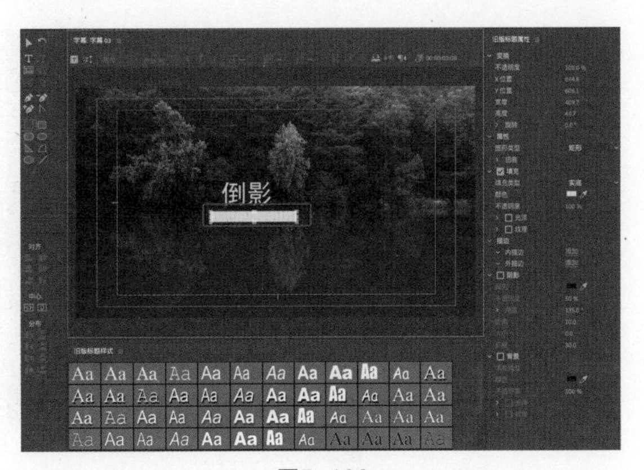

图5-198

“字幕”窗口右侧为字体参数的调整，包含“变换”“属性”“填充”“描边”等。“变换”选项中的参数调整基本与“效果控件”面板中的参数调整一致，这里的“宽度”与“高度”调整的是字体在垂直和水平方向上的缩放。“属性”选项的参数主要调整文字的文本属性，如“字体样式”“字体大小”“字符间距”等。接下来对文字“倒影”进行调整，单击“选择工具”，选中文字，将“字体大小”设置为“200.0”，“字符间距”设置为“40.0”，如图5-199所示。

“填充”选项可以更改文本内容颜色，这里选择画好的矩形，然后将“颜色”改为“黄色”，如图5-200所示。

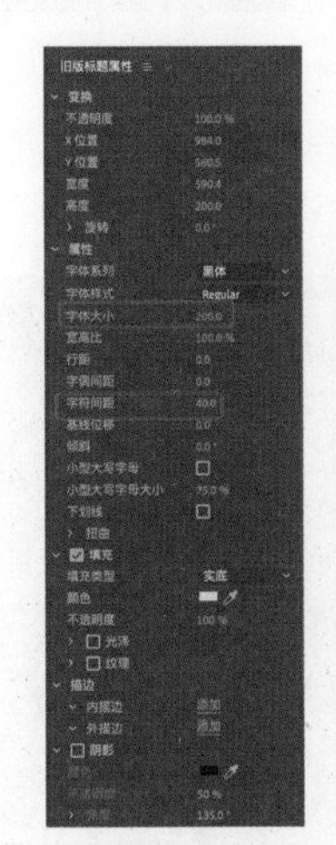

图5-199

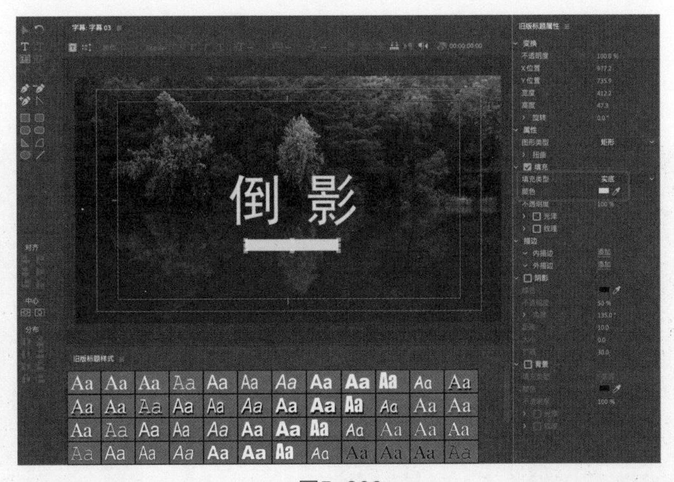

图5-200

在“填充类型”选项中除了“实底”之外，还可以选择渐变。单击“选择工具”，选中“倒影”文本，然后在“填充类型”下拉列表中选择“线性渐变”选项，将“颜色”前面的颜色滑块调整为“黄色”，将后面的颜色滑块调整为“白色”，“角度”设置为“200.0°”，如图5-201所示。

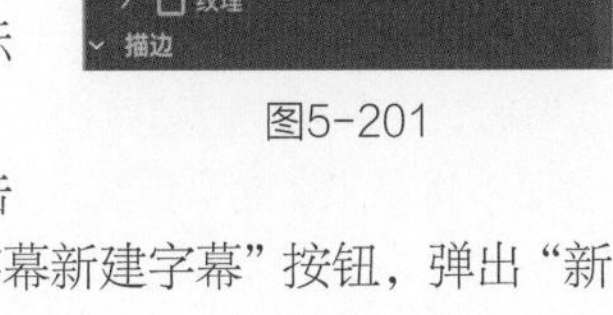

图5-201

所有内容调整完成之后，关闭“字幕”窗口，在“项目”面板素材箱中找到字幕素材，将其拖至“时间轴”面板中的V2轨道上，根据实际情况更改字幕的时长即可，如图5-202所示。

将字幕添加完成之后，若还需要新建一个属性一样的字幕，则双击刚添加的字幕素材可以打开“字幕”窗口，在工具栏中单击“基于当前字幕新建字幕”按钮，弹出“新建字幕”对话框，在其中单击“确定”按钮，如图5-203所示。

图5-202

图5-203

关闭“字幕”窗口，然后将新建好的字幕拖至“时间轴”面板中的V2轨道上，如图5-204所示。

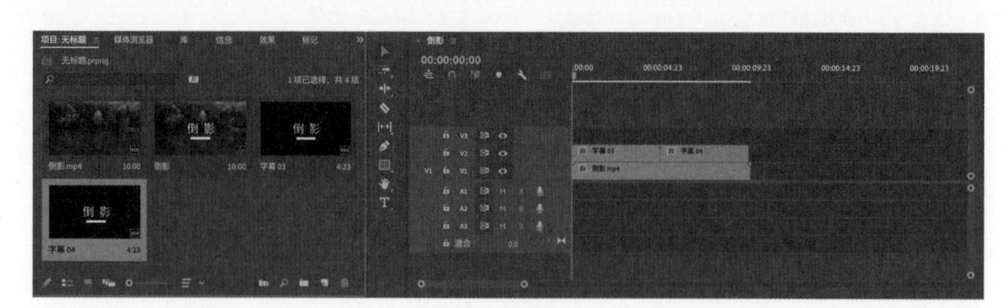

图5-204

双击第二条字幕素材打开“字幕”窗口，将原有的内容删除，输入“森林”，这样第二条字幕就和第一条字幕有着相同的属性，最终效果如图5-205所示。

图5-205

5.4.2 为文字添加动画的方法

本小节讲解字幕设置中的文字效果的制作，这种效果类似手写文字的效果，文字会逐渐出现在视频画面中。

将一段视频素材导入，并将其拖至“时间轴”面板中的相应轨道上，执行“文件>新建>旧版标题”命令，弹出“新建字幕”对话框，单击“确定”按钮，输入英文字母“Vlog”，在“旧版标题属性”选项中将“X位置”参数值调整为“961.0”，“Y位置”参数值调整为“541.0”，“字体大小”参数值调整为“300.0”，“字符间距”参数值调整为“25.0”，“颜色”设置为白色，同时为文字添加“外描边”效果。所有参数设置完成之后，将字幕拖至“时间轴”面板中的V2轨道上，如图5-206所示。

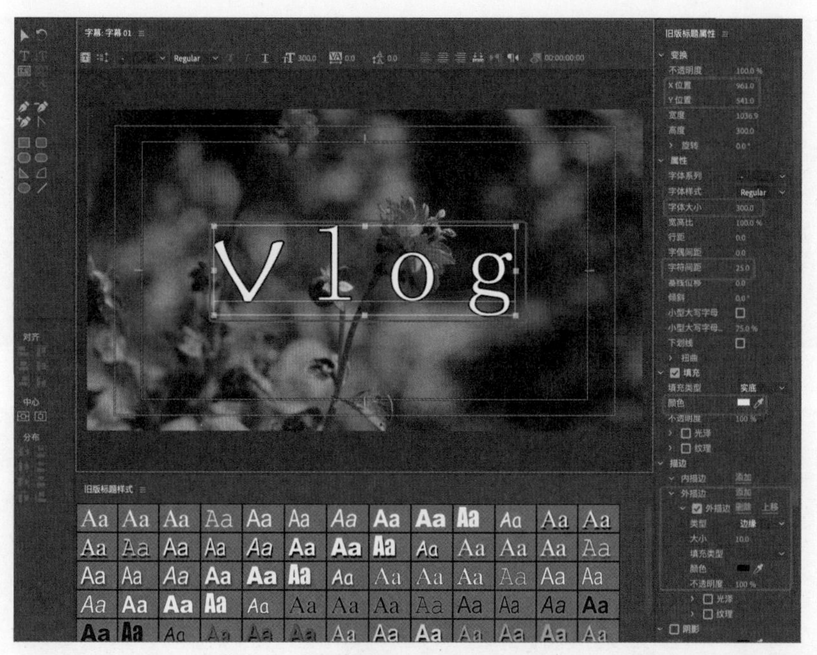

图5-206

将“字幕01”的长度调整为与“风景”素材的一样，然后单击“字幕01”素材，单击鼠标右键，在弹出的快捷菜单中选择“嵌套”选项，效果如图5-207所示。

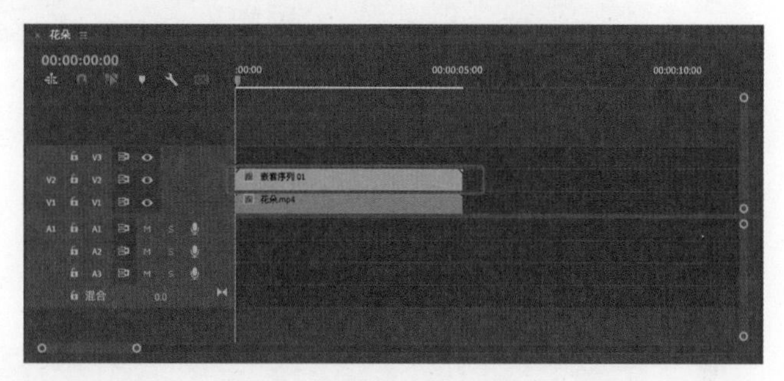
图5-207

打开“效果”面板，选择“视频效果>过时>书写”效果，然后将其添加到“时间轴”面板V2轨道上的嵌套素材上，如图5-208所示。

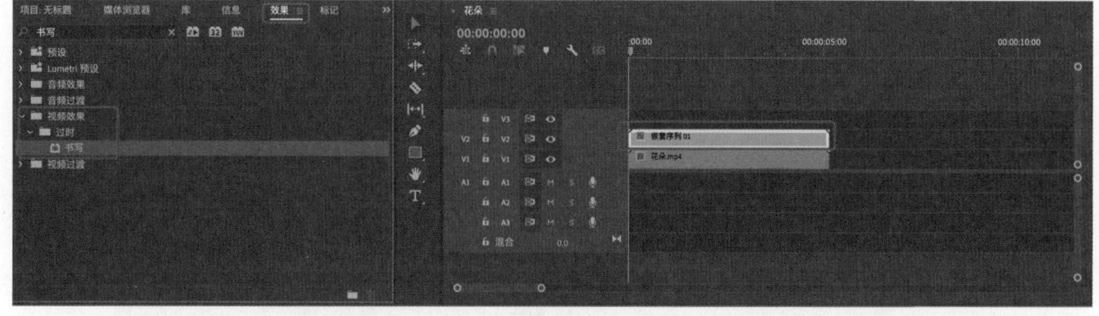
图5-208

调整“书写”效果参数，在“效果控件”面板单击“书写”，在“节目”面板出现一个“十字星”的标志，将标志移动到字幕笔画的开始位置，将“颜色”改为红色，“画笔大小”参数值设置为“30.0”，“画笔硬度”参数值设置为“80%”，“画笔间隔（秒）”参数值设置为“0.001”，如图5-209所示。

开始对文字笔画进行描绘。将时间指示器移到起始的位置，然后单击“画笔位置”处的“切换动画”按钮，连续按键盘的右方向键两次，开始移动“十字星”标志，如图5-210所示。

图5-209

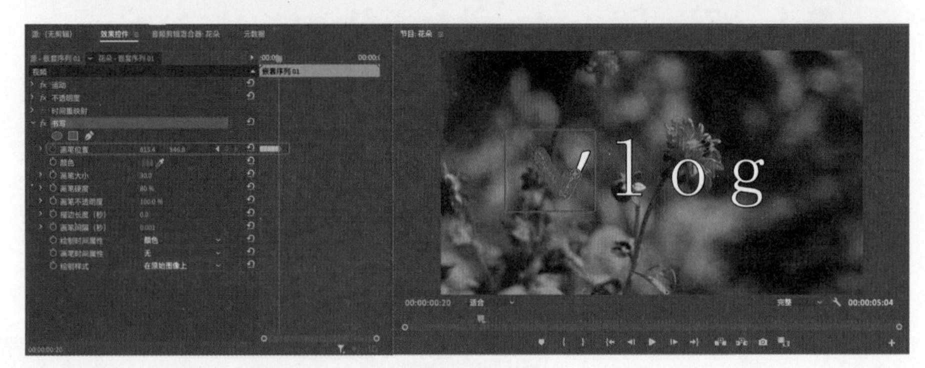

图5-210

重复上面的步骤进行文字描绘，每按两次右方向键移动一下“十字星”标志，直到所有文字的笔画描完，如图5-211所示。

将“书写”下的“绘制样式”设置为“显示原始图像”，如图5-212所示。

最终效果如图5-213所示。

图5-211

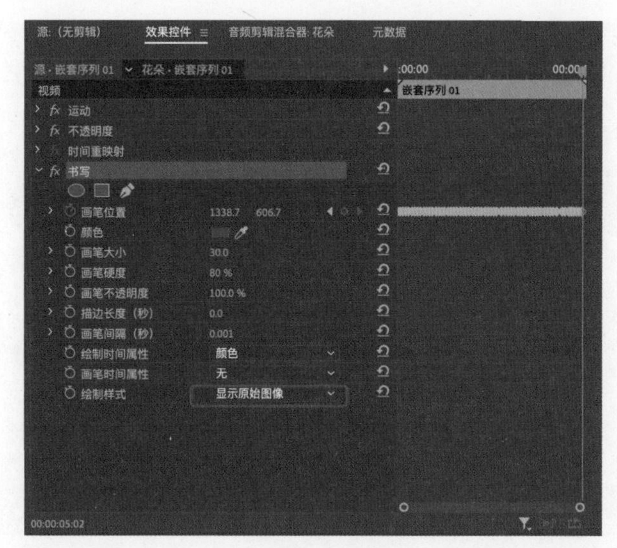

图5-212

图5-213

5.4.3 字幕特效制作

运用蒙版路径制作的文字扫光效果常用于视频开头或者金属物体的文字说明。

将一段视频素材导入“项目”面板，并拖至“时间轴”面板中的相应轨道上，如图5-214所示。

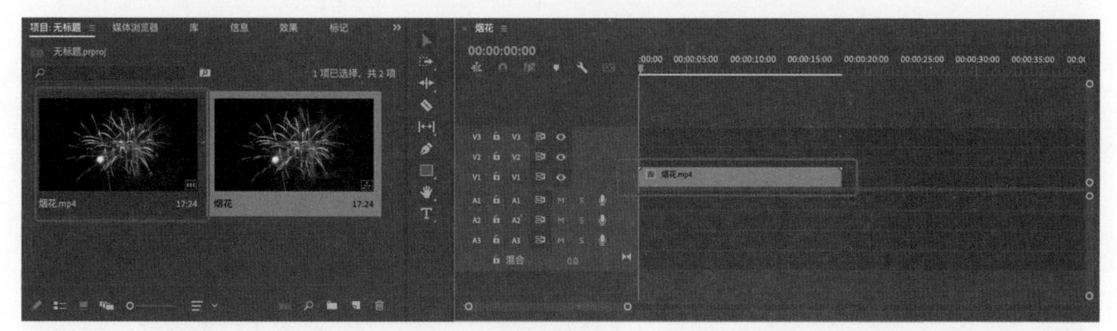

图5-214

执行“文件>新建>旧版标题”命令，弹出“新建字幕”对话框，单击“确定”按钮，然后输入“最美的夜景”，“字体系列”设置为“黑体”，“字体大小”参数值调整为“200.0”，“X位置”参数值调整为“961.0”，“Y位置”参数值调整为“541.0”，“颜色”设置为灰色，如图5-215所示，设置完成之后关闭“字幕”窗口。

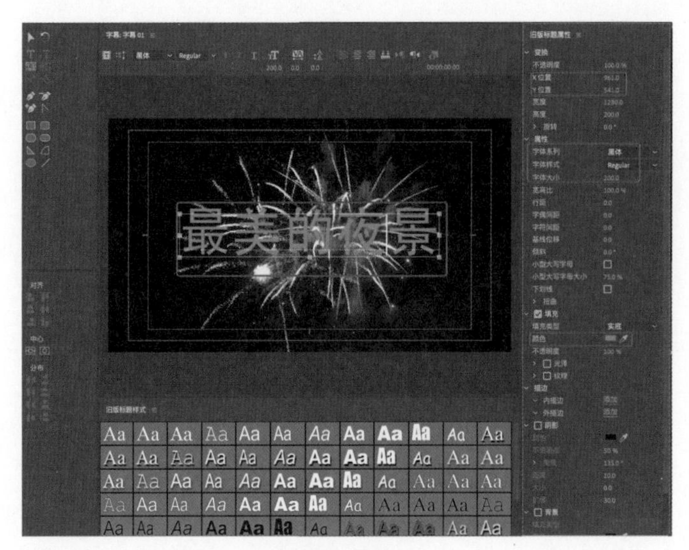

图5-215

将“字幕01”素材拖至V2轨道上，如图5-216所示。

按住Alt键单击素材并拖至V3轨道上复制一份，如图5-217所示。

双击打开V3轨道上的字幕素材，选中字体内容，将“颜色”设置成白色，调整完成后关闭“字幕”窗口，参数设置如图5-218所示。

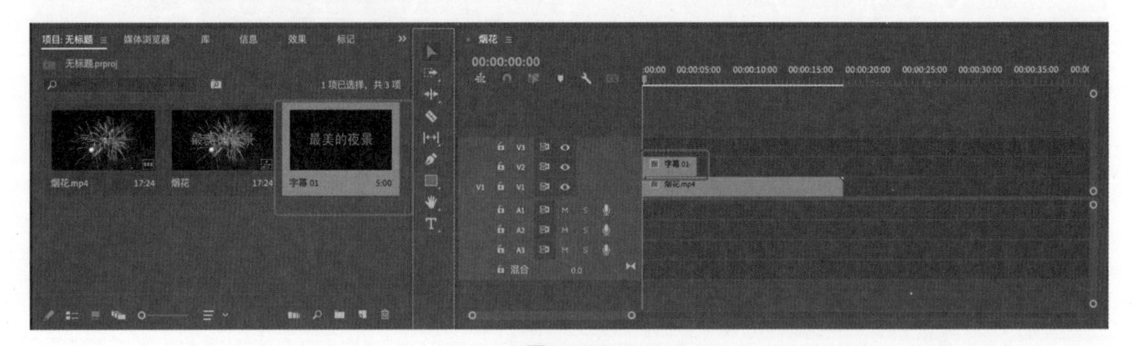

图5-216

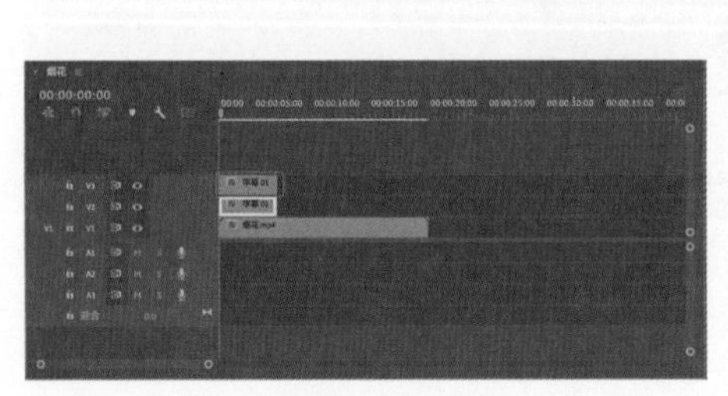

图5-217

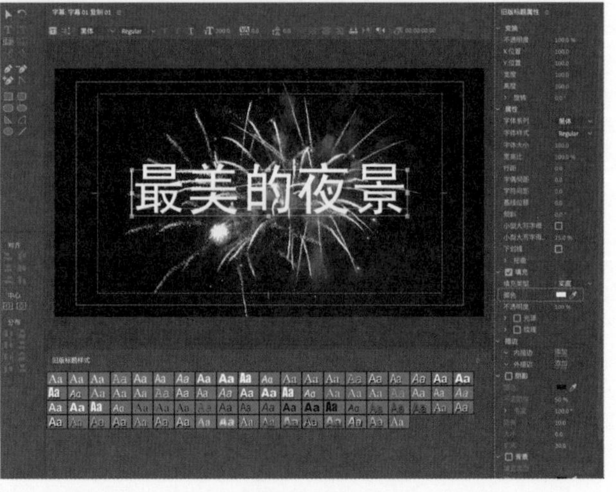

图5-218

打开“效果”面板，选择“视频效果>风格化>Alpha发光”效果，将其拖至V3轨道字幕素材上，如图5-219所示。

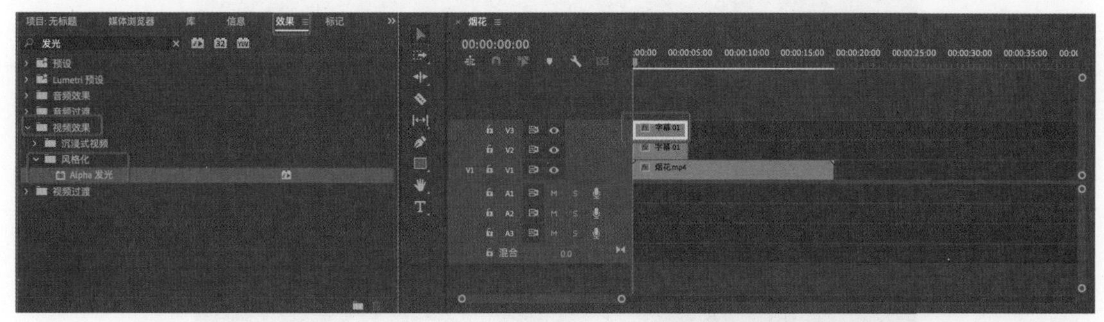

图5-219

打开“效果控件”面板，在“Alpha发光”选项下将“发光”参数值调整为“25”，“亮度”参数值调整为“255”，“起始颜色”设置为白色，“结束颜色”设置为白色，如图5-220所示。

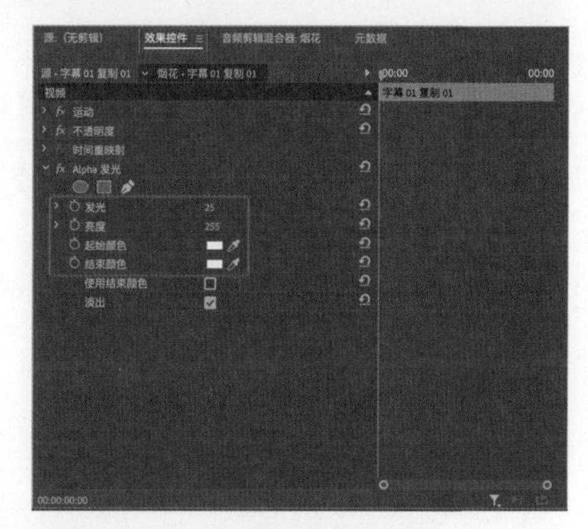

图5-220

选择V3轨道上的字幕素材，在“效果控件”面板的“不透明度”选项下单击“创建4点多边形蒙版”按钮，然后调整蒙版位置，如图5-221所示。

设置关键帧动画。将时间指示器拖至“时间轴”开始位置，单击“蒙版路径”的“切换动画”按钮，然后将时间指示器移至2s处，水平拖动蒙版至文字尾部，将“蒙版羽化”参数值调整为“40.0”，如图5-222所示。

最终效果如图5-223所示。

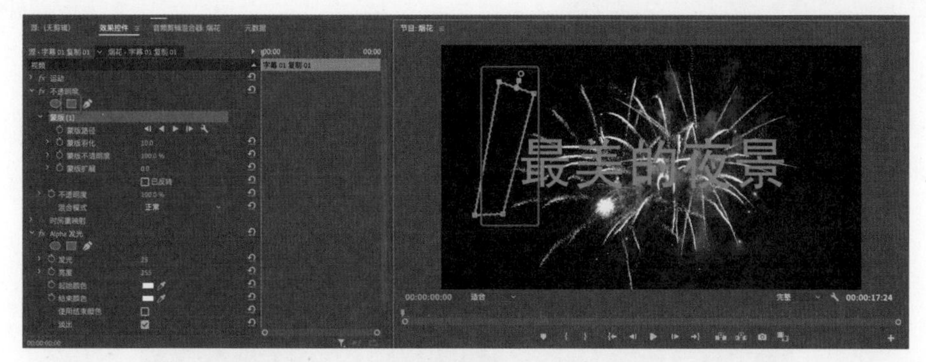

图5-221

图5-222

图5-223

5.5 Premiere 剪辑实战

5.5.1 实战：帧定格效果

资源位置 ▶

微课视频

素材位置 素材文件>第5章>5.5.1实战：帧定格效果
实例位置 实例文件>第5章>5.5.1实战：帧定格效果.prproj
视频位置 视频文件>第5章>5.5.1实战：帧定格效果.mp4
技术掌握 帧定格效果的制作

视频帧定格效果常用于风景、人像拍摄，在剪辑的过程中可以从视频中截取图片，也可以使用具有相似性的图片，示例效果如图5-224所示。

图5-224

效果视频

设计思路

（1）使用“插入帧定格分段”为视频添加静帧照片。
（2）为V1轨道上的静帧照片添加“高斯模糊”效果。
（3）使用“缩放”“旋转”效果为V2轨道的静帧画面增加动感。

操作步骤

（1）将“奔跑.mp4”素材导入“项目”面板，并将其拖至“时间轴”面板中的相应轨道上，如图5-225所示。

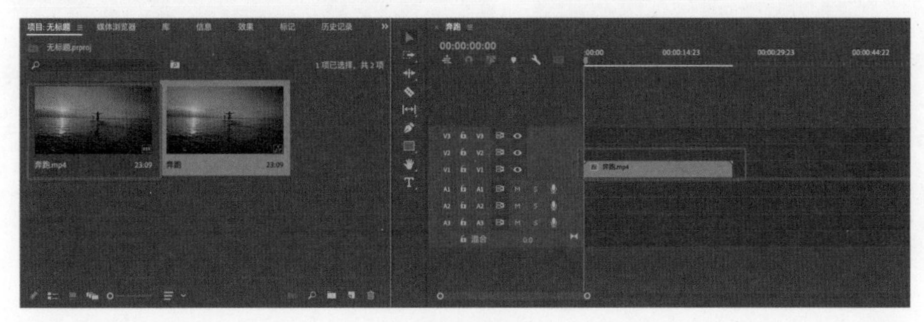

图5-225

（2）将时间指示器移至5s处，单击鼠标右键，在弹出的快捷菜单中选择“插入帧定格分段”选项，如图5-226所示。

（3）此时会出现一段静止画面，按住Alt键将其拖至V2轨道上，如图5-227所示。

图5-226

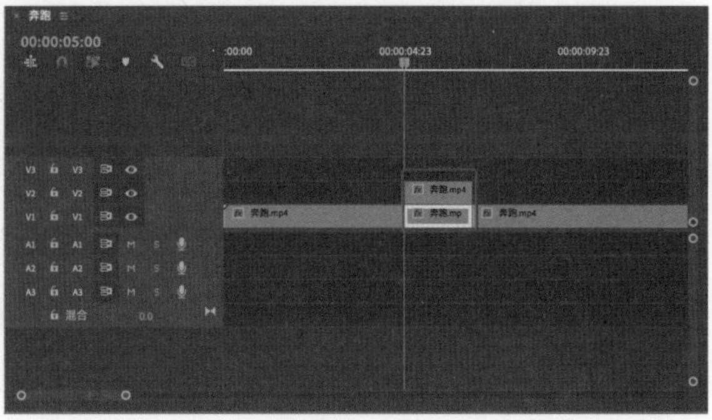

图5-227

（4）打开“效果”面板，选择V1轨道上的静止画面，添加“视频效果>模糊与锐化>高斯模糊”效果；打开“效果控件”面板，将“高斯模糊”下的“模糊度”参数值调整为“60.0”，如图5-228和图5-229所示。

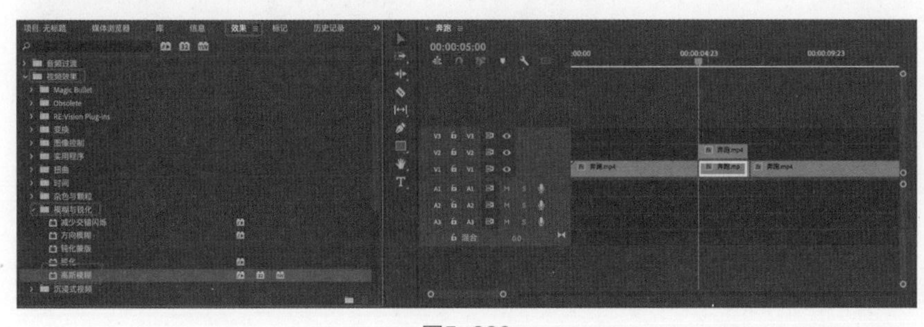

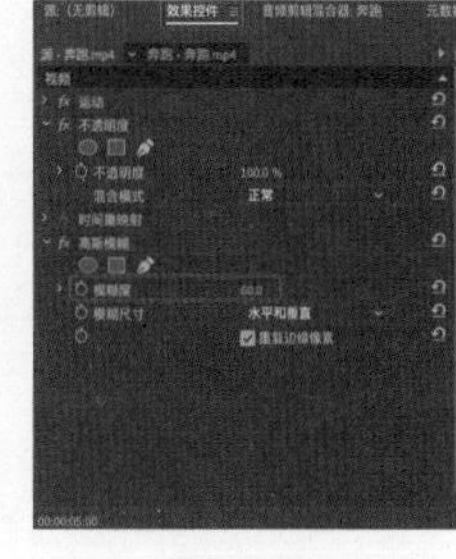

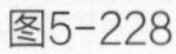

图5-228

图5-229

（5）选择V2轨道上的素材，打开“效果控件”面板，单击“运动”下面“缩放”前面的“效果切换”按钮，把时间指示器移动至5s10帧的位置，将“缩放”参数值调整为“70.0”，再将时间指示器移动到4s的位置，单击“旋转”前面的“效果切换”按钮，接着把时间指示器移动至5s10帧的位置，将“旋转”参数值调整为“8.0°”，如图5-230所示。

（6）选中V1和V2轨道上的静止画面，单击鼠标右键，在弹出的快捷菜单中选择“嵌套”选项，如图5-231所示。

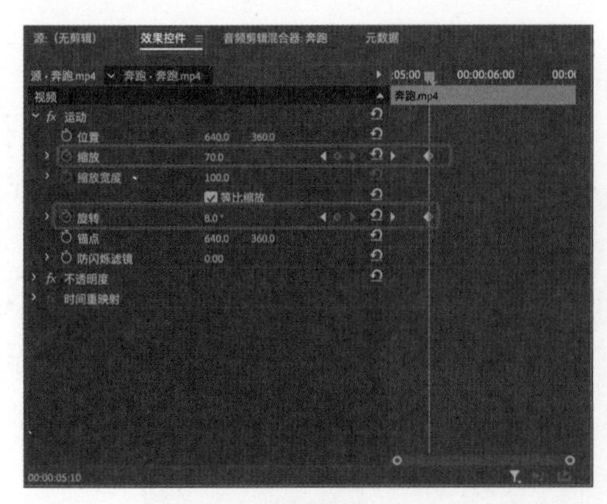

图5-230

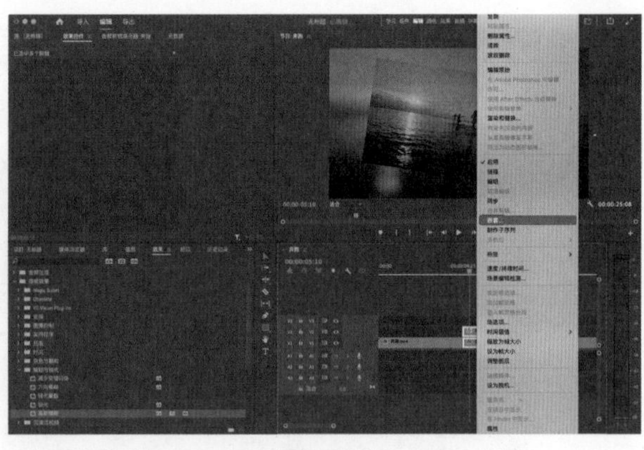

图5-231

（7）在“效果”面板中选择“视频过渡>溶解>白场过渡”效果，添加在嵌套的素材上，如图5-232所示。

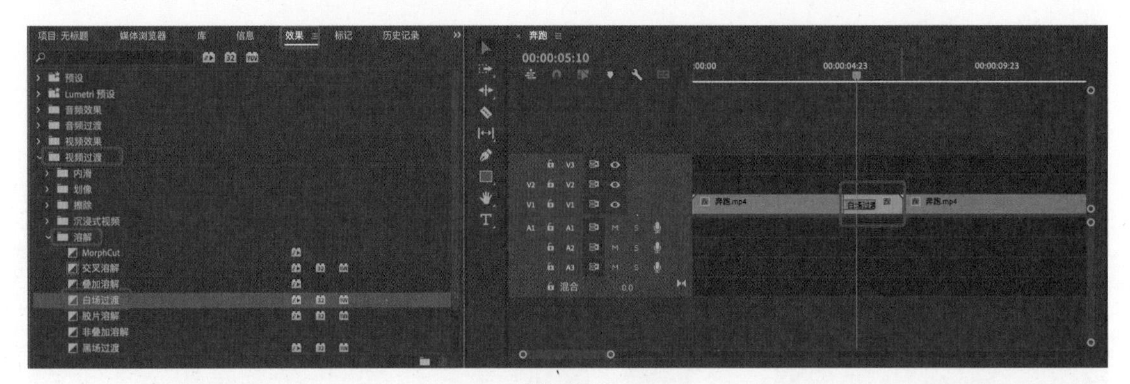

图5-232

（8）最终效果如图5-233示。

图5-233

5.5.2 实战：小清新调色

资源位置 ▶

素材位置 素材文件>第5章>5.5.2实战：小清新调色
实例位置 实例文件>第5章>5.5.2实战：小清新调色.prproj
视频位置 视频文件>第5章>5.5.2实战：小清新调色.mp4
技术掌握 选区调整

微课视频

小清新风格的调色思路：画面整体亮一点，色彩搭配相对清新，色调偏蓝绿，画面中暗部较少，对比度小，示例效果如图5-234所示。

图5-234

效果视频

设计思路

（1）通过对白平衡与亮度的调整，提亮整体画面。

（2）使用“HSL辅助”工具选取画面中的暗部并进行调整。

操作步骤

（1）将“猫.mp4”素材导入“项目”面板，并将其拖至“时间轴”面板中的相应轨道上，如图5-235所示。

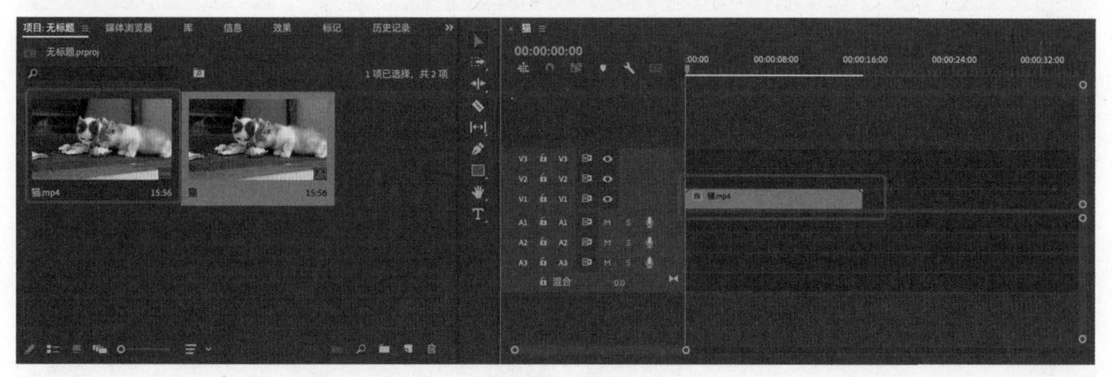

图5-235

（2）切换到“颜色”面板，调整画面的白平衡和亮度，将“色温”参数值调整为“-34.9”，“曝光”参数值调整为“0.6”，“对比度”参数值调整为“-25.0”，“高光”参数值调整为“35.0”，“阴影”参数值调整为“40.0”，如图5-236所示。

（3）勾选“HSL辅助”，使用“吸管工具”吸取背景、前景中的颜色；勾选“彩色/灰色”，进行背景色调的选取，如图5-237所示。

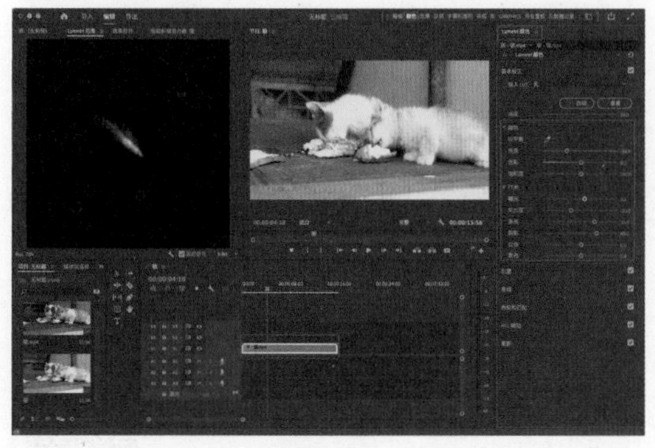

图5-236

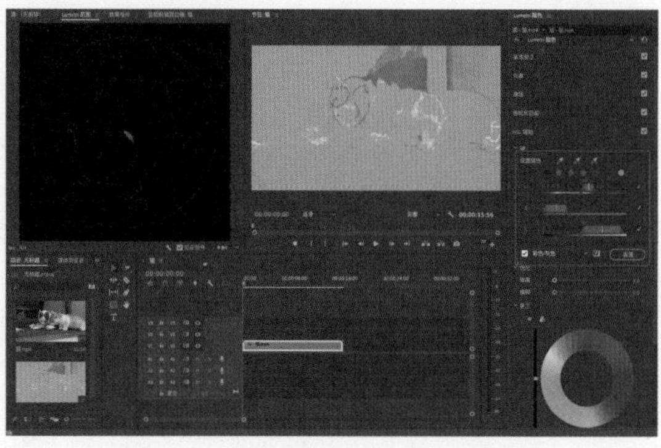

图5-237

（4）分别调整H、S、L滑块，细化选区，如图5-238所示。

（5）将“模糊”参数值调整为“6.0”，然后将色轮向青色的方向调整，最后取消勾选“彩色/灰色”，增强选区的柔和感，如图5-239所示。

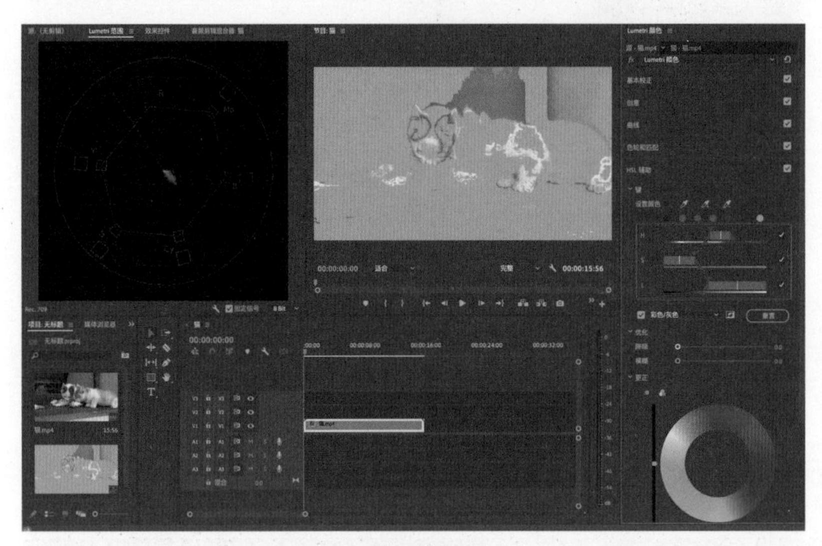

图5-238

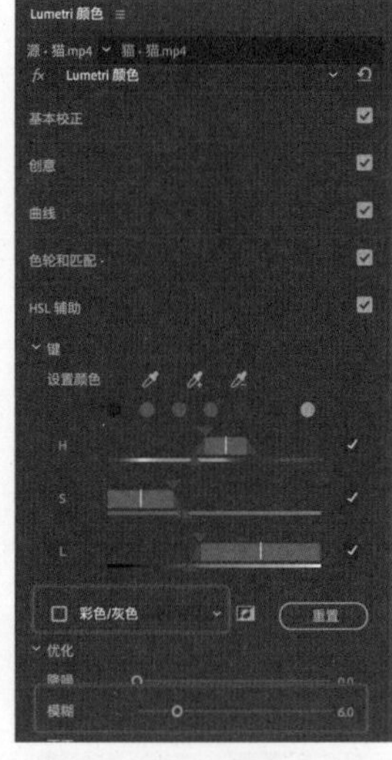

图5-239

（6）调整前后的对比效果如图5-240所示。

图5-240

5.5.3 实战：电影风格字幕开头

资源位置

素材位置 素材文件>第5章>5.5.3实战：电影风格字幕开头效果.mp4

实例位置 实例文件>第5章>5.5.3实战：电影风格字幕开头效果.prproj

视频位置 视频文件>第5章>5.5.3实战：电影风格字幕开头效果.mp4

技术掌握 蒙版路径

微课视频

运用蒙版路径技术制作电影风格字幕开头，示例效果如图5-241所示。

设计思路

（1）“文字工具”和“矩形工具”的使用，为电影风格字幕的制作打下基础。

（2）蒙版和关键帧的设置，为电影风格字幕的运动设置打下基础。

效果视频

图5-241

操作步骤

（1）将“雨水.mp4”素材导入“项目”面板，并拖至“时间轴”面板中相应的轨道上，如图5-242所示。

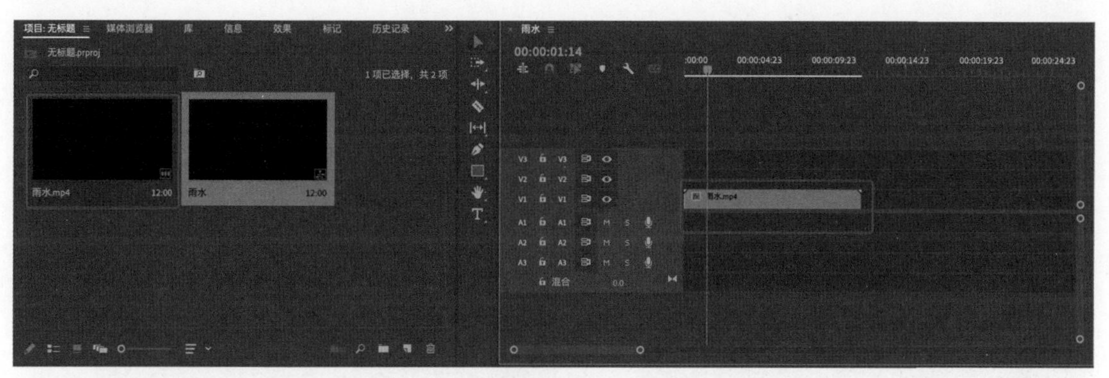

图5-242

（2）执行“文件 > 新建 > 旧版标题”命令，然后单击“文字工具”，输入“雨水”，将“字体系列”设置为“圆体-简”，“字体大小”参数值设置为“150.0”，“X位置”参数值调整为“665.7”，“Y位置”参数值调整为“361.0”，“字符间距”参数值调整为“30.0”，“颜色”设置为白色，如图5-243所示，设置完成之后关闭“字幕”窗口。

（3）将“字幕01”素材拖至“时间轴”面板中的V2轨道上，在“效果控件”面板单击“不透明度”选项下的“创建4点多边形蒙版”按钮，调整蒙版位置，如图5-244所示。

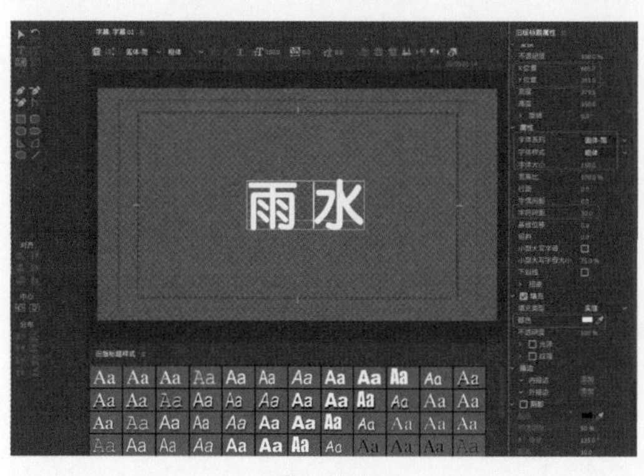

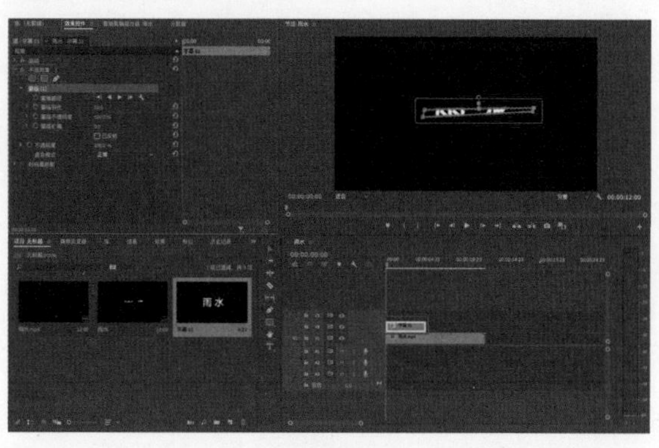

图5-243

图5-244

（4）将时间指示器移动到素材开始位置，单击“蒙版扩展”前面的“切换动画”按钮，将“蒙版扩展”参数值调整为“-30.0”，然后移动时间指示器至3s处，将“蒙版扩展”参数值调整为“90.0”，如图5-245所示。

（5）最终效果如图5-246所示。

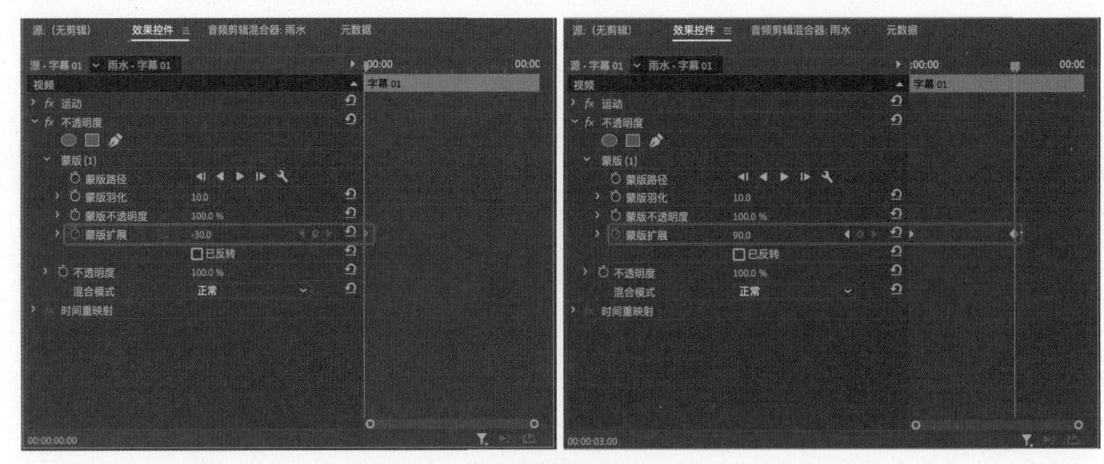

图5-245

图5-246

5.6 本章小结

本章主要带领读者认识基本的Premiere操作、Premiere 的各个工作区的主要功能，以及简单的视频剪辑的操作、音乐的添加、视频导出设置、文字的添加、视频特效制作等。

第6章 图文类短视频实战

本章导读

本章主要讲解图文类短视频制作的相关技巧，让读者了解什么是图文类短视频及其制作技巧等知识点，对图文类短视频制作有基本的整体性认识，方便读者快速理解并掌握短视频制作的相关操作。

学习要点

- 图文类短视频简介
- 实战：日记翻页短视频制作
- 实战：九宫格短视频制作
- 实战：趣味图文短视频制作

6.1 图文类短视频简介

图文类短视频强调文字与视频画面处于同样重要的地位，此类短视频的优势在于制作成本较低，只需要将需要强调的内容通过“动态文字”与视频画面匹配的方式表现出来即可。

图文类短视频的后期处理思路主要有以下5点。

（1）为了让图文类短视频更生动，并吸引观者一直看下去，文字的大小和色彩均要有所变化。在后期排版时，不求整齐，只求多变，如图6-1所示。

（2）使用剪映制作此类视频时，通常需要在素材库中选择“黑场”或者“白场”，也就是选择视频背景颜色，如图6-2所示。

（3）由于在建立“黑场”或者“白场”后，默认为横屏显示，所以需要手动设置比例为“9：16”后，再旋转一下，形成竖屏画面，以方便在抖音等平台观看。

（4）利用“文本工具”输入大小、色彩不同的文字，再为每段文字添加动画效果，使文字呈现更具观赏性，如图6-3所示。

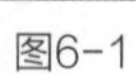
图6-1

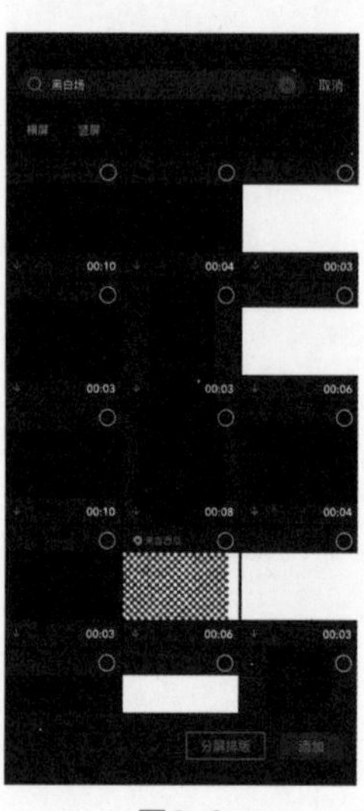

图6-2

图6-3

（5）文字的出现频率要与背景音乐的节奏一致，利用剪映的“踩点”功能可确定每段文字的出现时间。

6.2 实战：日记翻页短视频制作

资源位置 ▶

微课视频

素材位置 素材文件>第6章>6.2实战：日记翻页短视频制作

视频位置 视频文件>第6章>6.2实战：日记翻页短视频制作.mp4

技术掌握 节奏的掌握

本实战讲解日记翻页效果的制作，制作中注意素材时长、比例、转场效果和背景制作等问题，示例效果如图6-4所示。

效果视频

设计思路

（1）调整画面比例。

（2）制作翻页效果。

（3）制作背景。

图6-4

6.2.1 制作日记风格画面

首先，营造出日记风格的画面，具体操作步骤如下。

（1）将准备好的图片素材导入剪映，并将每一张图片素材的时长调整为3s，如图6-5所示。

（2）点击界面下方“比例”按钮，并选择“9：16”，如6-6所示。该比例的视频更适合在抖音等短视频平台进行播放。

（3）点击界面下方的“背景”按钮，点击“画布样式”按钮，如图6-7所示。

图6-5

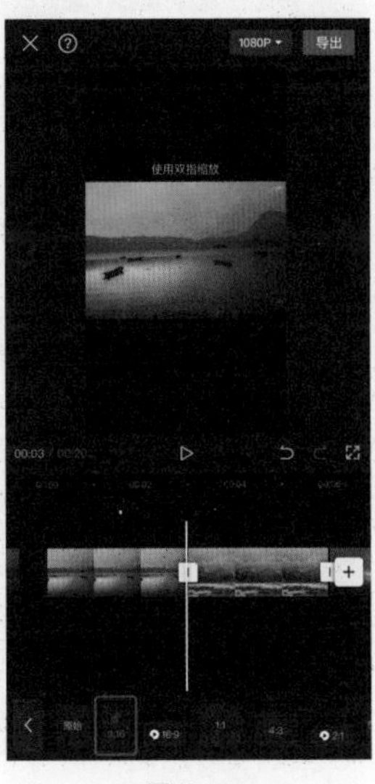

图6-6

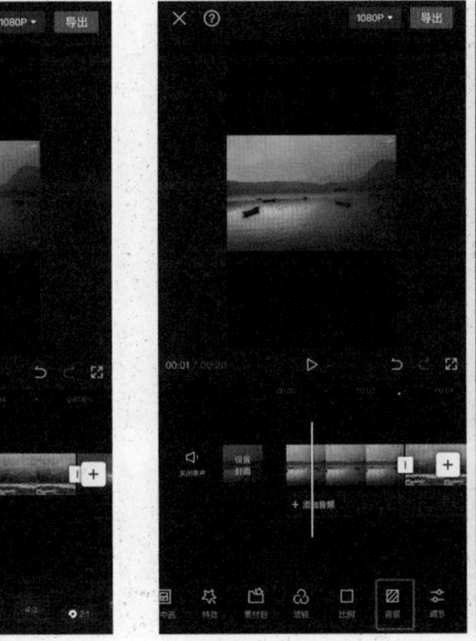

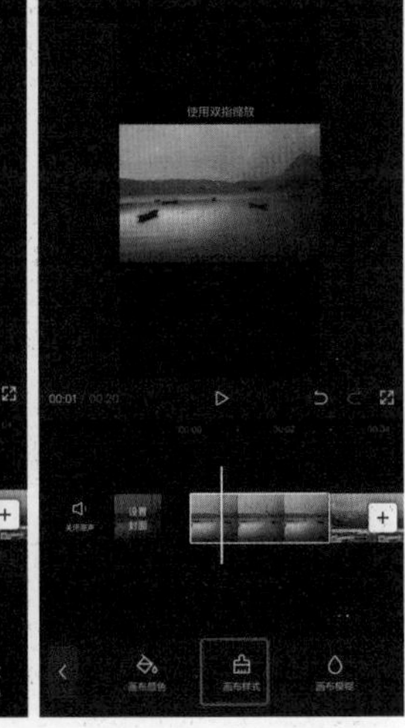

图6-7

（4）找到图6-8所示的很多小格子的背景，并点击“全局应用”按钮。

（5）选中第一张图片素材，适当缩小图片，使其周围出现背景中的格子，将其适当向画面右侧移动，为将来的文字留出一定的空间。当图片四周均出现“小格子”时，就出现了将照片贴在日记上的感觉，如图6-9所示。

（6）将其他所有图片都缩小至与第一张大小的相同，并放置在相同的位置上，如图6-10所示。

（7）点击界面下方的“文本>新建文本”按钮，输入与图片相配的文字，并将字体设置为“温柔体”，然后切换到“样式>排列”选项卡，选择“垂直排列”，如图6-11所示。

（8）切换至“样式 > 文本”选项卡，将字体颜色设置为灰色，如图6-12所示。否则字体颜色与背景相似，难以分辨。

（9）将文字安排在图片左侧居中的位置，将文字素材与对应的图片素材首尾对齐，如图6-13所示。

（10）复制制作好的文字，根据图片更改文字后，将其与图片素材对齐，如图6-14所示。

图6-8 图6-9 图6-10

图6-11

图6-12

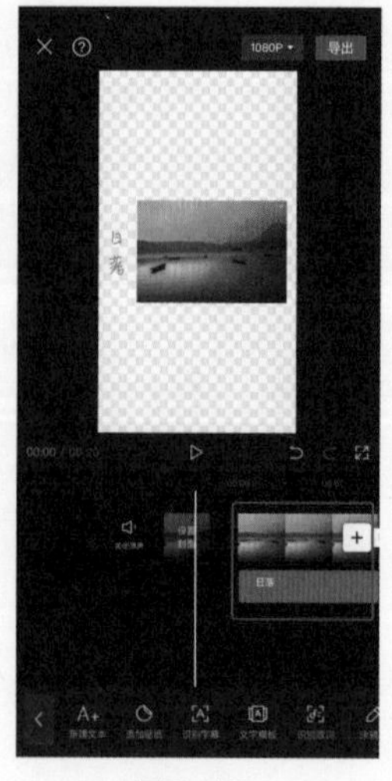

图6-13

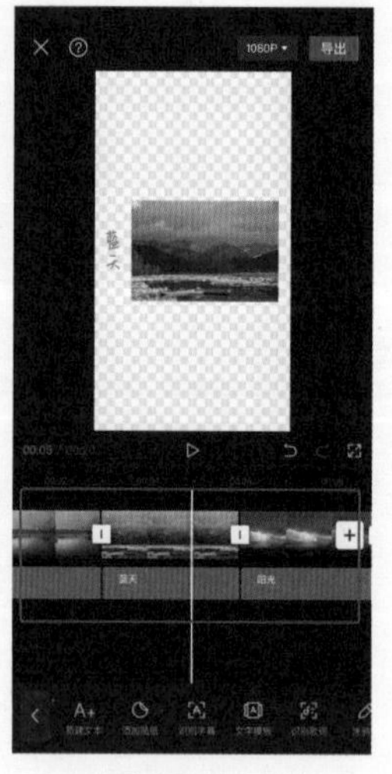

图6-14

TIPS 提示

如何让每一张图片的大小和位置都基本相同呢？对于本实战而言，先缩小图片，然后记住左右空出了多少个格子，再向右移动图片，记住与右侧边缘间隔多少个格子。这样每张图片都严格按照先缩小再向右移动的步骤进行操作，并且缩小后空出的格子及移动后与右边间隔的格子都保证一样，就可以实现位置和大小基本相同了。当然，前提是导入的图片比例一样。

6.2.2 制作日记翻页效果

接下来，添加转场效果来实现翻页效果，具体操作步骤如下。

（1）点击图片素材之间的“转场”图标，选择“幻灯片”分类下的“翻页”转场效果，将时长设置为“0.7s”，并点击“全局应用”按钮，如图6-15所示。

（2）添加转场效果之后，文字素材与图片素材就不是首尾对齐的状态了，所以需要适当拉长图片素材，使转场刚开始的位置（有黑色斜线表明转场的开始与结束）与上一段文字素材的末端对齐，如图6-16所示。

（3）按照此方法，将之后的每一张图片素材均适当拉长，使其与对应的文字素材末尾对齐，如图6-17所示。

图6-15

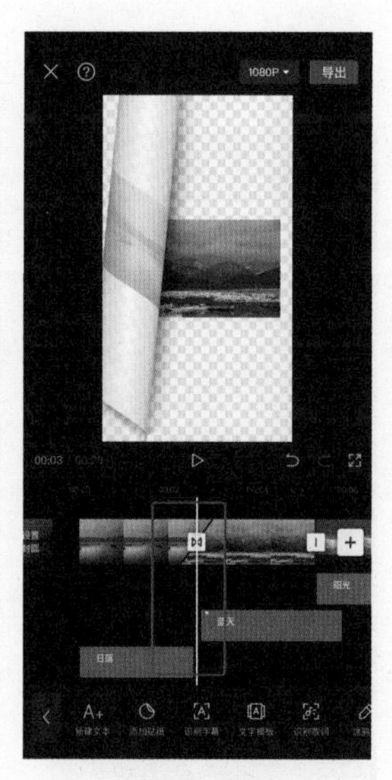

图6-16

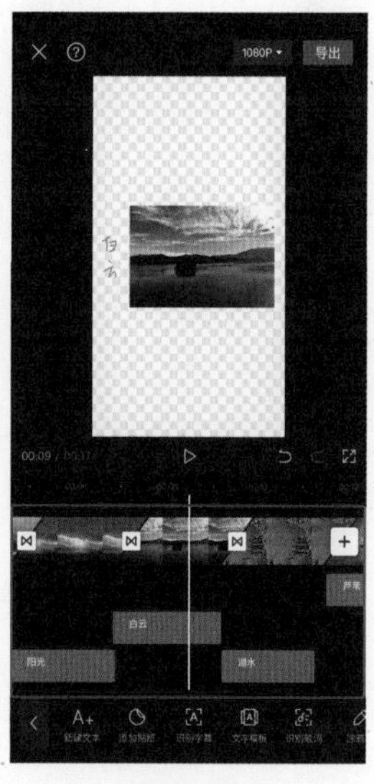

图6-17

（4）选中对应第二张图片的文字素材，点击界面下方的“动画”按钮，如图6-18所示。

（5）选择“入场动画”中的“向左擦除”动画，并将时长设置为“0.7s”，如图6-19所示。为文字添加动画是为了让其更接近翻页时文字逐渐显现的效果，其余文字素材采用同样的处理方式。

需要注意的是，不用为第一张图片对应的文字添加动画，因为“第一页”是直接显示在画面中的，而不是“翻页”后才显示的。

6.2.3 制作画面背景

添加画面背景，让画面更加好看精致，具体操作步骤如下。

（1）点击界面下方的“画中画>新增画中画”按钮，如图6-20所示，选中准备好的图片素材并添加到视频轨道上，然后适当放大该图片，使其覆盖画面，如图6-21所示。

（2）点击界面下方的“编辑”按钮，再点击“裁剪”按钮。

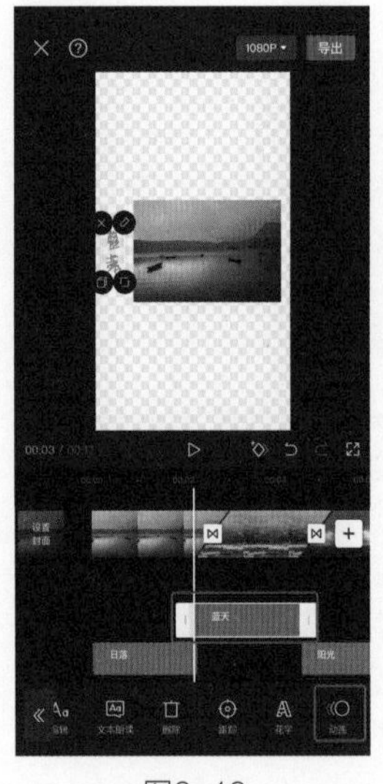

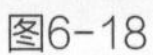

图6-18

图6-19

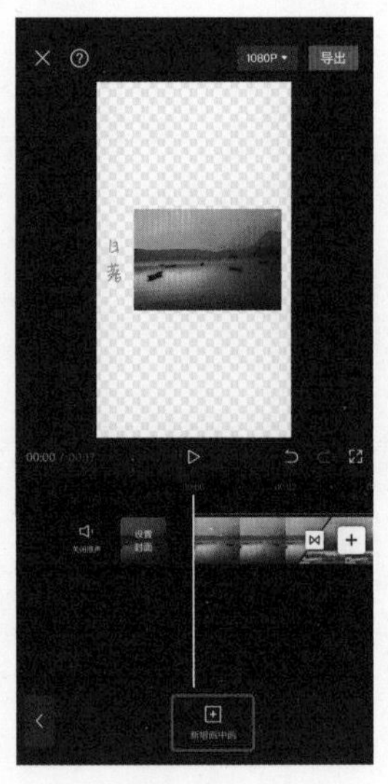

图6-20

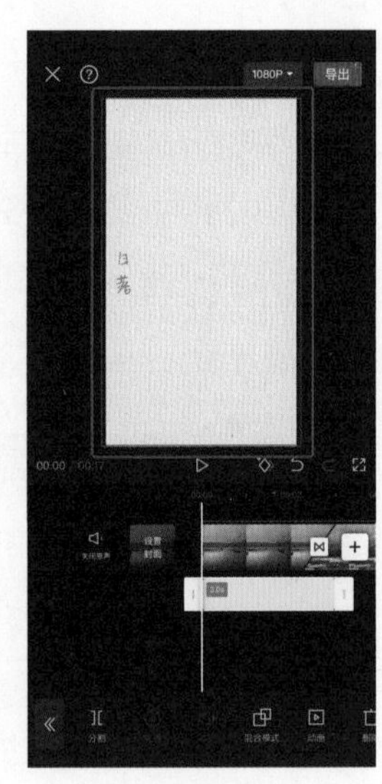

图6-21

（3）裁剪下图片中需要的部分，将其移动到画面上方作为背景，如图6-22所示。

（4）重复以上步骤，为界面下方、左边、右边也添加背景图片，并且让画中画图层覆盖整个视频轨道，如图6-23所示。

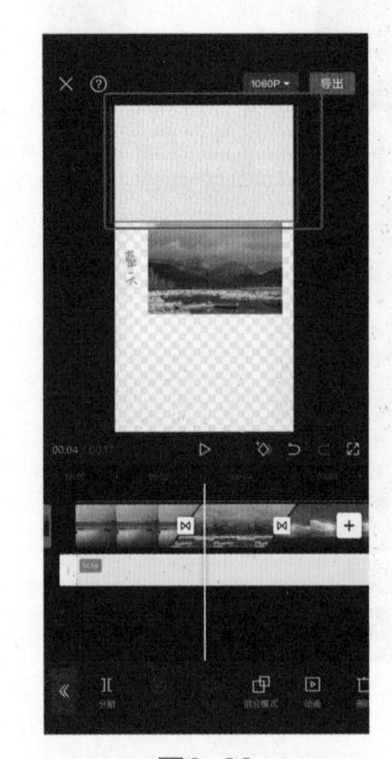

图6-22

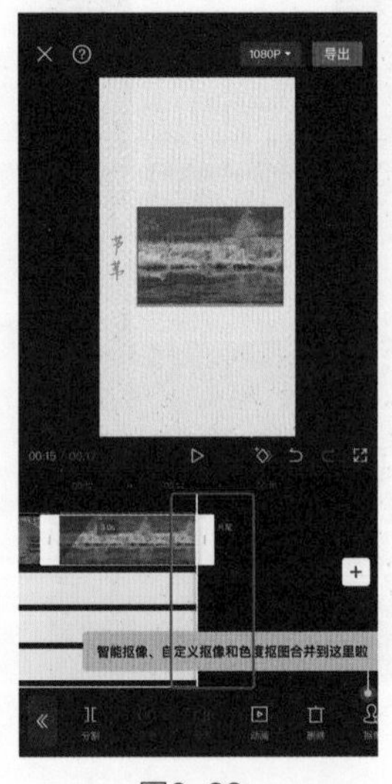

图6-23

6.3 实战：九宫格短视频

资源位置 ▶

素材位置 素材文件>第6章>6.3实战：九宫格短视频

视频位置 视频文件>第6章>6.3实战：九宫格短视频.mp4

技术掌握 蒙版与画中画

微课视频

本实战主要通过蒙版及画中画等功能，实现一张图片在九宫格中配合音乐的节拍依次出现的效果。视频从结构上可以分为4部分，第一部分是图片局部在九宫格中根据音乐节拍依次闪现，第二部分是图片局部在九宫格中逐渐增加，第三部分是图片完整显示在九宫格中，第四部分是动态片尾制作，示例效果如图6-24所示。

设计思路

（1）制作图片闪现效果。

（2）制作图片局部在九宫格中逐渐增加的效果。

（3）制作图片完整显示在九宫格中的效果。

（4）制作动态片尾。

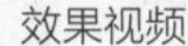

效果视频

图6-24

6.3.1 制作图片闪现效果

本小节实现一张完整图片在九宫格中依次闪现的效果，具体操作方法如下。

（1）导入一张比例为1∶1的图片素材，以及一张九宫格素材，并将图片安排在九宫格前方，点击界面下方的“比例”按钮，设置画布比例为“9∶16”（这种比例有利于在抖音、快手等手机短视频平台观看），如图6-25所示。

（2）点击界面下方的“画中画”按钮，再点击“新增画中画”按钮，再次导入图片素材，并调整其大小，使其刚好覆盖九宫格，并且周围还留有九宫格的白边，如图6-26所示。

（3）点击界面下方的“蒙版”按钮，选择“矩形”蒙版，调节蒙版大小和位置，使画面中刚好出现左上角格子内的画面，如图6-27所示。

图6-25

图6-26

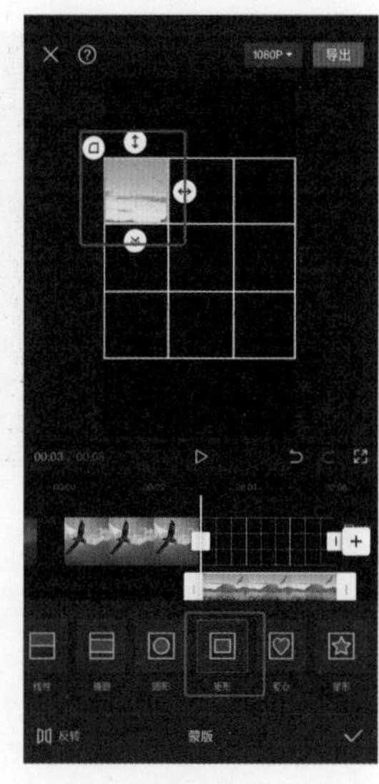

图6-27

（4）选中刚刚处理好的画中画图层，并点击界面下方的“复制”按钮，如图6-28所示。

（5）此时将时间轴移动到复制的画中画图层区域时，界面中的九宫格消失了。选中主视频轨道中的九宫格素材，拖动白色边框的右半部分，使其覆盖画中画图层，九宫格重新出现，如图6-29所示。

（6）选中复制的画中画素材，点击界面下方的“蒙版”按钮，选择“矩形”蒙版，将左上角格子画面拖动到右侧格子中，这样就实现了左侧格子画面消失，另一个格子画面出现的闪现效果，如图6-30所示。

（7）重复步骤（6），直到9个格子都出现过画面为止。该视频中九宫格出现画面的顺序如图6-31所示。

（8）闪现效果制作完成后，点击界面下方的“音频”按钮，添加背景音乐，此处添加的音乐是“Bright”，选中音频轨道，点击界面下方“踩点”按钮，如图6-32所示。

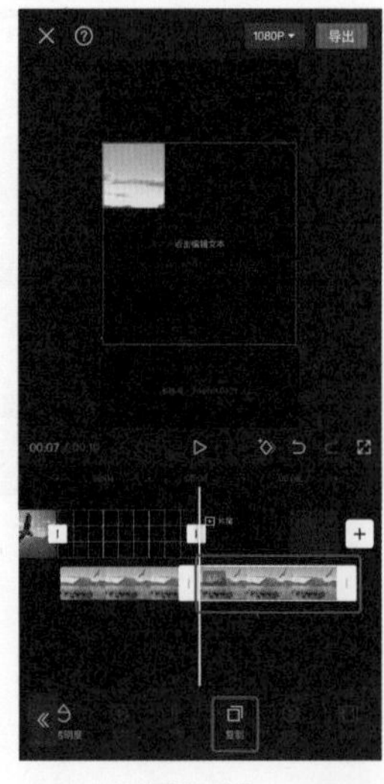

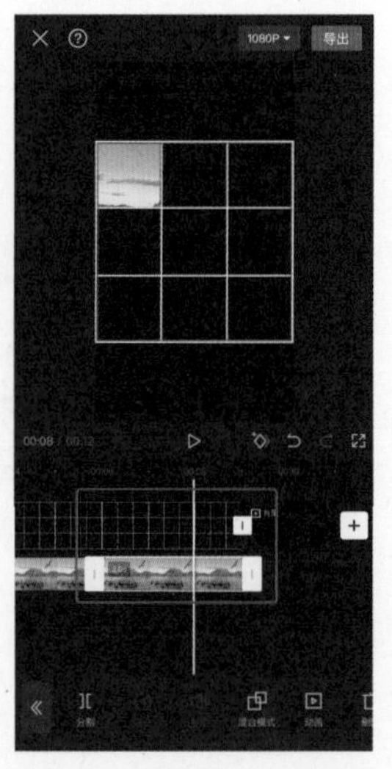

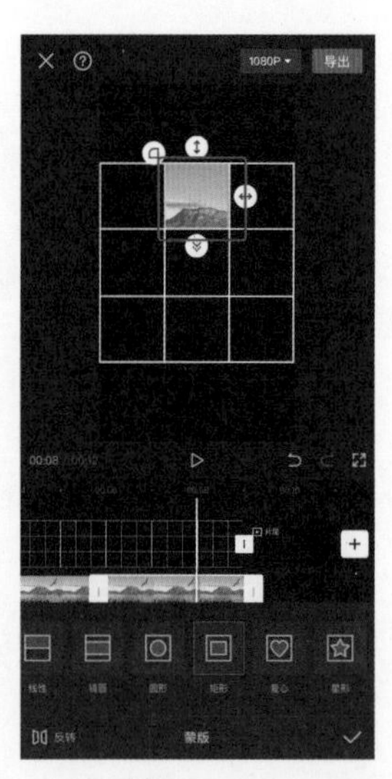

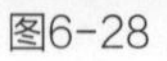

图6-28　　图6-29　　图6-30

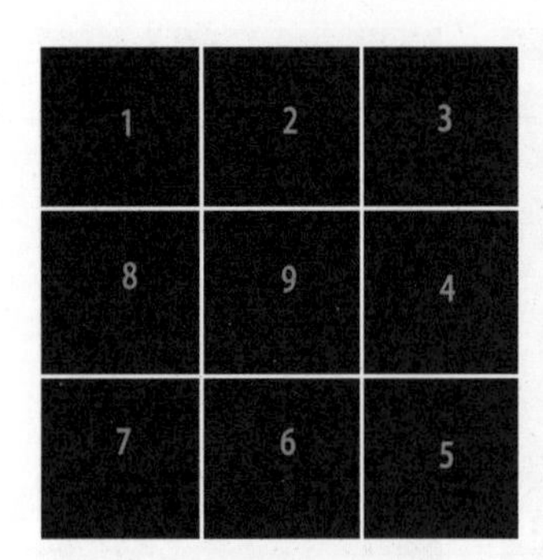

图6-31　　图6-32

（9）打开“自动踩点”，音频下方即会出现节拍点，如图6-33所示。若觉得该背景音乐的节拍点不准确，则可以选择手动添加。

（10）根据音乐节拍点，将第一张图片的结束位置与节拍点对齐，并将每一段画中画片段与节拍点对齐，从而实现音乐卡点闪现效果，如图6-34所示。

6.3.2 制作图片局部在九宫格内逐渐增加的效果

6.3.1小节制作的闪现效果，其特点是下一个格子画面出现时，上一个格子的画面就消失了。而在本小节中要实现的是最后显示的格子画面不消失，并且跟随音乐节奏，其他格子的画面依次

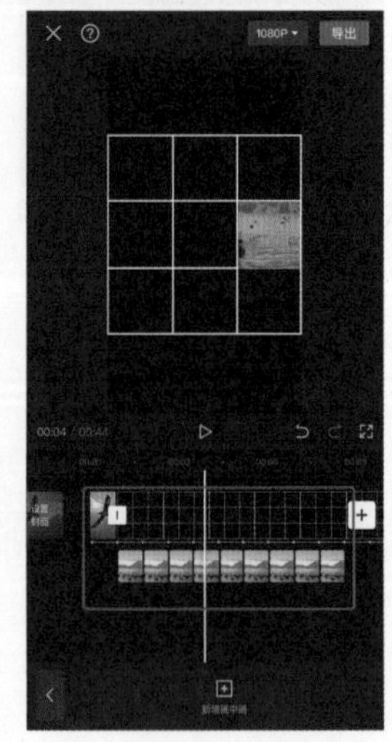

图6-33　　图6-34

出现，最终在九宫格中拼成一张完整的图片，具体操作方法如下。

（1）选中已经制作好的最后一个画中画片段，点击界面下方的“复制”按钮，并将复制后的片段与下一个节拍点对齐，如图6-35所示。

（2）将刚刚复制得到的片段再复制一次，然后按住该片段将其拖动到下一个视频轨道上，并与上一轨道中的视频片段对齐，如图6-36所示。

（3）选中第二次复制得到的片段，点击界面下方的“蒙版”按钮，将蒙版拖动到右侧的格子上，使右侧格子出现画面，并且中间格子的画面依然存在，如图6-37所示。之所以会出现这种效果，是因为之前第一次复制的片段保证了中间格子的画面不会消失，第二次复制的片段在调整蒙版位置后，使另一个格子的画面出现，并且这两个片段在两个视频轨道上是完全对齐的，所以两个格子的画面会同时出现。

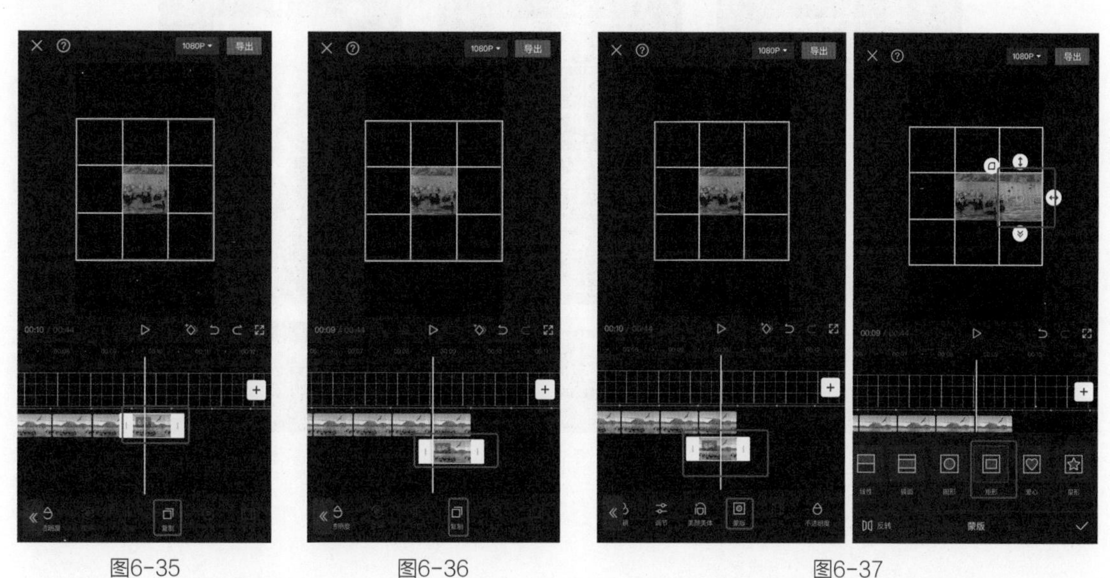

图6-35　　图6-36　　图6-37

（4）将第一层画中画轨道的片段拖动到下一个节拍点处，再将第二层画中画轨道的片段复制一次，并对齐下一个节拍点，如图6-38所示。

（5）将复制得到的片段再复制一次，长按并移动到下一层视频轨道上，使其与上一轨道的片段对齐，点击界面下方的“蒙版”按钮，并将复制的片段调整到右下角的位置上，如图6-39所示。

（6）按照相似的方法，继续让第4～第9个格子的画面依次出现即可，最终实现图6-40所示的效果。

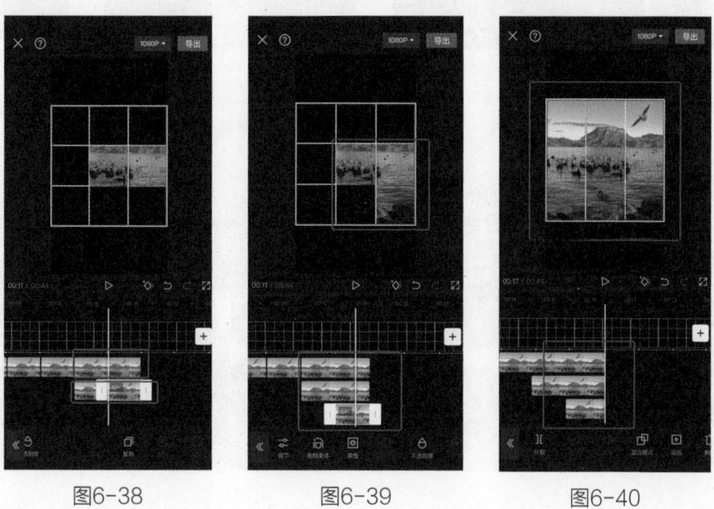

图6-38　　图6-39　　图6-40

6.3.3 制作图片完整显现在九宫格中的效果

在下方两排九宫格的画面都展示完以后，让整张图片直接完整显示在九宫格内，具体操作方法如下。

（1）选中其中一个轨道的视频片段并复制，如图6-41所示。

（2）选中复制的视频片段，点击界面下方的“蒙版”按钮，如图6-42所示。

（3）选择“矩形”蒙版，放大蒙版的范围，显示整张图片，并使其覆盖九宫格，注意四周要留有九宫格的白色边框，如图6-43所示。

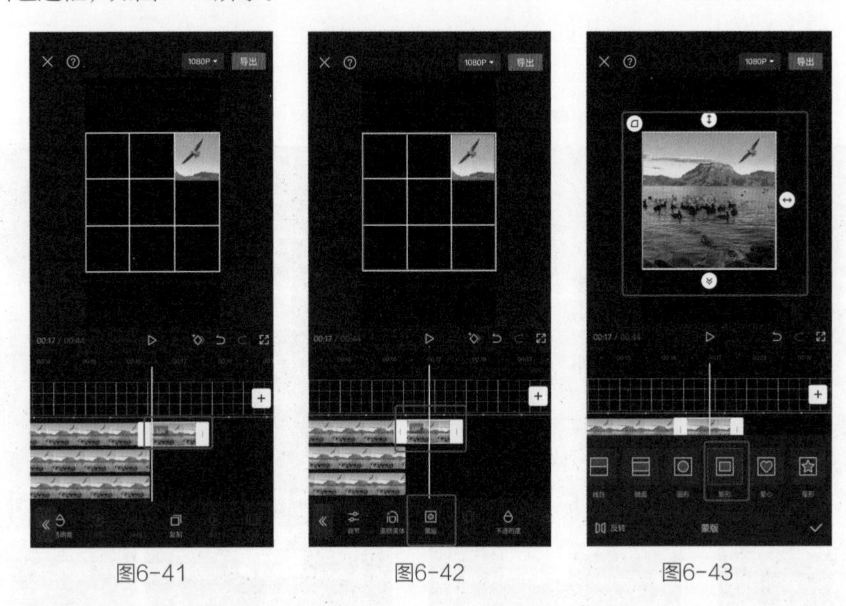

图6-41　图6-42　图6-43

（4）将该视频片段的“混合模式”设置为“滤色”，此时九宫格的“格子”就显示出来了，如图6-44所示。

（5）将该视频片段与下一个节拍点对齐，同时将主视频轨道中的九宫格素材的末尾也与之对齐，如图6-45所示。

（6）选中背景音乐，将其末尾与主视频轨道素材的末尾对齐，如图6-46所示。至此，视频内容就基本制作完成了。

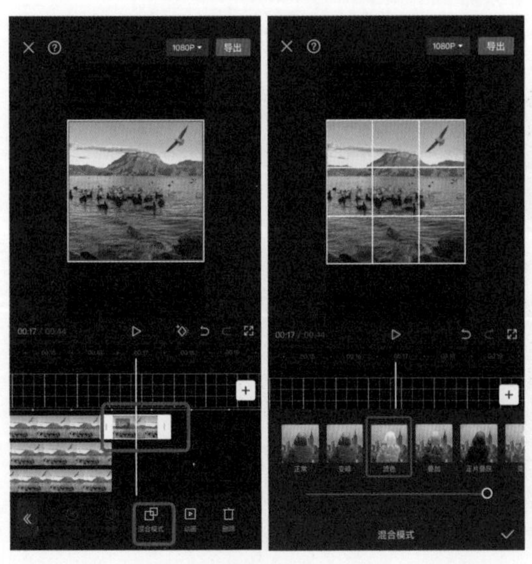

图6-44

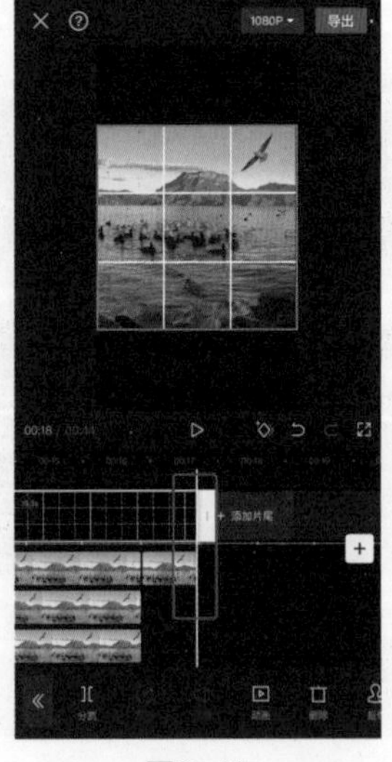

图6-45

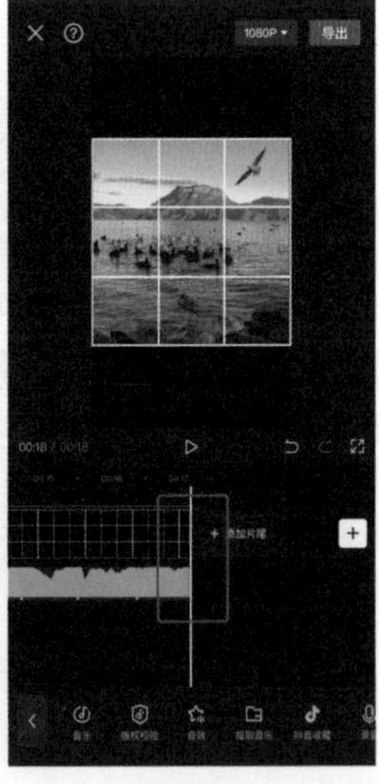

图6-46

6.3.4 美化

接下来为视频添加合适的转场、动画、特效等，让画面效果更丰富，变化更多样，具体操作方法如下。

（1）在第一张图片素材与九宫格素材之间添加“运镜”分类下的“向左”效果，如图6-47所示。

（2）选中第一张图片素材，点击界面下方的“动画”按钮，为其添加“入场动画”中的“向右甩入”动画，如图6-48所示。

（3）为每一个需要实现九宫格闪现效果的画中画轨道中的片段增加一个入场动画效果，并将动画时长设置到最大值，如图6-49所示。

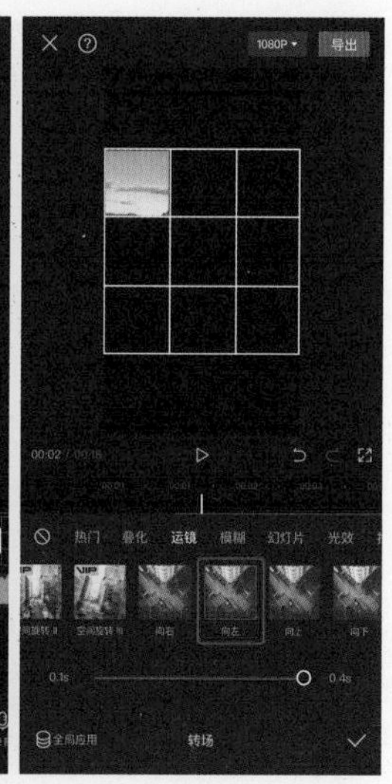

图6-47

图6-48

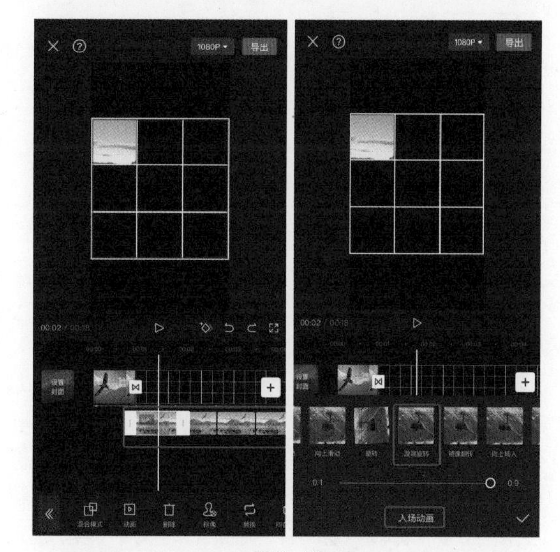

图6-49

6.3.5 制作动态片尾

（1）添加片尾，点击“文本 > 新建文本”按钮，输入“记录美好生活”，调整其大小，并将其放置在片尾，如图6-50所示。

（2）美化文字，选中文字素材，切换到“花字”选项卡，选择合适的效果，如图6-51所示。

（3）点击“动画”按钮，为文字素材添加“逐字翻转”入场动画效果。添加的“逐字旋转”出场动画效果，如图6-52所示。

图6-50

图6-51

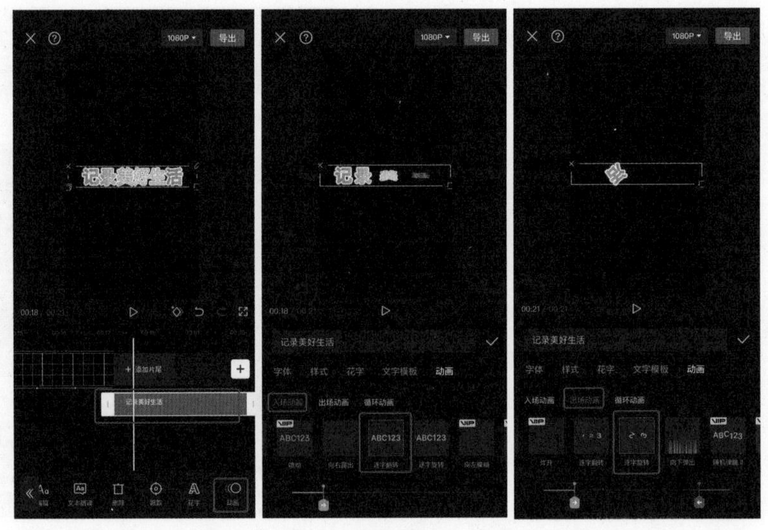

图6-52

6.4 实战：趣味图文短视频

资源位置 ▶

素材位置 素材文件>第6章>6.4实战：趣味图文短视频

视频位置 视频文件>第6章>6.4实战：趣味图文短视频.mp4

技术掌握 文字遮罩技术

微课视频

在前期拍摄时，如果没有为后期剪辑打下制作酷炫转场效果的基础，又不想仅局限于剪映提供的“一键转场”，那么通过视频后期处理技术，可以制作出一些比较震撼的转场效果。本实战将介绍文字遮罩转场效果的制作方法。在这种转场效果中，画面中的文字逐渐放大，直至填充整个画面。由于“文字内”是另一个视频片段的场景，所以就实现了两个画面间的转换，最终效果如图6-53所示。

设计思路

（1）设置遮罩转场效果。

（2）制作画中画。

（3）画面润饰。

效果视频

图6-53

6.4.1 让文字逐渐放大至填充整个画面

首先确定画面中用来遮罩转场的文字，然后制作让文字出现逐渐放大至填充整个画面的效果，具体操作方法如下。

（1）导入一张纯绿色的图片，并将比例调整为“16：9”，如图6-54所示。

（2）整个文字遮罩转场效果需要持续多长时间，就将该绿色图片的时长设置为多长。在本实战中，将其时长设置为6s，如图6-55所示。

（3）添加用来遮罩转场的文字，一般为该视频的标题，并将该文字设置为红色，如图6-56所示。

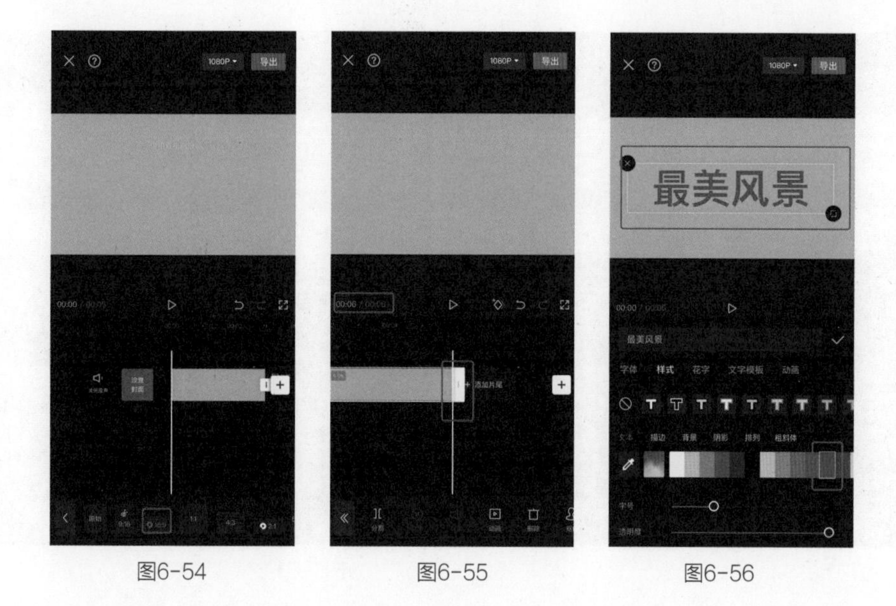

图6-54　　图6-55　　图6-56

（4）将时间轴移动到轨道最左侧，并将文字素材与绿色图片素材的开始位置对齐，延长文字素材时长至6s，点击“关键帧”按钮添加关键帧，如图6-57所示。

（5）在3s位置再添加一个关键帧，并在此关键帧处将文字放大至图6-58所示的状态。

（6）将时间轴移动到素材轨道末尾，添加一个关键帧，在该关键帧处将文字继续放大，直至红色充满整个画面，如图6-59所示。点击右上角的“导出”按钮，将其保存在相册中。注意删除剪映默认的片尾。

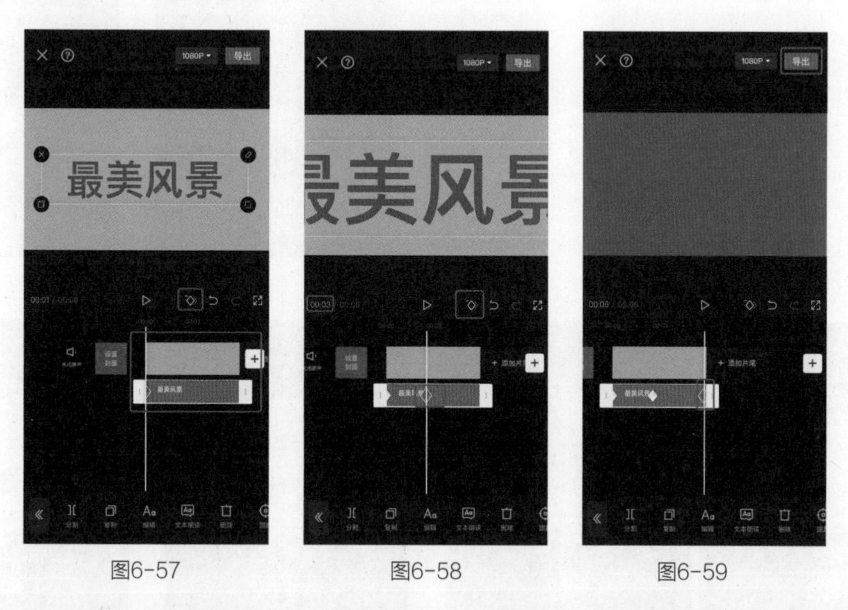

图6-57　　图6-58　　图6-59

6.4.2 让文字出现在画面

既然要制作转场效果，就必然有两个视频片段。接下来让文字中出现转场后的画面。

（1）导入转场后的视频素材，如图6-60所示。

（2）点击界面下方的“调节”按钮，并提高“光感”数值，让画面更明亮，然后调节比例至“16：9”，如图6-61所示。之所以进行这一步处理，是因为在该效果中，只有使文字内的画面与文字外的画面有一定的明暗对比，效果才会更出彩。此处提高画面亮度就是为了增强与转场前画面的明暗反差。

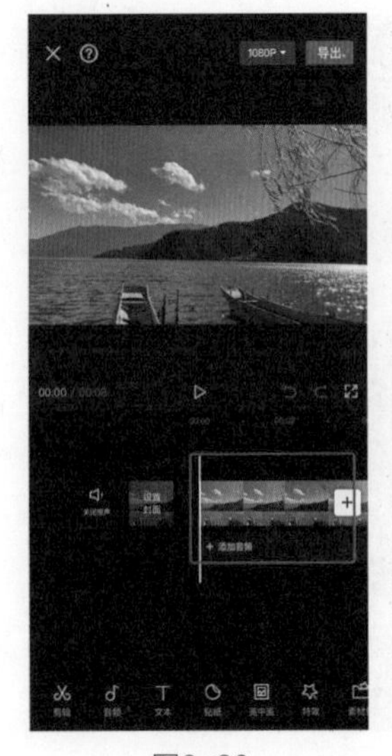

图6-60

图6-61

（3）点击界面下方的“画中画”按钮，继续点击“新增画中画”按钮，将之前制作好的文字视频导入剪映，如图6-62所示。注意：此处导入的视频应删除剪映默认的片尾。

（4）调整绿色背景文字素材大小，使其充满整个画面，如图6-63所示。

（5）选中文字素材，点击界面下方的“抠像>色度抠图”按钮，如图6-64所示。

（6）将取色器移动到红色文字范围，提高“强度”数值，将红色的文字抠掉，从而使文字中出现转场后的画面，如图6-65所示。

（7）点击界面右上角的“导出”按钮，如图6-66所示，将该视频保存至相册中。注意剪映默认的片尾不需要，请删除。

图6-62

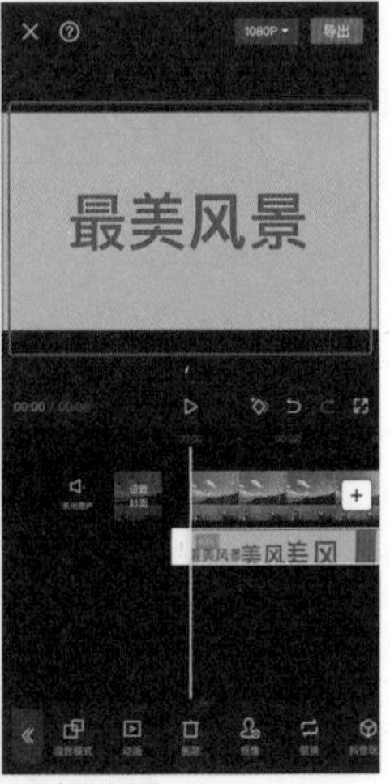

图6-63

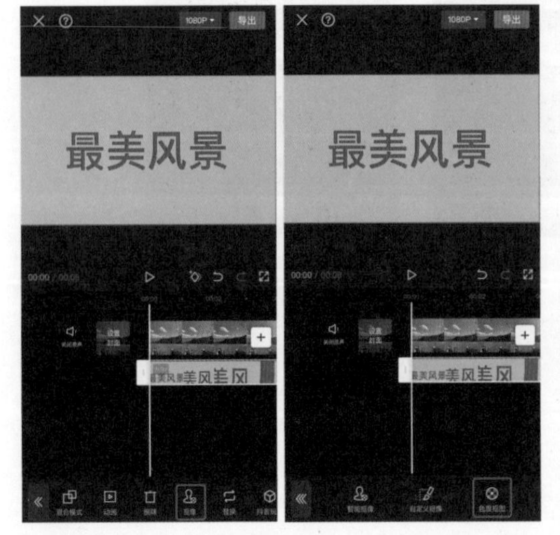

图6-64

图6-65

图6-66

6.4.3 呈现文字遮罩转场效果

可以将之前的两个步骤看成制作素材，接下来制作文字遮罩转场效果，具体方法如下。

（1）将转场前的视频素材导入剪映，如图6-67所示。

（2）点击界面下方的“比例”按钮，选择“16：9”，并使素材填充整个画面，如图6-68所示。

（3）将6.4.2小节制作好的视频素材以画中画的形式导入剪映中，并调整大小，使其填充整个画面，如图6-69所示。

图6-67　　图6-68　　图6-69

（4）选择画中画轨道素材，点击界面下方的“抠像>色度抠图”按钮，并将取色器移动到绿色区域，如图6-70所示。

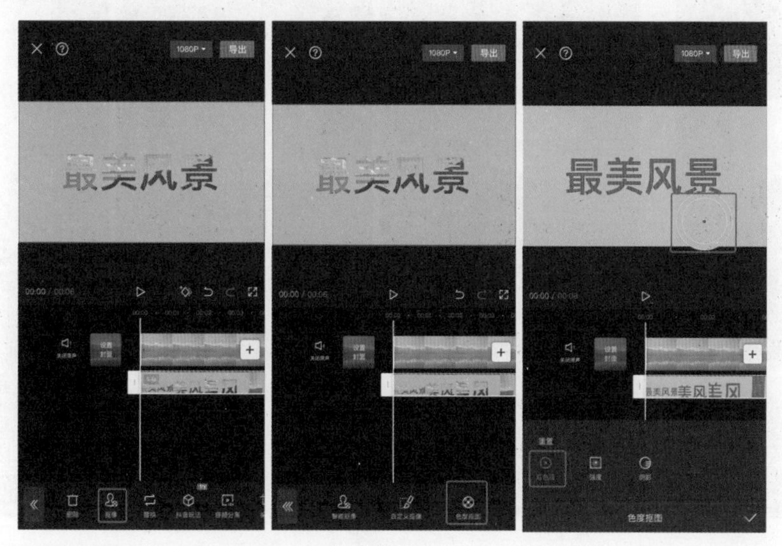

图6-70

（5）提高“强度”数值，即可将绿色区域完全抠掉，完成文字遮罩转场效果，从而显示出转场前的画面，如图6-71所示。

（6）将画中画轨道素材的时间轴拖至主视频末尾，将主视频轨道与画中画轨道素材的长度统一，如图6-72所示。此处只需保证主视频轨道素材不比画中画轨道素材长即可。

图6-71

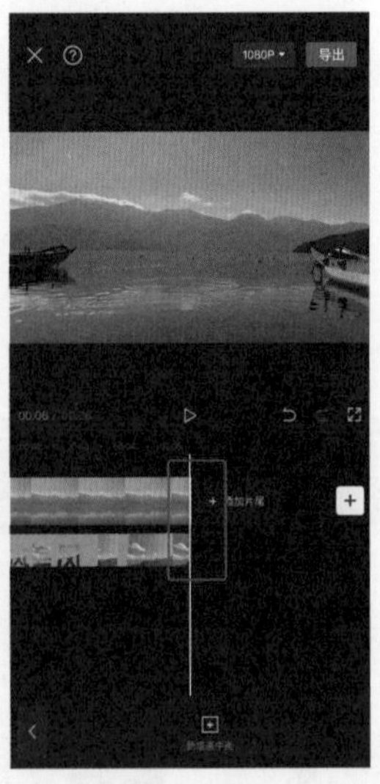
图6-72

6.4.4 对画面效果进行润饰

接下来对该效果进行润饰，使其在16：9的比例下呈现出更佳的效果。操作方法如下。

（1）将之前制作好的视频再次导入剪映，并将其比例调整为“9：16”，从而更适合在抖音平台发布，如图6-73所示。

（2）点击界面下方的“背景”按钮，再点击“画布模糊”按钮，选择添加一种画布模糊背景效果，如图6-74所示。

图6-73

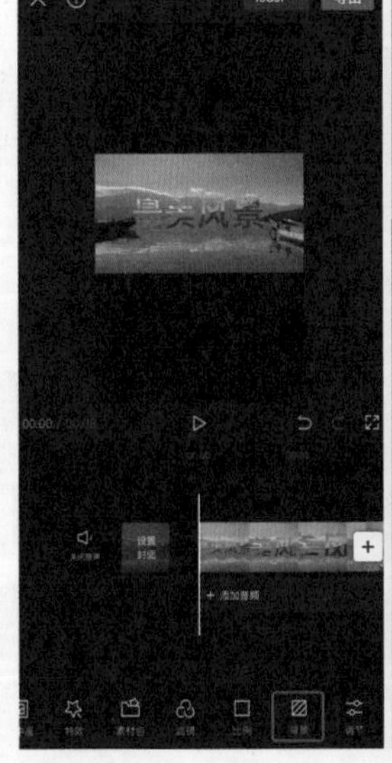
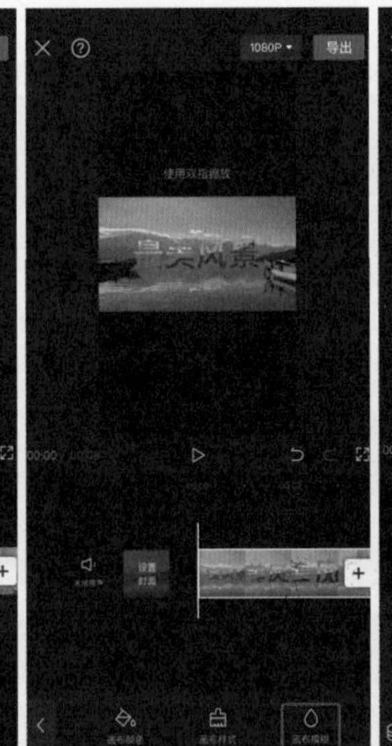
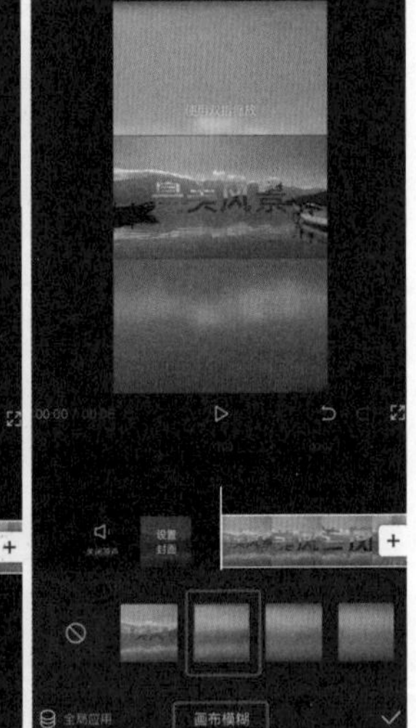
图6-74

（3）点击界面下方的“音频”按钮，添加背景音乐，此处选择“旅行”分类下的“夏日畅泳”音乐，如图6-75所示。

（4）删除多余音乐，如图6-76所示，再删除片尾，最后点击“导出”按钮即可。

至此，文字遮罩转场效果就制作完成了。

图6-75

图6-76

 6.5 本章小结

本章讲解的是图文类短视频的制作，重点讲解文字、视频的结合操作及部分效果的制作。

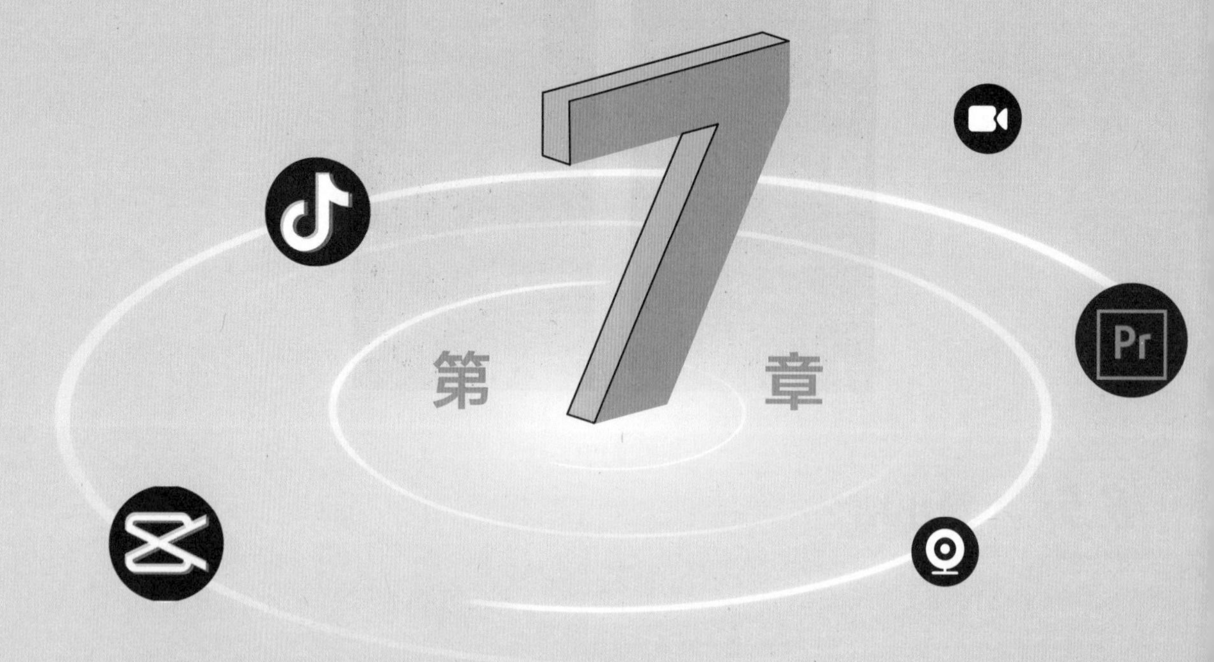

第7章 主题类短视频实战

本章导读

本章将结合前几章所学的短视频剪辑方法及技巧，利用剪映 App 制作当下比较热门且实用的 4 种类型的短视频，包括新年短视频、城市风景宣传片、电商宣传短视频、情人节短视频。

学习要点

- 实战：新年短视频
- 实战：城市风景宣传片
- 实战：电商宣传短视频
- 实战：情人节短视频

7.1 实战：新年短视频

资源位置 ▶

素材位置　素材文件>第7章>7.1实战：新年短视频
视频位置　视频文件>第7章>7.1实战：新年短视频.mp4
技术掌握　添加视频效果、制作片头字幕

微课视频

本实战讲解新年短视频的制作，制作中注意添加视频效果、制作视频背景、制作片头字幕、添加滤镜等要点，示例效果如图7-1所示。

设计思路

（1）添加视频效果。
（2）制作视频背景。
（3）制作片头字幕。
（4）添加背景音乐。
（5）添加滤镜效果。

效果视频

图7-1

7.1.1 添加变速效果和转场效果

（1）打开剪映App，在主界面中点击“开始创作”按钮，进入素材添加界面，依次选择相关素材中的“视频素材1.mp4”～“视频素材8.mp4”，点击“添加”按钮，如图7-2所示，将8个视频素材片段添加到视频项目中。

（2）进入视频编辑界面，选中第1段视频素材，点击“变速”按钮，如图7-3所示。

图7-2

图7-3

（3）点击“曲线变速”按钮，打开列表后，选择“蒙太奇”选项，如图7-4所示，完成后点击“确定”按钮。

（4）按照上述方法，分别对剩下的7段视频素材进行相同的变速处理，处理完成后的素材情况如图7-5所示。

（5）点击第1段和第2段视频素材之间的“转场”按钮，打开转场列表，选择“闪黑”转场效果，将转场时长调整为“0.5s”，并点击“应用”按钮，将该转场效果应用到所有视频片段之间，完成后点击“确定”按钮，如图7-6所示。

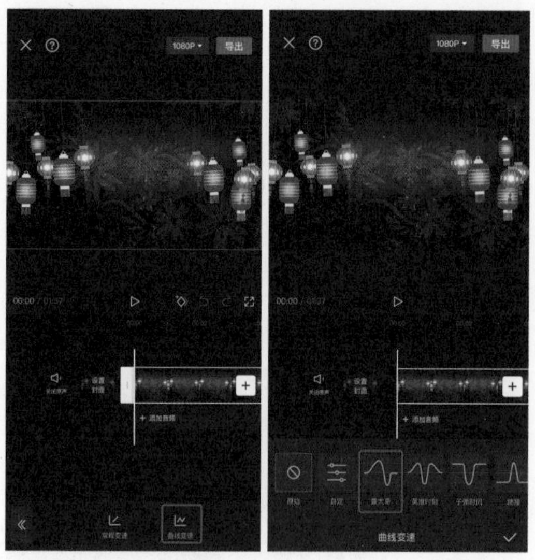

图7-4

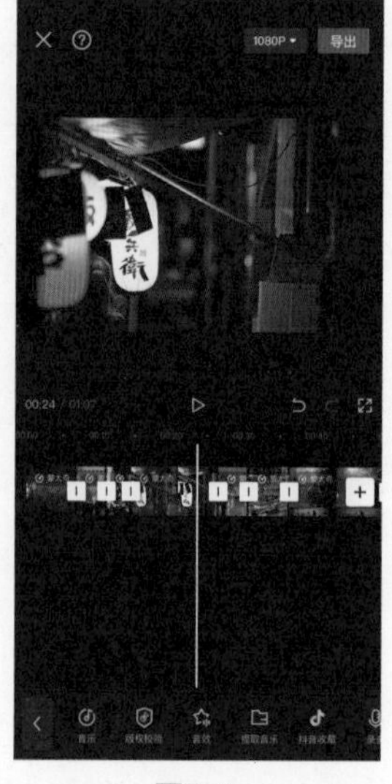

图7-5

图7-6

7.1.2 制作视频背景

（1）将时间轴定位至视频素材的起始位置，点击底部工具栏中的“比例”按钮，然后选择“9：16”，如图7-7所示。

（2）返回上一级功能列表，点击界面下方的“背景”按钮，如图7-8所示。

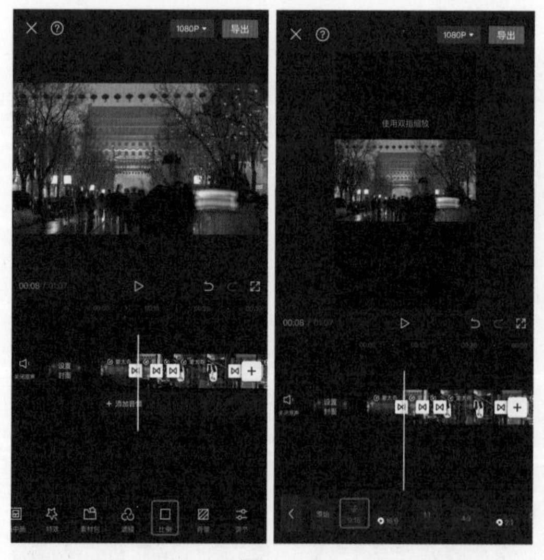

图7-7

图7-8

（3）点击“画布样式”按钮，如图7-9所示，选择图7-10所示的画布样式，点击“全局应用”按钮，为其余7段视频素材添加相同的画布样式，完成后点击“确定”按钮。

（4）点击“导出”按钮，如图7-11所示。

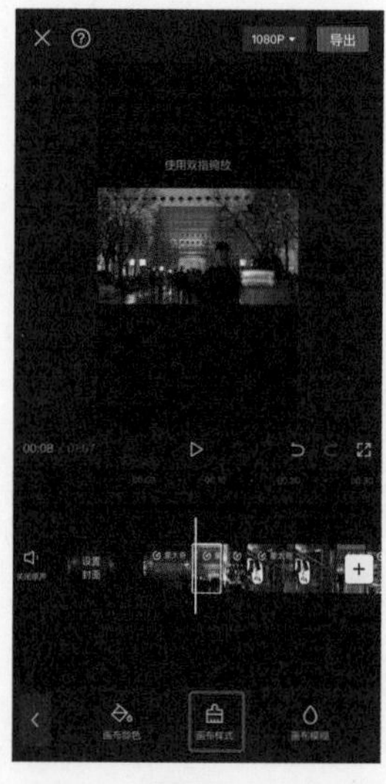
图7-9

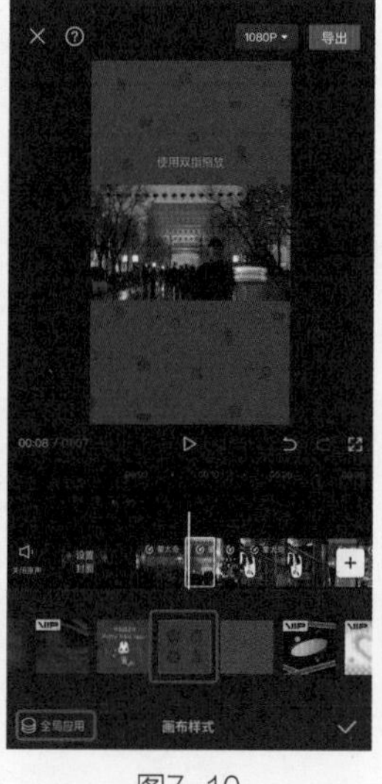
图7-10

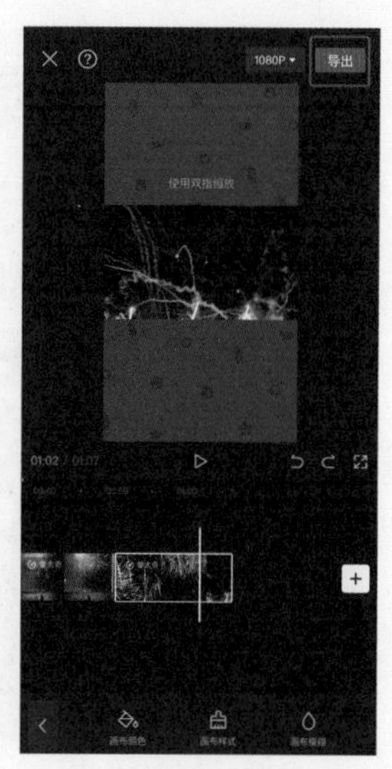
图7-11

7.1.3 制作片头字幕

（1）打开剪映App，点击“开始创作”按钮，在素材库添加透明图片，时长调整为6s，如图7-12所示。

（2）点击界面下方的“背景>画布颜色”按钮，选择“绿色”，如图7-13所示，点击“确定”按钮。

图7-12

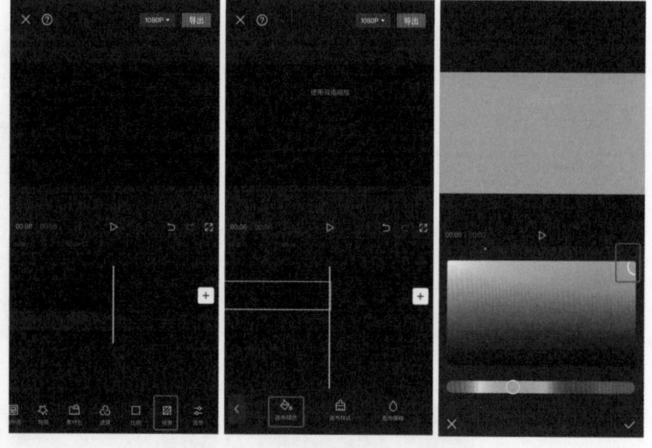
图7-13

（3）点击“文本>新建文本”按钮，输入文字“新年快乐”，选择图7-14所示的花字样式。文本颜色选择“红色”，点击“动画”按钮，添加“弹入”入场动画效果，时长为2s，并适当放大文字，结尾处对齐，延长至6s，并点击“导出”按钮，如图7-15所示。

（4）重新导入之前制作好的视频素材，点击界面下方的“画中画>新增画中画”按钮，添加刚才制作好的文字视频素材，并调整大小，如图7-16所示。

（5）点击界面下方的“抠像”按钮，再点击“色度抠图”按钮，将取色器移动到绿色区域，适当调整“强度”和“阴影”参数，如图7-17所示。

（6）在文字素材2s处添加一个关键帧，先点击“蒙版>矩形蒙版”按钮，再点击“反转”按钮，调整蒙版位置，如图7-18所示。

（7）将时间轴移动至文字素材5s处，将蒙版扩大，如图7-19所示。

（8）在文字素材2s处新建文本“2022再见2023你好”，文本颜色选择“白色”，点击“动画”按钮，添加“逐字旋转”入场动画效果，时长为2.5s，并适当调整文字大小，如图7-20所示。

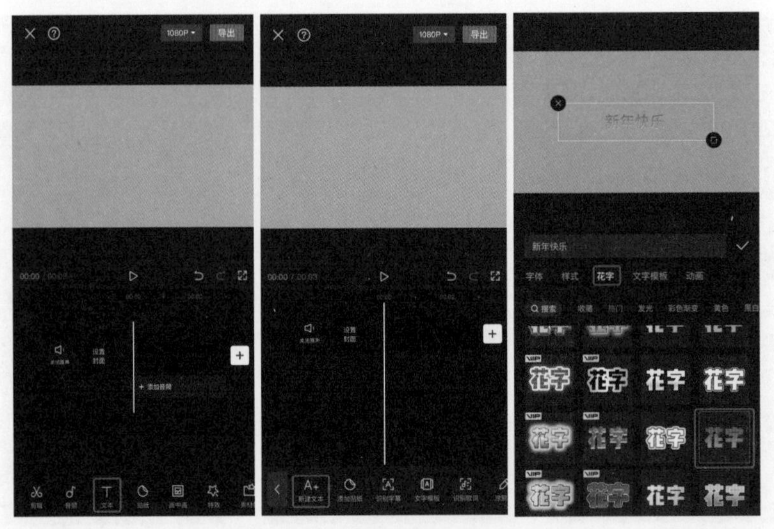

图7-14

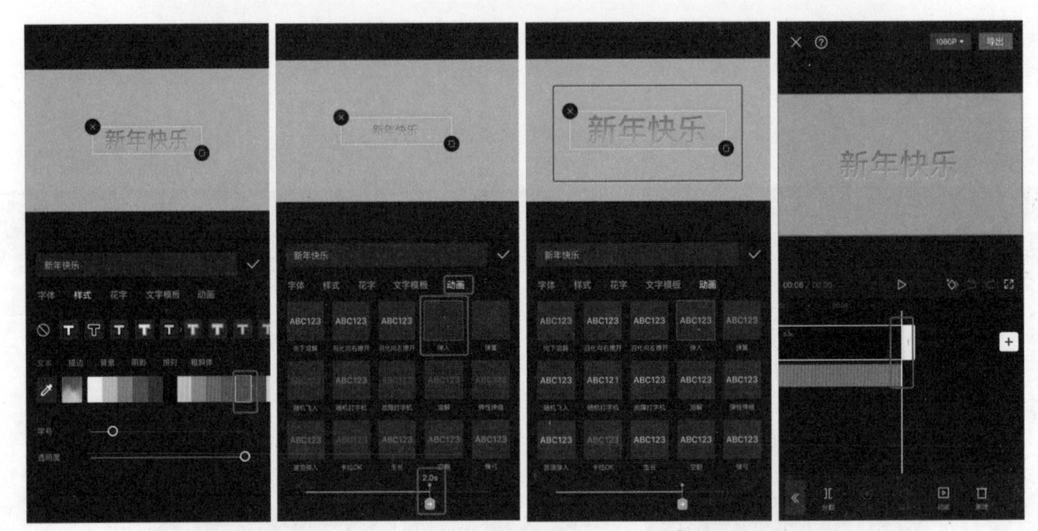

图7-15

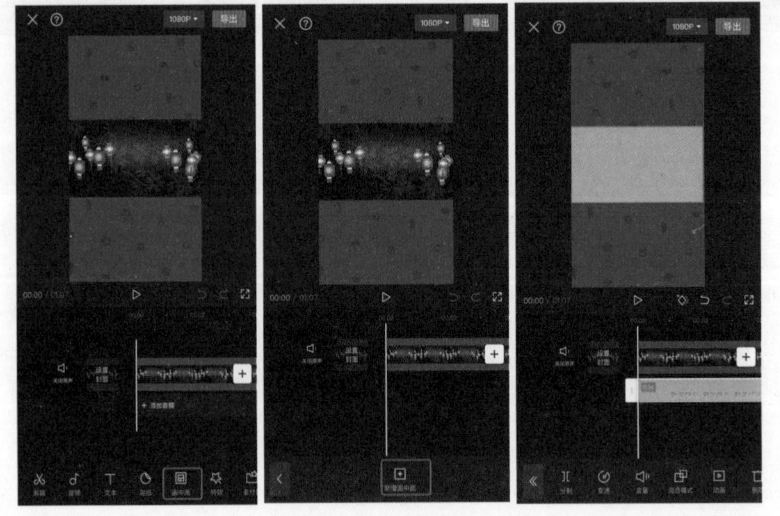

图7-16

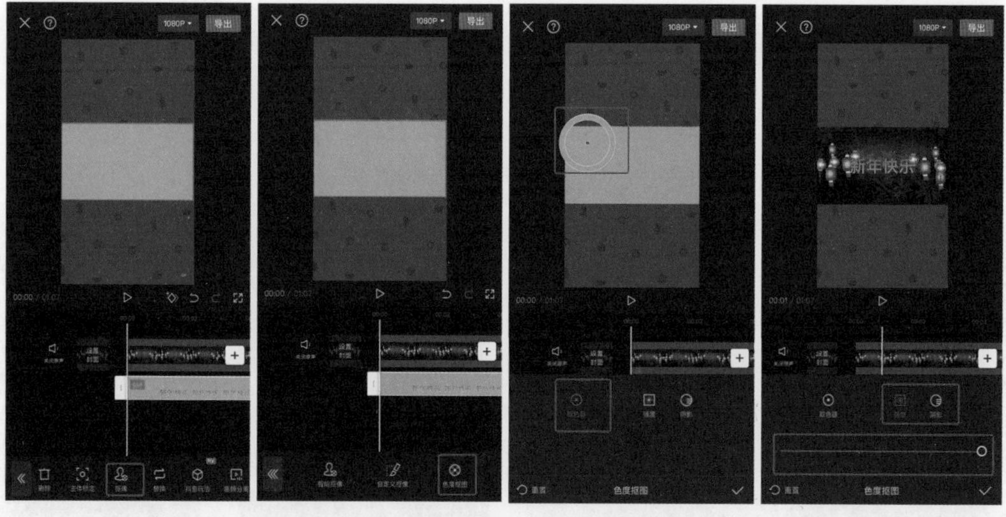

图7-17

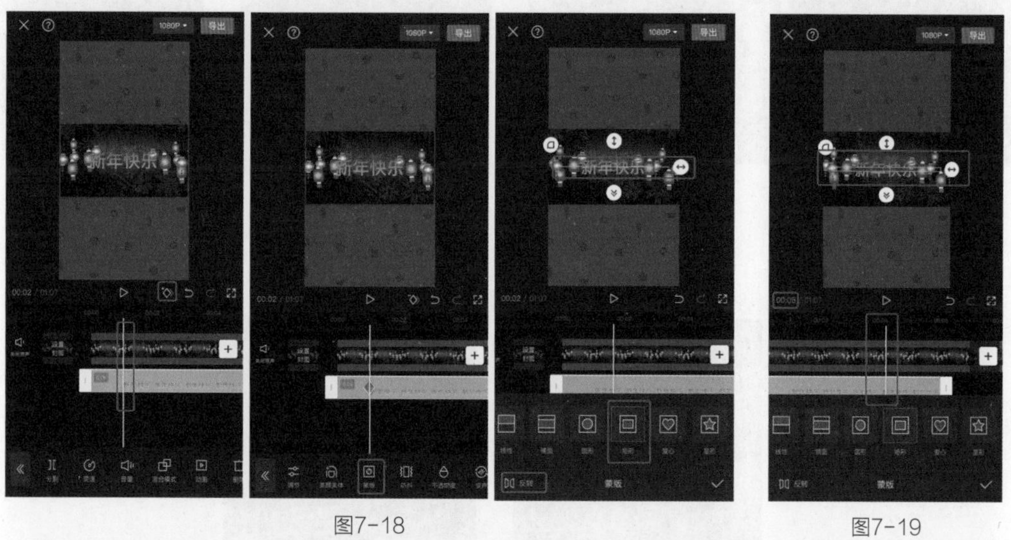

图7-18

图7-19

图7-20

7.1.4 添加背景音乐

（1）点击界面下方的“音频>音乐”按钮，如图7-21所示。

（2）挑选合适的音频，点击“使用”按钮，如图7-22所示。

（3）将时间轴定位至视频素材的结束位置，选中音乐素材，点击“分割”按钮，如图7-23所示。

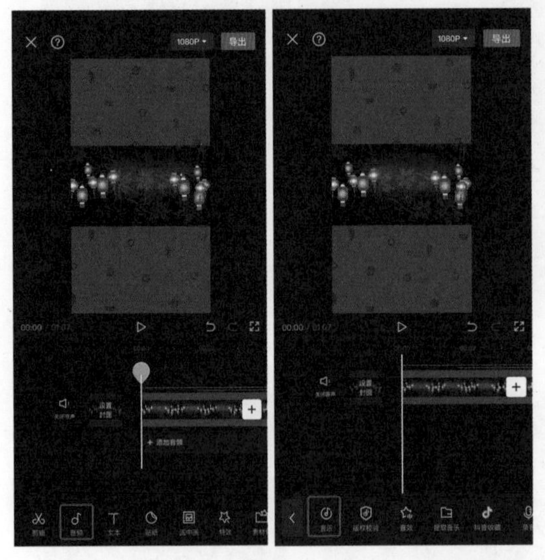

图7-21

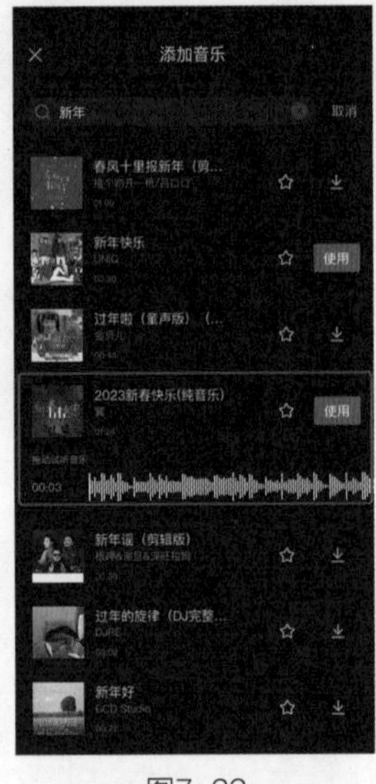

图7-22

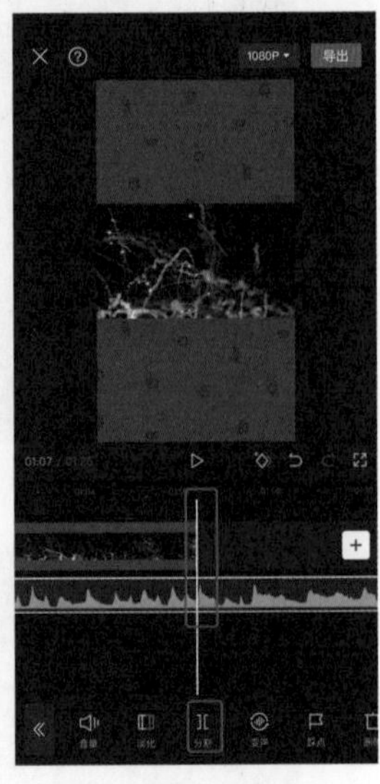

图7-23

（4）将音乐素材分为两段后，选择图7-24所示的片段，点击“删除”按钮，将多余部分删除，使音乐素材尾部与视频素材尾部保持一致，如图7-25所示。

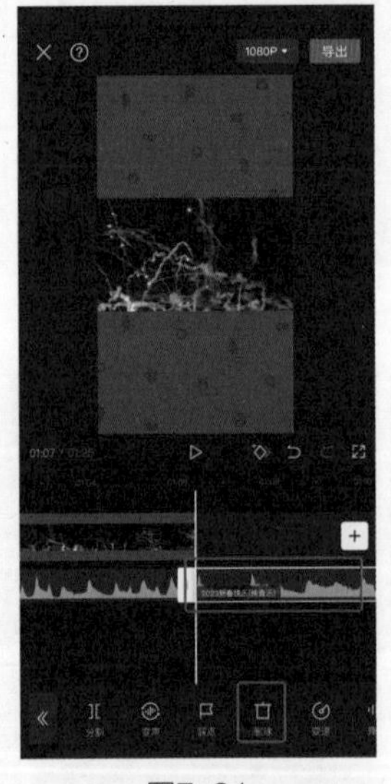

图7-24

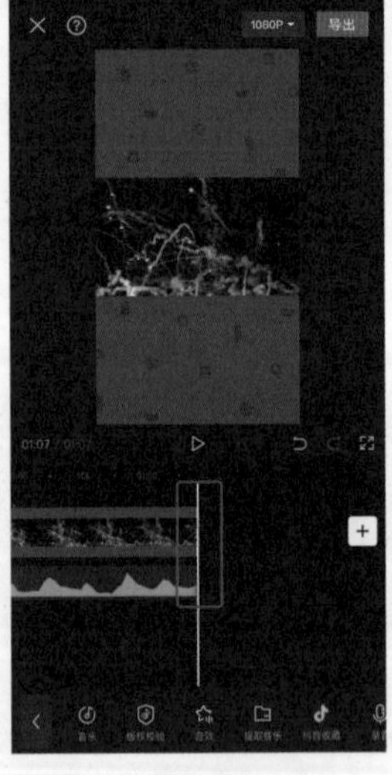

图7-25

7.1.5 添加滤镜效果

（1）将时间轴定位至视频素材开始位置，点击界面下方的“滤镜”按钮，在滤镜列表中选择“喜市”滤镜效果，如图7-26所示。

（2）检查滤镜效果的时长，使其时长与视频素材的一致，如图7-27所示，完成以上操作，点击“导出”按钮。

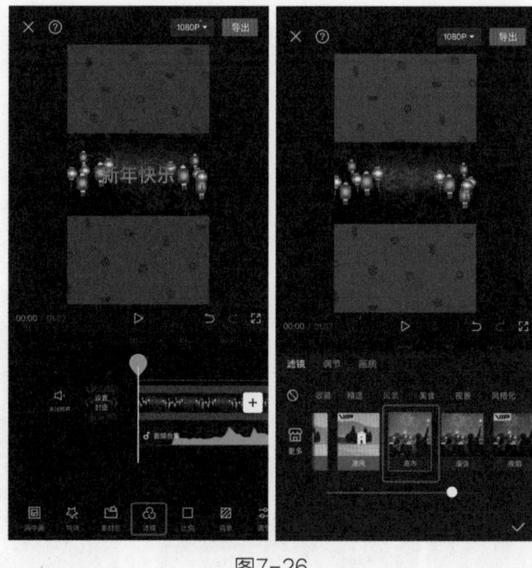

图7-26

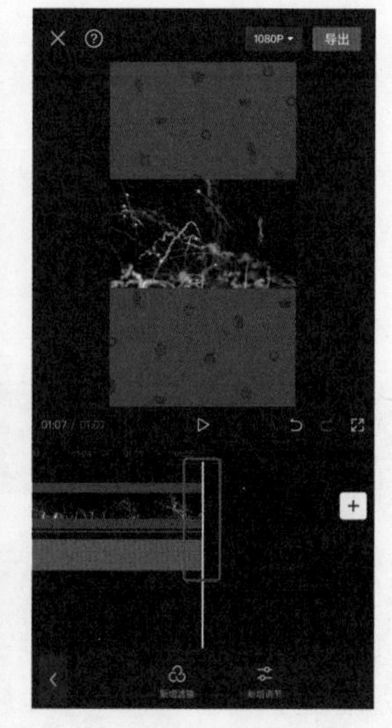

图7-27

7.2 实战：城市风景宣传片

资源位置 ▶

素材位置　素材文件>第7章>7.2实战：城市风景宣传片
视频位置　视频文件>第7章>7.2实战：城市风景宣传片.mp4
技术掌握　音乐节奏点、效果的添加

微课视频

本实战讲解城市风景宣传片的制作，在制作中注意音乐节奏点、效果的添加等要点，示例效果如图7-28所示。

图7-28

效果视频

设计思路

（1）添加音乐。
（2）调整视频时长。
（3）添加转场效果。
（4）添加动画效果。
（5）添加特效。

7.2.1 添加音乐

（1）打开剪映App，在主界面中点击“开始创作”按钮，进入素材添加界面，依次选择相关素材中的“视频素材1.mp4”～“视频素材10.mp4”，点击“添加”按钮，如图7-29所示，将10个视频素材添加到视频项目中。

（2）将时间轴定位至视频素材的起始位置，点击界面下方的“音频>音乐”按钮，如图7-30所示。

（3）选择合适的背景音乐，点击“使用”按钮，如图7-31所示。

图7-29

图7-30

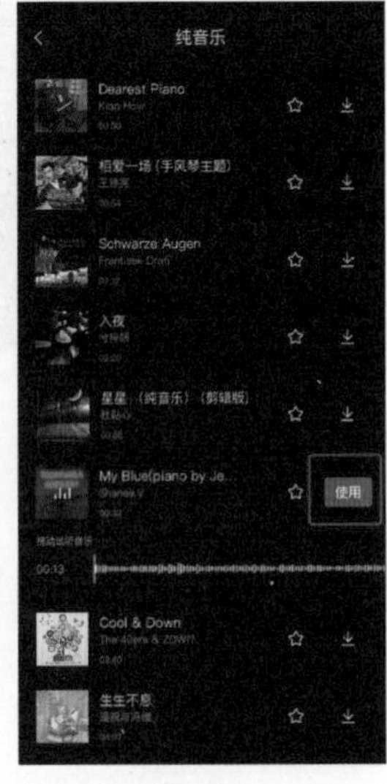

图7-31

（4）选中音乐素材，点击“踩点”按钮，进入踩点界面后，打开“自动踩点”，并选择“踩节拍Ⅰ”选项，完成后点击“确定”按钮，如图7-32所示。

（5）将时间轴定位至第10个节拍点所处的位置，选中音乐素材，点击“分割”按钮，如图7-33所示。

图7-32

图7-33

（6）将音乐素材分为两段后，选择图7-34所示的部分，点击“删除”按钮，将多余的部分删除，如图7-35所示。

图7-34

图7-35

7.2.2 调整视频时长

（1）在轨道中，双指向左右方向滑动，将轨道区域放大，便于观察节拍点所处的位置，如图7-36所示。

（2）将时间轴定位至第1个节拍点所处的位置，并选中第1段视频素材，向左拖动视频素材白色边框的右侧，缩短视频素材的时长，效果如图7-37所示。

（3）采用上述同样的方法，对剩余的9段视频素材进行同样的处理（使视频素材与节拍点对应），并使视频的整体时长与音乐素材的时长保持一致，如图7-38所示。

图7-36

图7-37

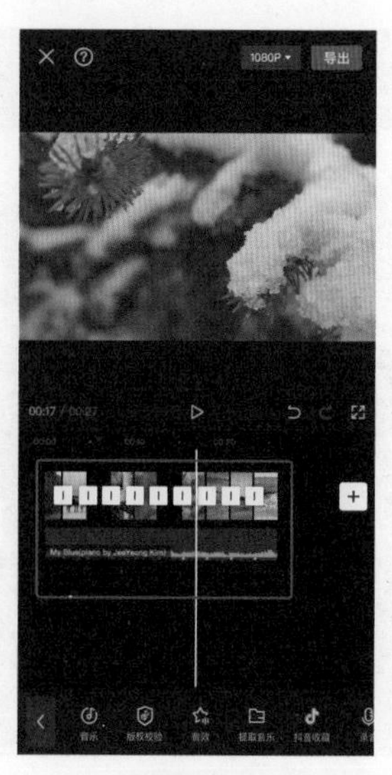

图7-38

7.2.3 添加转场效果

（1）点击第1段和第2段视频素材之间的“转场”按钮，打开列表后，选择“亮点模糊”转场效果，并将转场时长调整为“0.2s”，如图7-39所示。

（2）点击“全局应用”按钮，将该转场特效应用到每个视频片段之间，完成后点击“确定”按钮，如图7-40所示。

图7-39

图7-40

7.2.4 添加动画效果

（1）将时间轴定位至视频素材的起始位置，点击界面下方的“剪辑>动画”按钮，如图7-41所示。

（2）选择“入场动画”下的“渐显”动画效果，并将动画时长调整为“0.1s”，完成后点击“确定”按钮，如图7-42所示。

（3）将时间轴定位至视频素材的结束位置，先点击界面下方的“剪辑>动画”按钮，再选择“出场动画”下的“渐隐”动画效果，并将动画时长调整为“0.1s”，完成后点击“确定”按钮，如图7-43所示。

图7-41

图7-42

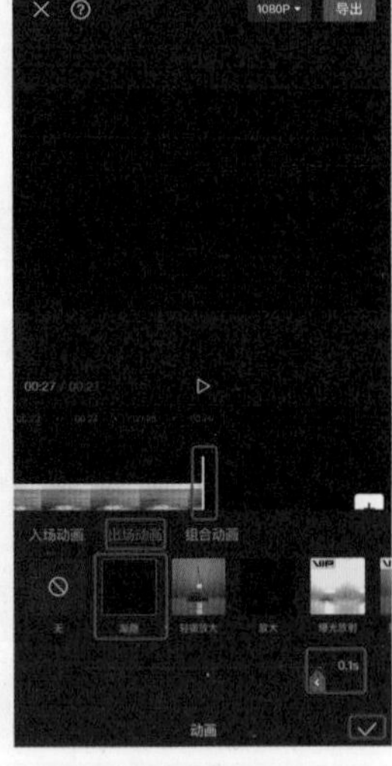

图7-43

7.2.5 添加特效

（1）将时间轴定位至视频素材的起始位置，点击界面下方的“特效>画面特效”按钮，选择“电影”中的“电影感”特效，完成后点击“确定”按钮，如图7-44所示。

（2）选中特效素材，向右拖动特效素材白色边框的右侧，延长特效素材的时长，使特效素材的时长与视频素材的时长保持一致，如图7-45所示。

（3）完成上述操作后，点击“导出”按钮，如图7-46所示，将视频保存至本地相册。

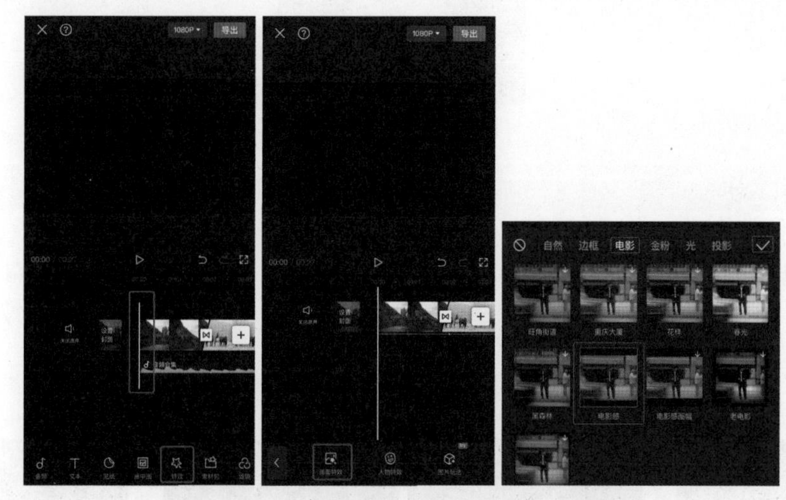

图7-44

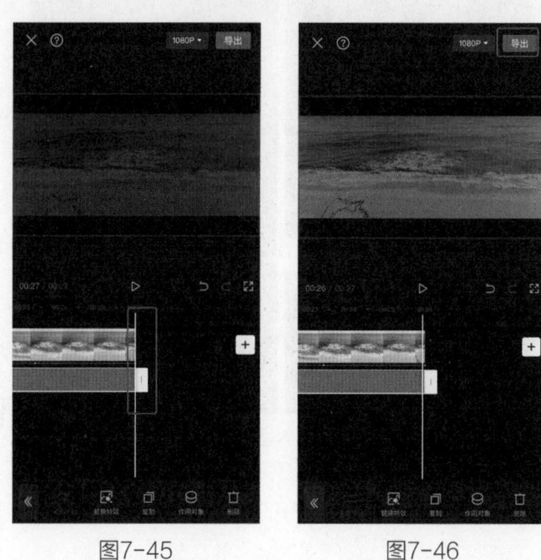

图7-45　　　　图7-46

7.3 实战：电商宣传短视频

资源位置

素材位置　素材文件>第7章>7.3实战：电商宣传短视频

视频位置　视频文件>第7章>7.3实战：电商宣传短视频.mp4

技术掌握　添加音乐、调整视频时长、制作片尾、添加贴纸、添加字幕、添加动画效果

微课视频

本实战讲解电商宣传短视频的制作，在制作中注意添加音乐、调整视频时长、制作片尾、添加贴纸、添加字幕、添加动画效果等要点，示例效果如图7-47所示。

设计思路

（1）添加音乐。

（2）调整视频时长。
（3）制作片尾。
（4）添加贴纸。
（5）添加字幕。
（6）添加动画效果。

图7-47

效果视频

7.3.1 添加音乐

（1）打开剪映App，在主界面中点击“开始创作”按钮，进入素材添加界面，依次选择相关素材中的“图片素材1.jpg”~“图片素材15.jpg”，点击“添加”按钮，如图7-48所示，将15张图片素材添加到视频项目中。

（2）将时间轴定位至视频素材的起始位置，点击页面下方的“音频>音乐”按钮，如图7-49所示。

（3）选择合适的音乐素材，点击“使用”按钮，将音乐素材添加到视频项目中，如图7-50所示。

图7-48

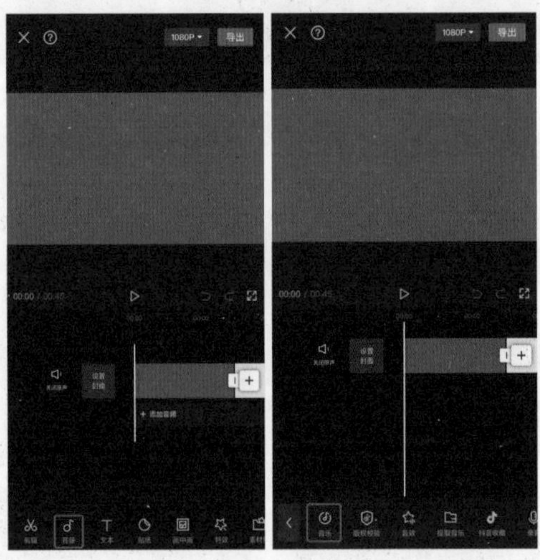

图7-49

图7-50

（4）选中音乐素材，点击“踩点”按钮，打开“自动踩点”，选择“踩节拍Ⅱ”，点击“确定”按钮，如图7-51所示。

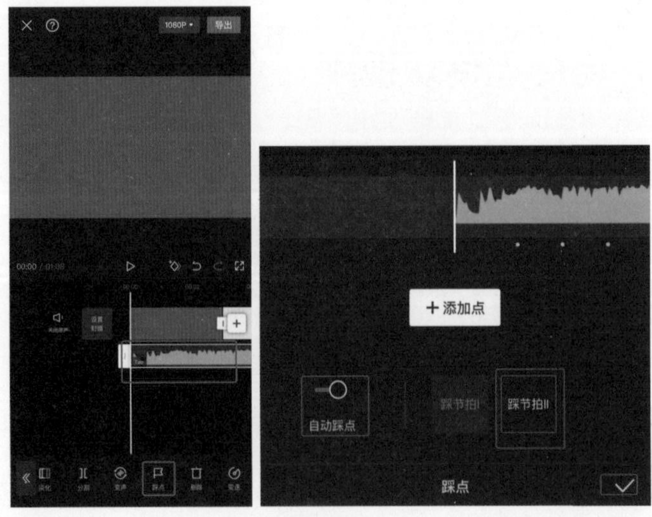

图7-51

7.3.2 调整视频时长

（1）双指向左右方向滑动，将轨道区域放大，便于观察节拍点所处位置，如图7-52所示。

（2）将时间轴定位至第1个节拍点所处的位置，选中第1段图片素材，向左拖动素材白色边框的右侧，缩短图片素材的时长，如图7-53所示。

（3）按照上述方法，对剩余图片素材进行同样的操作，使素材与节拍点一一对应，如图7-54所示。

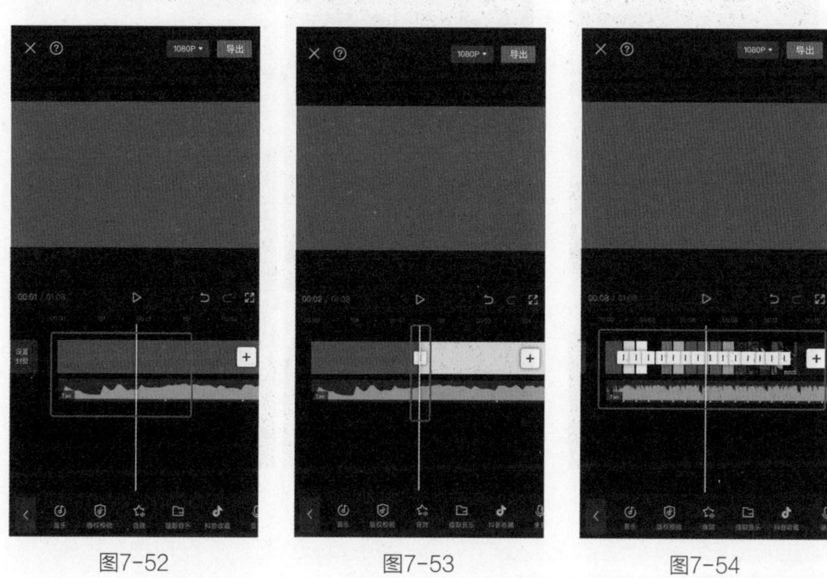

图7-52　　图7-53　　图7-54

7.3.3 制作片尾

（1）将时间轴定位至图7-55所示的位置，点击“添加素材”按钮。

（2）在素材库中选择白色场景，点击“添加”按钮，如图7-56所示，将其添加到视频项目中。

（3）选中白场素材，向左拖动素材白色边框的右侧，缩短白场素材的时长，使其与音频素材的第11个节拍点保持一致，删除多余的音频素材，如图7-57所示。

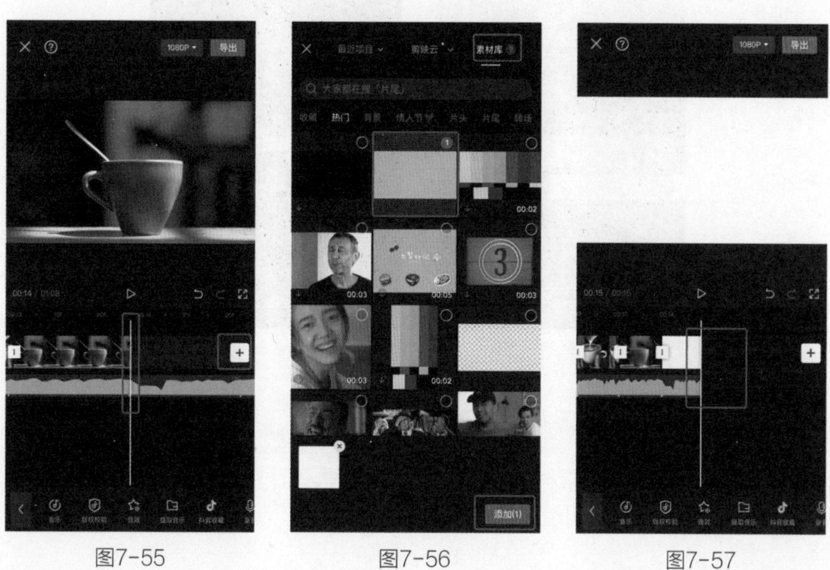

图7-55　　图7-56　　图7-57

7.3.4 添加贴纸

（1）将时间轴定位至起始位置，双指向左右方向滑动，将轨道区域放大，如图7-58所示。

（2）点击界面下方的“贴纸”按钮，在列表中选择一款贴纸，调整其位置、大小，如图7-59所示，完成后点击“确定”按钮。

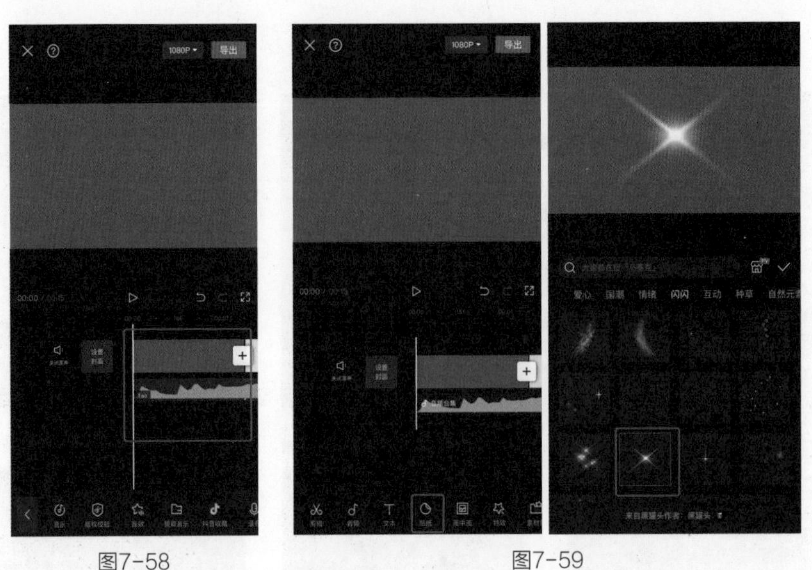

图7-58　　图7-59

（3）将时间轴定位至第1个节拍点所处的位置，选中贴纸素材，向左拖动贴纸素材白色边框的右侧，缩短贴纸素材的时长，如图7-60所示。

（4）按照上述方法，在部分图片素材中添加其他类型的贴纸，如图7-61所示。

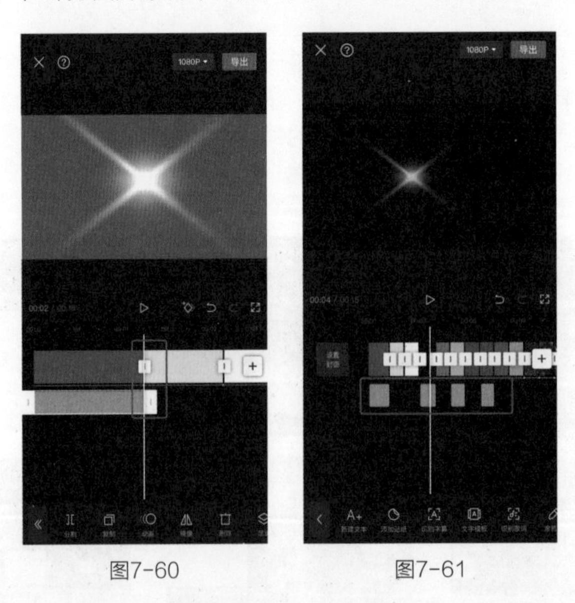

图7-60　　图7-61

7.3.5 添加字幕

（1）将时间轴定位至第1张图片素材的起始位置，点击界面下方的“文本”按钮，如图7-62所示。

（2）点击“新建文本”按钮，如图7-63所示。

（3）在文本框中输入“品牌节抢购来袭”，如图7-64所示。

（4）切换至“花字”选项卡，选择图7-65所示的样式，完成后点击“确定”按钮。

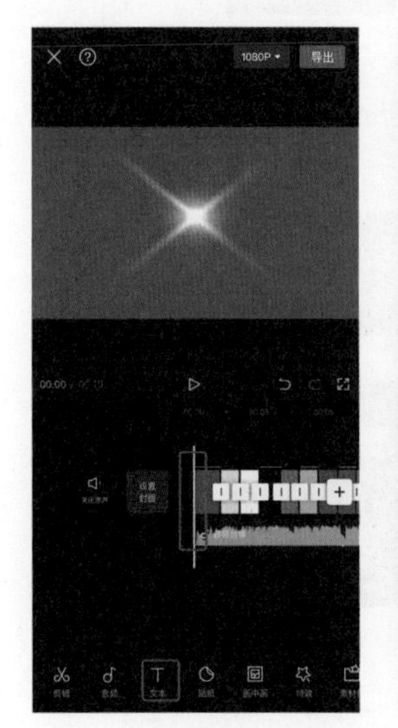

图7-62

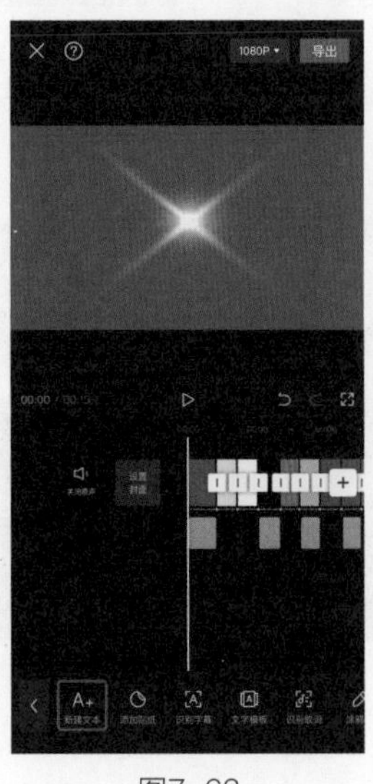

图7-63

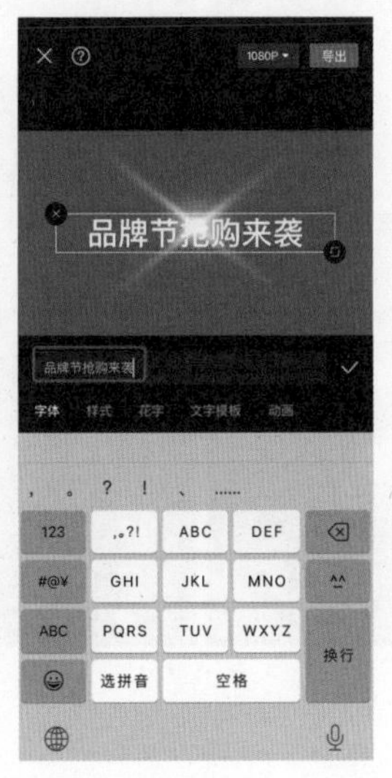

图7-64

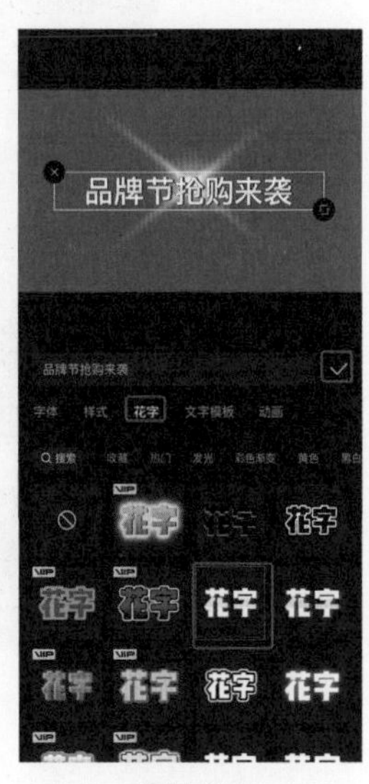

图7-65

（5）将时间轴定位至第1个节拍点所处的位置，选中第1段文字素材，向左拖动文字素材白色边框的右侧，缩短文字素材的时长，如图7-66所示。

（6）再次选中第1段文字素材，向右下角拖动“调整大小”按钮，将文字适度放大，如图7-67所示。

（7）按照上述方法，在“图片素材1.jpg”~“图片素材10.jpg”和片尾部分添加其他样式的字幕，如图7-68所示。

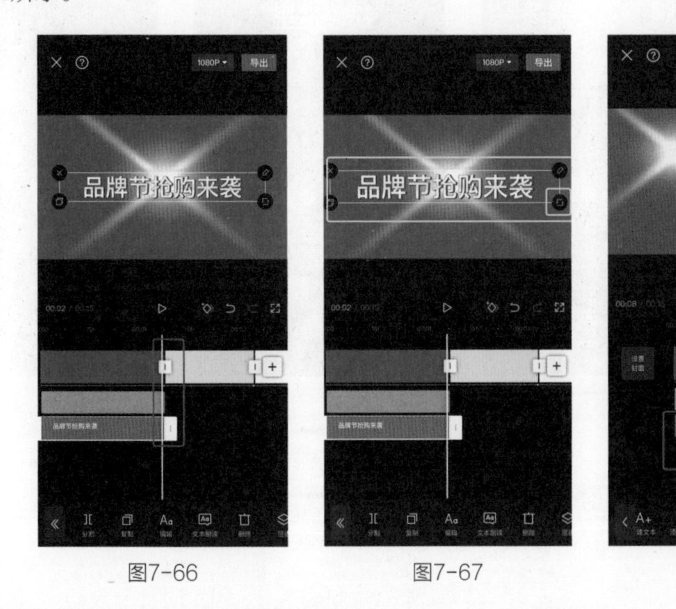

图7-66　　图7-67　　图7-68

7.3.6 添加动画效果

（1）选中第一段字幕素材，点击“动画”按钮，选择“开幕”效果，并将动画时长调整为“0.1s”，如图7-69所示，完成后点击“确定”按钮。

（2）按照上述方法，为其他字幕素材添加动画效果，如图7-70所示。

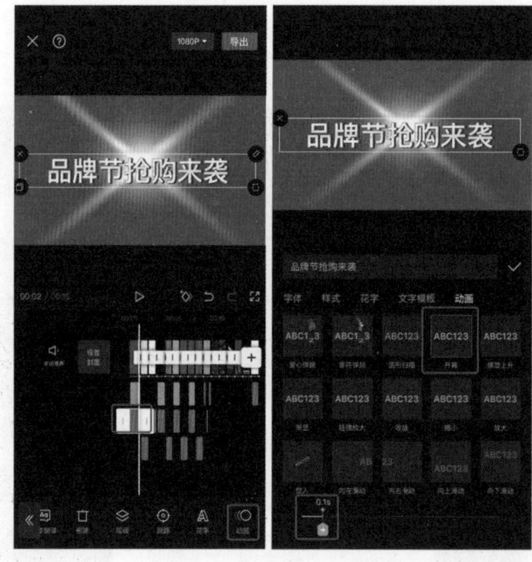

图7-69

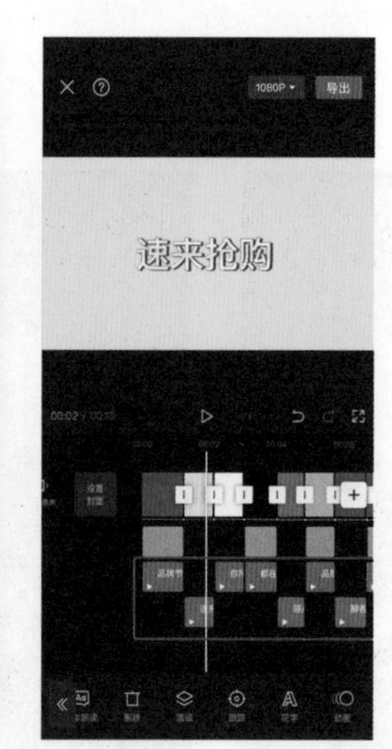

图7-70

（3）选中第一段贴纸素材，点击“动画”按钮，选择“入场动画”中的“渐显”效果，并将动画时长调整为“0.1s”，如图7-71所示，完成后点击“确定”按钮。

（4）按照上述方法，为其他贴纸素材添加动画效果，如图7-72所示。

（5）完成上述操作，点击界面右上角的“导出”按钮，如图7-73所示。

图7-71

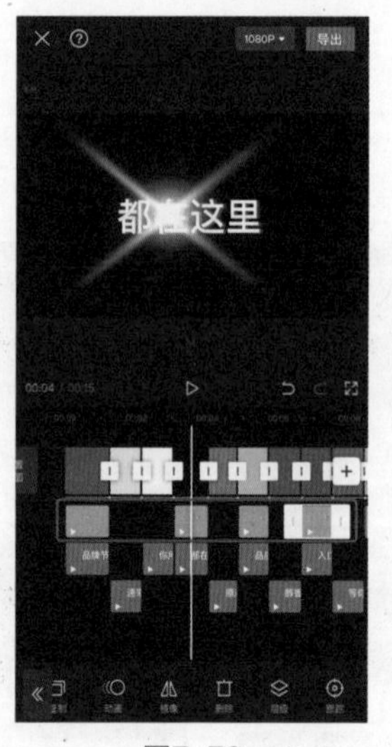

图7-72

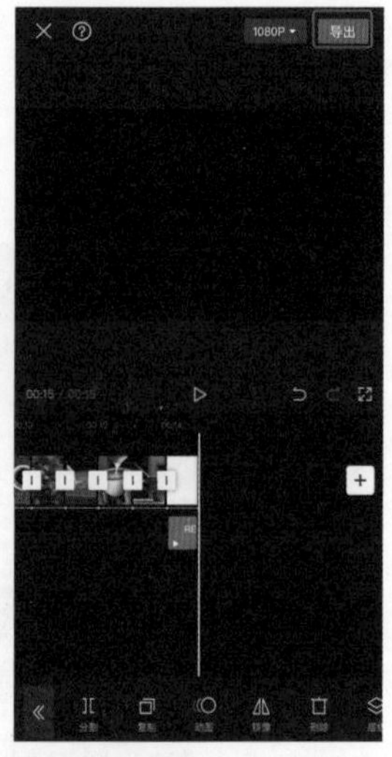

图7-73

7.4 实战：情人节短视频

资源位置 ▶

素材位置 素材文件>第7章>7.4实战：情人节短视频

视频位置 视频文件>第7章>7.4实战：情人节短视频.mp4

技术掌握 画中画、特效

微课视频

图7-74

本实战讲解情人节短视频的制作，在制作中注意素材时长、比例、位置、特效制作等要点，示例效果如图7-74所示。

设计思路

（1）素材导入。

（2）添加特效。

（3）添加贴纸。

（4）添加音乐。

效果视频

7.4.1 素材导入

（1）打开剪映App，在主界面中点击“开始创作”按钮，进入素材添加界面，依次选择相关素材中的“图片素材1.jpg”~“图片素材9.jpg”，点击“添加”按钮，如图7-75所示，将9张图片素材添加到视频项目中。

（2）点击界面下方的“比例”按钮，选择“9：16”，如图7-76所示。

图7-75

图7-76

（3）选中第一个图片素材，点击界面下方的“切画中画”按钮，缩小图片并将其移动至左上角，如图7-77所示。

（4）剩余的图片素材按照上述方法操作，放置位置如图7-78所示，形成九宫格样式。

（5）调整图片时长，将9张图片的结尾对齐，都调整为15s，如图7-79所示。

7.4.2 添加特效

（1）将时间轴定位至视频素材的起始位置，点击界面下方的“特效>画面特效”按钮，选择“基础”中的“鱼眼Ⅱ”特效，调整其时长与图片素材的时长一样，如图7-80所示。

（2）选中轨道上的特效层，点击“作用对象”按钮，将作用对象改为“全局”，如图7-81所示。

（3）点击“调整参数”按钮，“旋转速度”调为“30”，“滤镜”调为“0”，“范围”调为“0”，“画面大小”调为“50”，如图7-82所示。

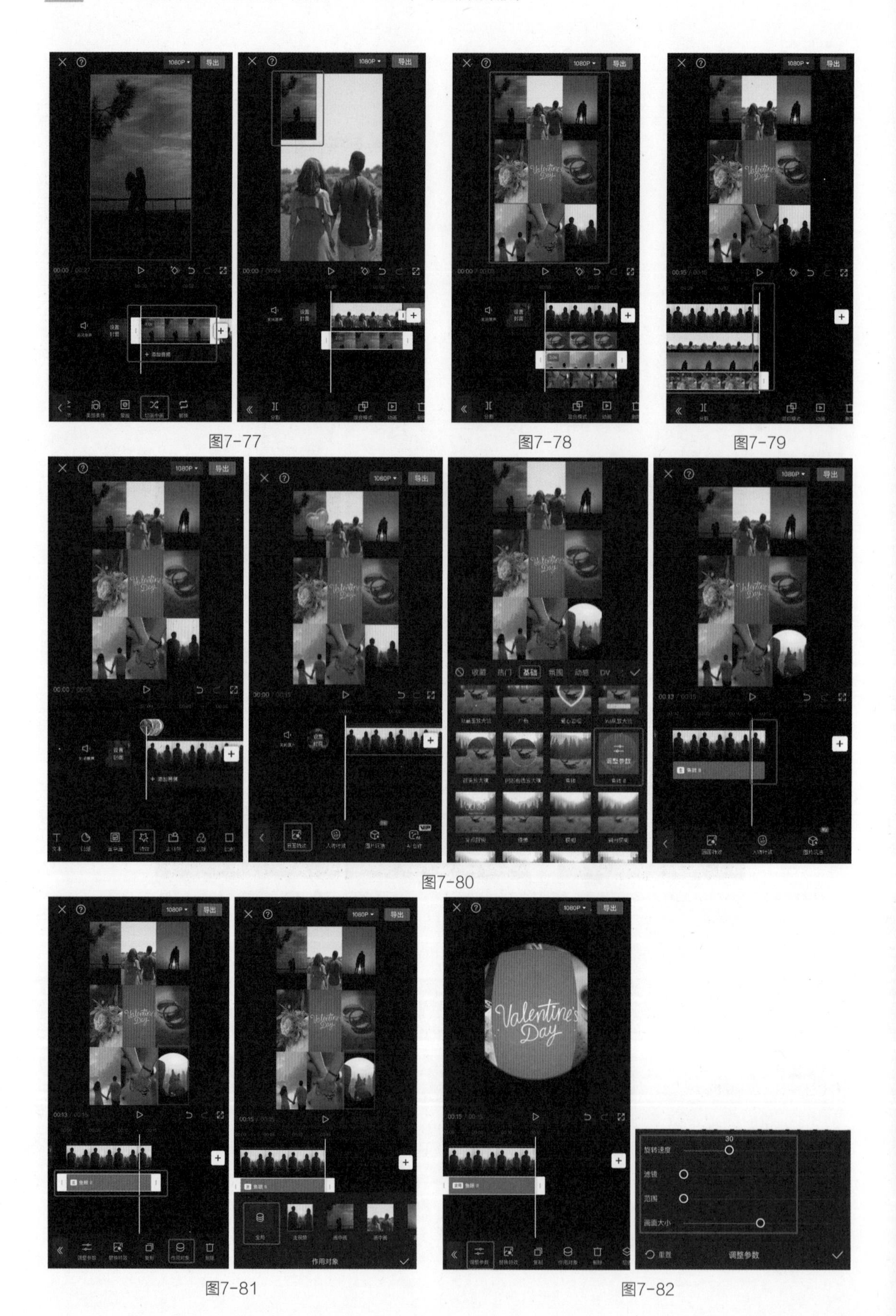

图7-77

图7-78

图7-79

图7-80

图7-81

图7-82

（4）将时间轴定位至视频素材的起始位置，点击界面下方的“特效>画面特效”按钮，选择“Bling”中的“星夜”特效，调整其时长与图片素材的时长一样，如图7-83所示。

（5）选中轨道上的星夜特效层，点击“作用对象”按钮，将作用对象改为“全局”，如图7-84所示。

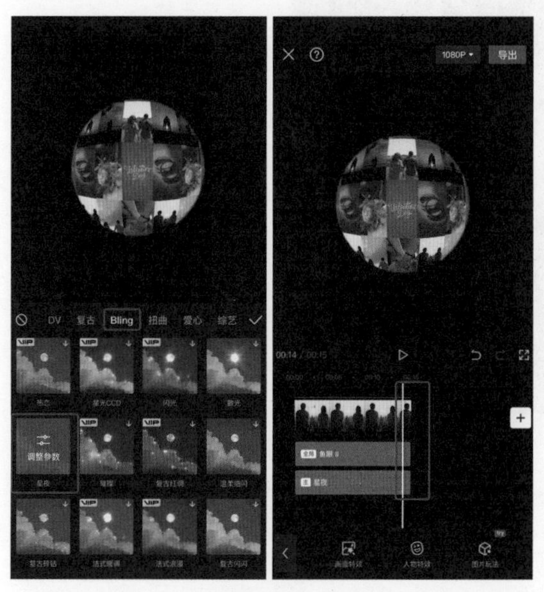

图7-83

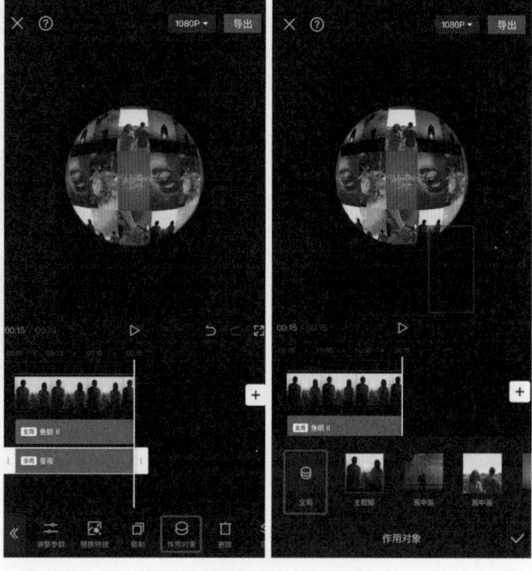

图7-84

7.4.3 添加贴纸

将时间轴定位至视频素材的起始位置，点击界面下方的“贴纸”按钮，选择喜欢的贴纸，调整其位置、大小，调整其时长与图片素材的时长一样，如图7-85所示。

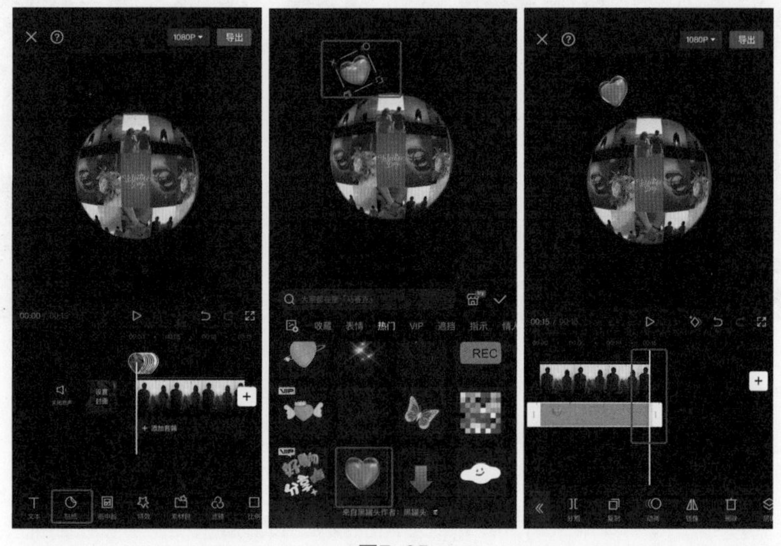

图7-85

7.4.4 添加音乐

（1）将时间轴定位至视频素材的起始位置，点击界面下方的“音频>音乐”按钮，如图7-86所示。

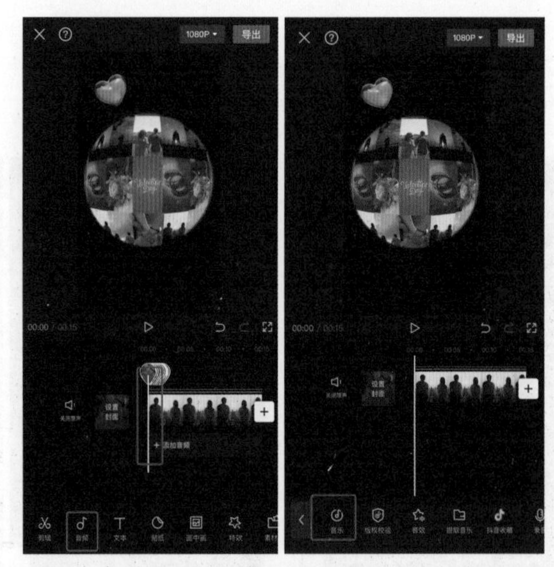

图7-86

（2）选择合适的音乐素材，点击“使用”按钮，将音乐素材添加到视频项目中，并删除多余的音乐素材，如图7-87所示。

（3）完成以上操作，点击“导出”按钮，如图7-88所示。

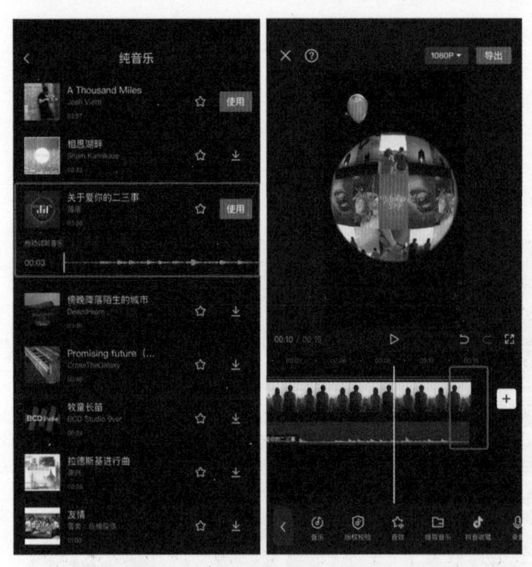

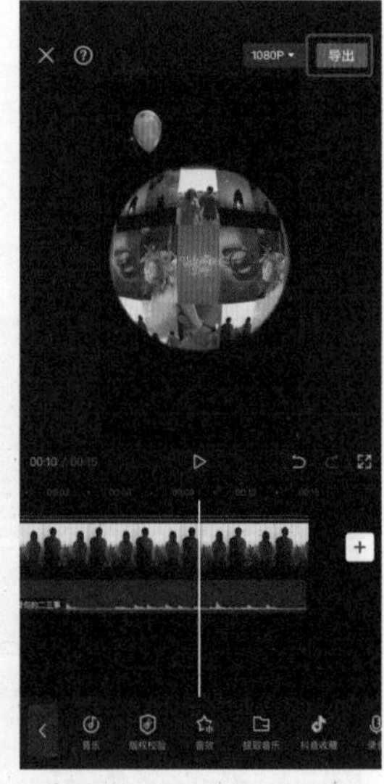

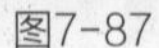

图7-87　图7-88

7.5 本章小结

本章的4个短视频实践中应用了剪映App中不同的视频剪辑功能，相当于对前面所讲内容进行了复习，大家可以学习和借鉴本章这4个短视频的制作方法，结合自身的创作思路，制作出其他更为优秀的短视频作品。

Vlog类短视频实战

本章导读

本章主要讲解 Vlog 类短视频制作的相关技巧，让读者了解什么是 Vlog 类短视频及其制作技巧等知识点，对 Vlog 类短视频制作有基本的整体性认识。

学习要点

- Vlog 类短视频简介
- 实战：旅行 Vlog
- 实战：唯美清新文艺滑屏 Vlog
- 实战：轻松记录美好生活 Vlog

8.1 Vlog类短视频简介

Vlog是博客的一种类型，全称是video blog或video log，意思是视频记录、视频博客、视频网络日志，源于blog，强调时效性。Vlog作者以影像代替文字或照片，写个人日志，上传与网友分享。

某知名视频平台对Vlog的定义是创作者通过拍摄视频记录日常生活，这类创作者被统称为vlogger。

8.1.1 定义

Vlog是一种视频形式，可以有两种定义：一种是“video log——视频日志”，另一种是“video of log——日志视频”。区别在于前面一种定义的重心是日志，本质上和文字日记、图片日记是一种形式，只是用视频的形式承载日志的内容；后一种定义则更在意视频，日志内容为视频服务。Vlog只是众多风格视频中的一种形式，是以日常记录为内容的视频。

8.1.2 发展

对于全球范围内的“95”后甚至“00”后来说，Vlog已经逐渐成为他们记录生活、表达个性最为主要的方式之一。这是个人日志的历史进化。

8.1.3 标准

快节奏的剪辑最主要的目的就是趁观者的兴奋还没有褪去，及时添补新的内容，这里的快节奏并非单指纯速度上的快进；以慢衬快，静止的定焦镜头配合Zoomin特写的零碎镜头；匀速运动的画面，配合慢速、加速的画面；长镜头配合碎镜头等。

高质量的画质主要体现在3个方面：清晰度、灯光、调色。

清晰的标识可以帮助观者更好地识别内容，是与路人视频做区分的一个潜在门槛。

8.1.4 主要特点

自然平凡的生活记录：一次旅行、一次展览、一次绘画、一次游戏都可以作为素材。

独特的人格化：Vlog镜头语言、人物的特性和自我表达都很鲜明，既满足了创作者真实记录的需求，又符合受众获得情感联系与归属感的心理预期。

难度较高的创作门槛：Vlog需要精良的拍摄、规划和剪辑。

短视频领域的审美区隔：Vlog着重于自然、实在的叙述。旅行视频反映出精致、充实的生活态度，学习生活视频透露独立自主的奋斗精神，这些都在迎合现代年轻人的审美品位。

8.2 实战：旅行Vlog

资源位置 ▶

素材位置 素材文件>第8章>8.2实战：旅行Vlog

视频位置 视频文件>第8章>8.2实战：旅行Vlog.mp4

技术掌握 蒙版、画中画、音乐卡点、动画

微课视频

本实战主要分为两部分，第一部分是音乐卡点，第二部分是对每个场景进行单独展示。本实战综合运用蒙版、画中画、音乐卡点、动画等功能，示例效果如图8-1所示。

设计思路

（1）标注音乐节拍点。

（2）画面的显示效果。

（3）添加动画特效。

效果视频

图8-1

8.2.1 导入音乐并标注节拍点

（1）打开剪映App，点击“开始创作”按钮，导入视频，如图8-2所示。

（2）点击界面下方的“音频”按钮，选中想要导入的音乐，点击界面下方的“踩点”按钮，打开“自动踩点”，选择“踩节拍Ⅱ”，如图8-3所示。

图8-2

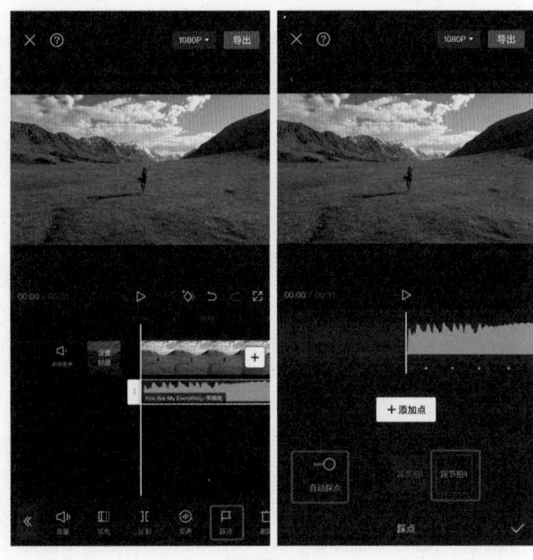

图8-3

8.2.2 制作画面依次呈现的效果

（1）选择视频，先点击界面下方的“蒙版”按钮，选择“矩形”蒙版，调整蒙版位置，往上拉动箭头，调整蒙版大小，并调整圆角，如图8-4所示。

（2）点击界面下方的“动画”按钮，添加“动感放大”入场动画，如图8-5所示。

（3）选择视频，点击界面下方的“复制”按钮，如图8-6所示。

（4）选中刚刚复制的视频，点击调整“切画中画”按钮，将其往左移动与第一个节拍点对齐，如图8-7所示。

（5）点击界面下方的“蒙版”按钮，选择“矩形”蒙版，调整蒙版位置，往上拉动箭头，调整蒙版大小，调整圆角，如图8-8所示。

（6）将画中画视频复制一份，并将其与第二个节拍点对齐，如图8-9所示。

（7）点击界面下方的“蒙版”按钮，选择“矩形”蒙版，调整蒙版位置，往上拉动箭头，调整蒙版大小，调整圆角，如图8-10所示。

（8）将3段视频每隔4个节拍点分割一次，如图8-11所示。

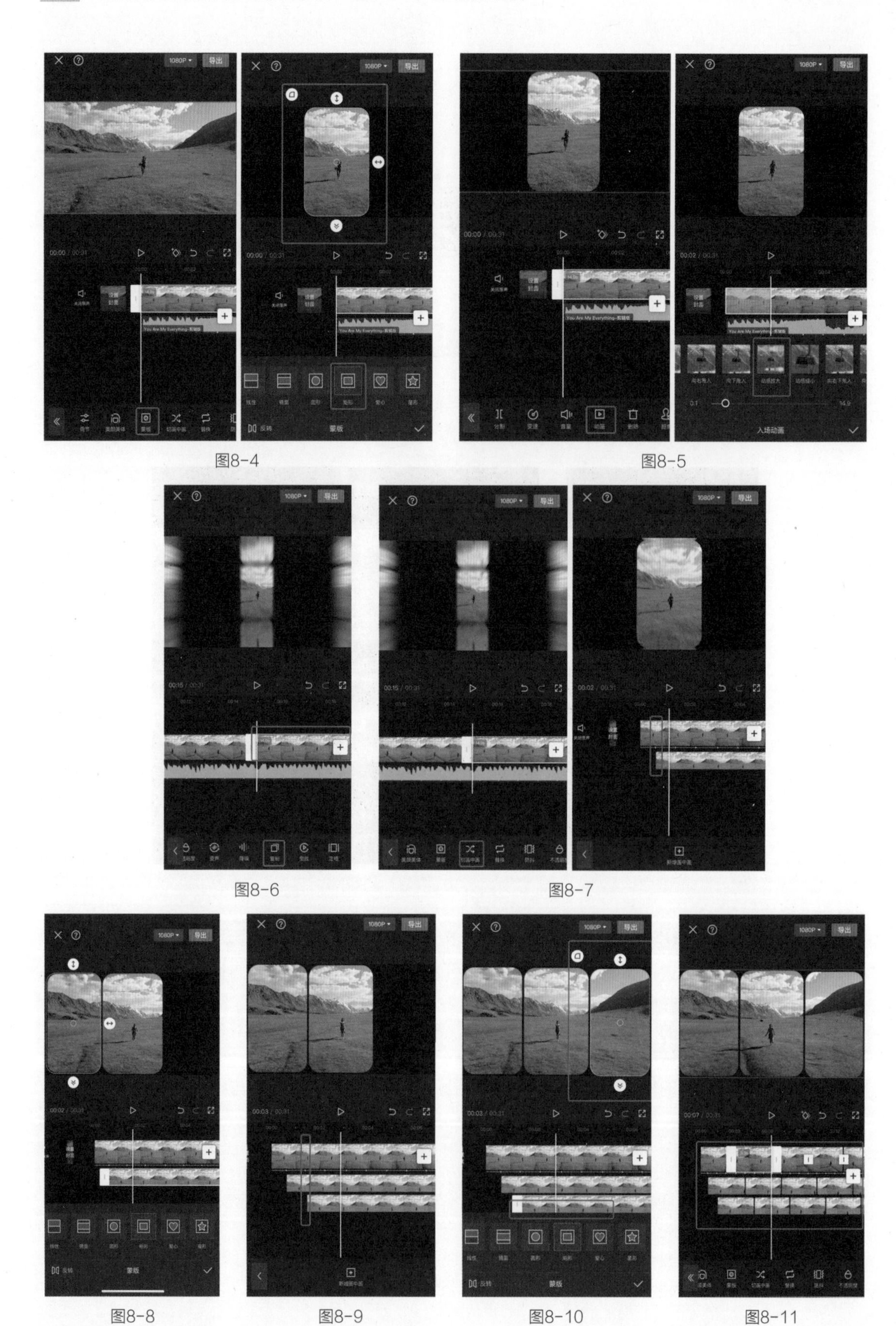

图8-4 图8-5

图8-6 图8-7

图8-8 图8-9 图8-10 图8-11

8.2.3 替换素材

（1）将第一段视频的第二段选中，点击界面下方的“替换”按钮，将其替换为其他视频，如图8-12所示。

（2）按上述操作方式，将其余视频依次进行替换，删除多余的视频，并让其尾部保持长度一致，如图8-13所示。

图8-12

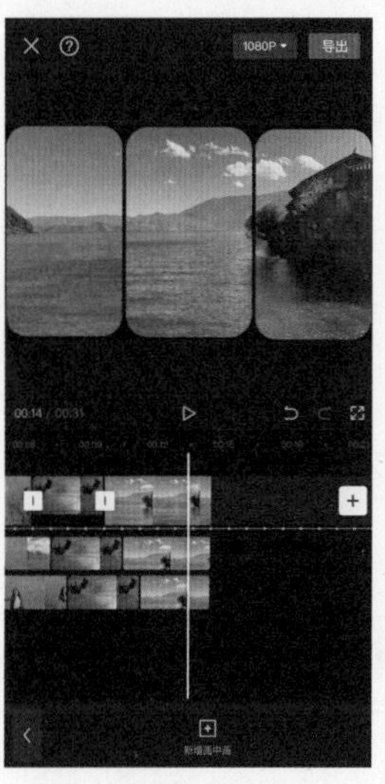

图8-13

（3）替换完成后，为每段视频添加入场动画，点击界面下方的“动画>入场动画”按钮，添加“动感放大”效果，如图8-14所示。

（4）点击界面下方的“背景>画布颜色”按钮，选择“白色”，并点击“全局应用”按钮，如图8-15所示。

（5）删除多余的音乐片段并导出，如图8-16所示。

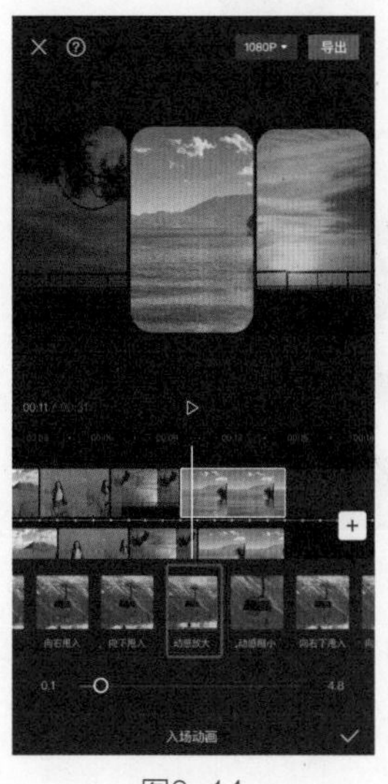

图8-14

图8-15

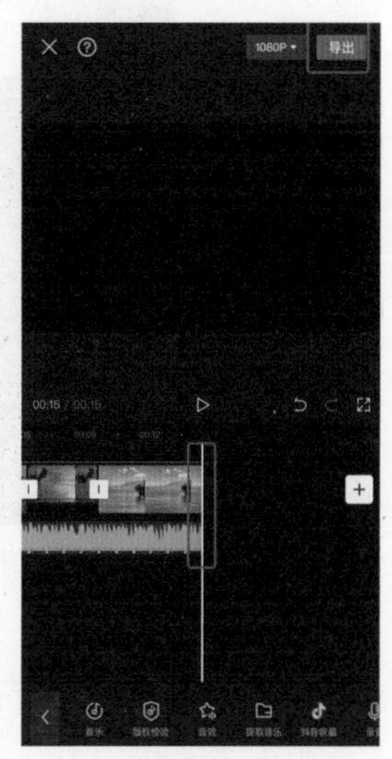

图8-16

8.3 实战：唯美清新文艺滑屏Vlog

资源位置

素材位置 素材文件>第8章>8.3实战：唯美清新文艺滑屏Vlog
视频位置 视频文件>第8章>8.3实战：唯美清新文艺滑屏Vlog.mp4
技术掌握 关键帧、比例、画中画

微课视频

本实战主要分为两部分，第一部分是视频排版，第二部分是滑屏制作及视频画面的美化制作。本实战综合运用关键帧、比例、画中画等功能，示例效果如图8-17所示。

设计思路

（1）视频排版。

（2）滑屏效果制作。

（3）画面装饰。

效果视频

图8-17

8.3.1 视频导入、排版工作

（1）打开剪映App，点击“开始创作”按钮，导入视频，点击界面下方的“比例”按钮，选择“9：16”，如图8-18所示。

（2）点击界面下方“背景>画布样式”按钮，选择一个喜欢的背景，如图8-19所示。

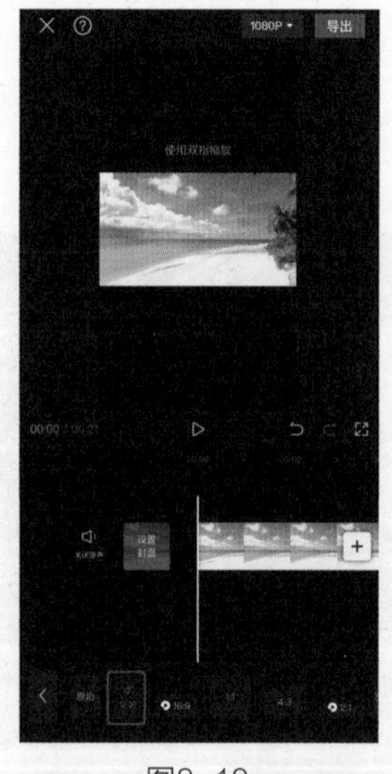

图8-18

图8-19

（3）将所有想要展示的视频，以添加画中画效果的方式展现出来。点击界面下方的“画中画”按钮，将需要展示的视频添加进来，并调整每个视频的位置与大小，如图8-20所示。

（4）调整每段视频的展出时间，以最短视频的时间长度为准，删除其他视频多余的部分，点击“导出”按钮，如图8-21所示。

图8-20

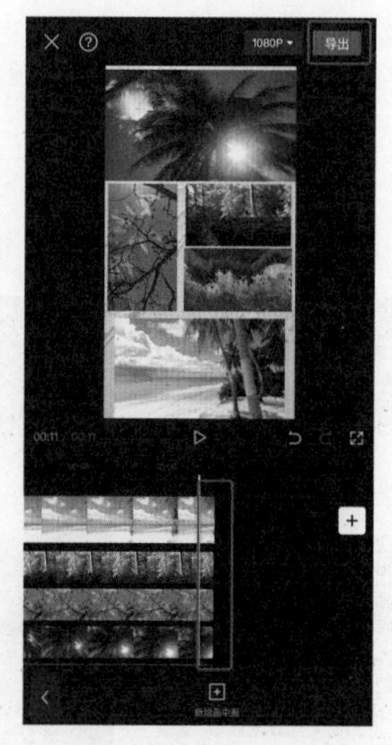

图8-21

8.3.2 制作滑屏效果

（1）打开剪映App，点击“开始创作”按钮，导入刚刚制作的视频，点击界面下方的“比例”按钮，选择“16：9”，如图8-22所示。

（2）调整视频大小，让视频画面完全覆盖画布，如图8-23所示。

（3）添加关键帧，在视频画面开始和结束的地方分别添加一个关键帧，在结尾处，视频展示的是最下面的画面，需要手动向上拖动视频，然后点击“导出”按钮，如图8-24所示。

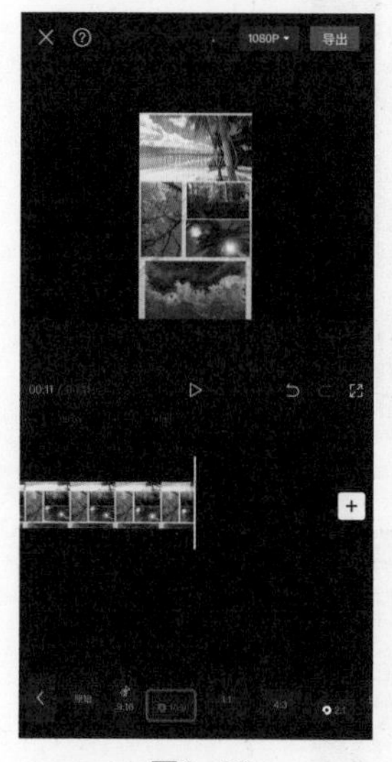

图8-22

图8-23

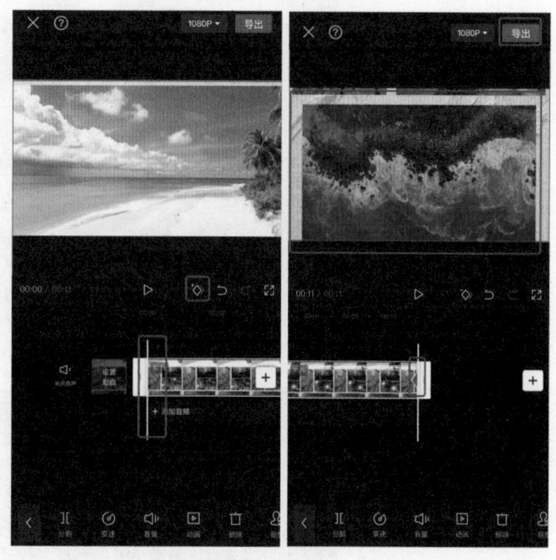

图8-24

8.3.3 画面装饰

（1）打开剪映App，点击“开始创作”按钮，导入刚刚制作的视频，点击界面下方的“比例”按钮，选择“9：16”，如图8-25所示。

（2）点击界面下方的“背景>画布模糊”按钮，选择一个喜欢的画布模糊背景，如图8-26所示。

（3）装饰画面。点击界面下方的“贴纸”按钮，选择一个喜欢的贴纸，调整贴纸的位置、大小，使其覆盖整个画面，如图8-27所示。

（4）再次点击界面下方的“贴纸”按钮，选择一个动态文字贴纸，调整贴纸的位置、大小，使其覆盖整个画面，并调整贴纸作用的时长与视频时长一致，如图8-28所示。

（5）添加音乐。点击界面下方的“音频>音乐”按钮，添加一段合适的音乐，调整音乐的时长，并增加淡出效果，如图8-29所示。

（6）点击“导出”按钮，如图8-30所示。

图8-25

图8-26

图8-27

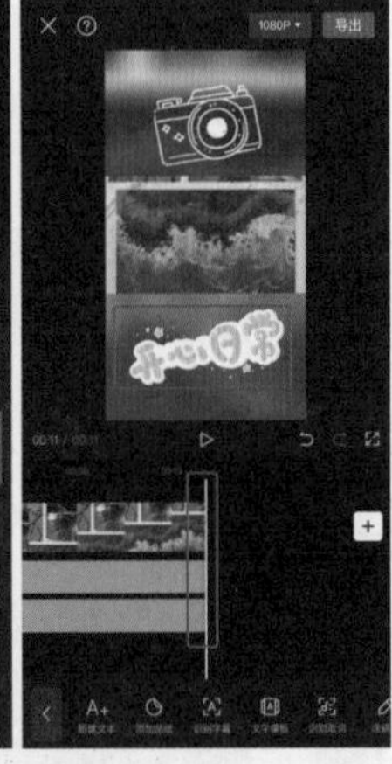

图8-28

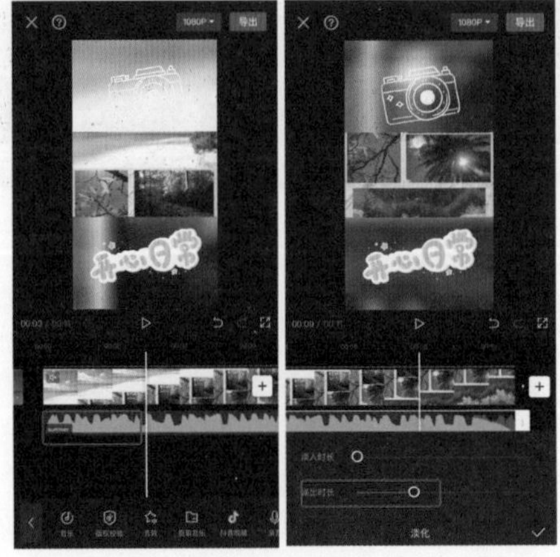

图8-29

图8-30

8.4 实战：轻松记录美好生活Vlog

资源位置

微课视频

素材位置　素材文件>第8章>8.4实战：轻松记录美好生活Vlog
视频位置　视频文件>第8章>8.4实战：轻松记录美好生活Vlog.mp4
技术掌握　蒙版、画中画、音乐卡点、变速曲线、动画

本实战主要分为两部分，第一部分是三屏分别在不同时间进场的效果，第二部分是对每个场景进行单独展示。本实战综合运用蒙版、画中画、音乐卡点、变速曲线、动画等功能，示例效果如图8-31所示。

设计思路

（1）音乐节拍点的标注。

（2）三屏效果的制作。

（3）单个画面的显示效果的调整。

（4）动画特效的添加。

效果视频

图8-31

8.4.1 导入音乐并标注节拍点

本实战涉及音乐卡点，所以在添加素材后，首先要导入音乐，并标注出关键节拍点，具体操作方法如下。

（1）打开剪映App，点击“开始创作”按钮后，选择界面上方的“素材库”，选择“黑场”素材并添加，如图8-32所示。

（2）点击界面下方的“音频 > 音乐”按钮，导入想要的音乐，点击界面下方的“踩点”按钮，并根据节拍进行“手动踩点”。由于本实战共有6个画面跟着节拍点的节奏出现，所以标注6个关键节拍点即可，如图8-33所示。

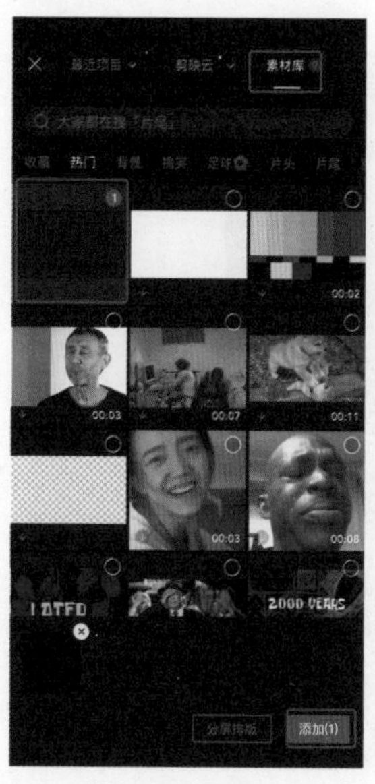

图8-32

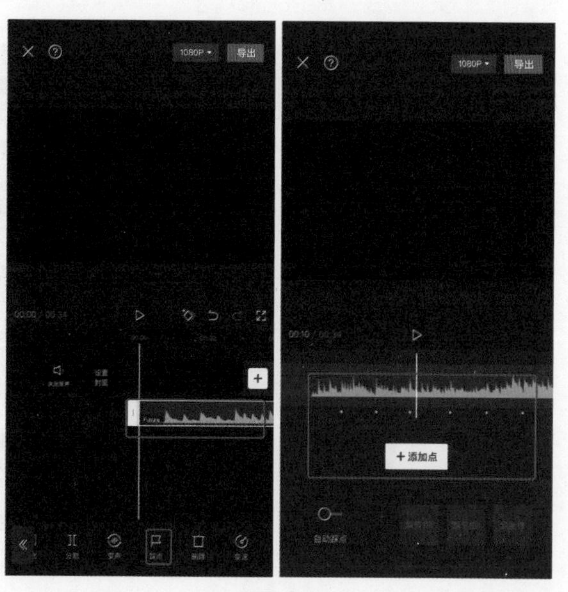

图8-33

TIPS 提示

之所以加黑场，是因为在三屏动态展示画面时，每一部分之间的线条都是黑色的，所以此处的黑场其实相当于是视频的背景。另外，对于需要“音乐卡点”的视频而言，往往首先需要确定的就是背景音乐及节拍点，因为之后确定片段时长时，均需要与对应的节拍点一一对应。

8.4.2 制作三屏效果

三屏效果是指整个画面以每次大概1/3的比例出现在视频中，具体操作方法如下。

（1）点击界面下方的“画中画>新增画中画”按钮，将第一段视频素材导入，并调整画面大小和位置，使最具美感的部分位于画面左侧，如图8-34所示。

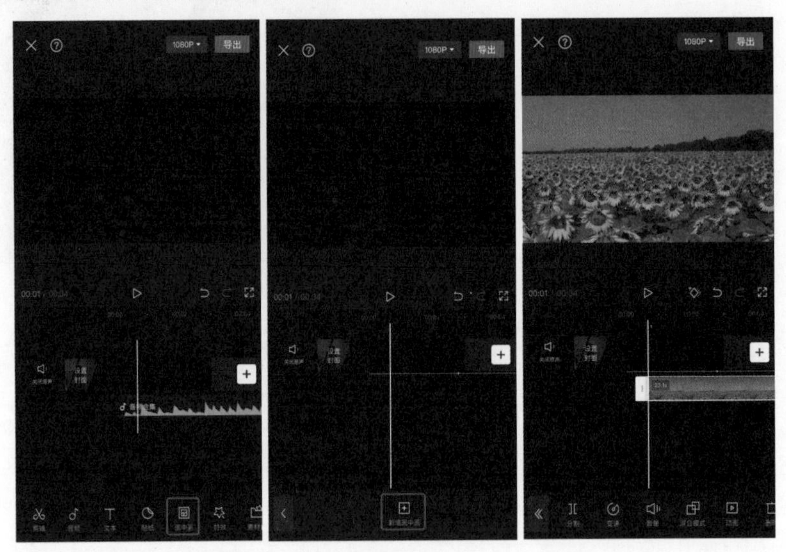

图8-34

（2）选中视频素材后，点击界面下方的“蒙版”按钮，选择“镜面”蒙版。调整蒙版角度至“69°”，并使其覆盖画面左侧，如图8-35所示。

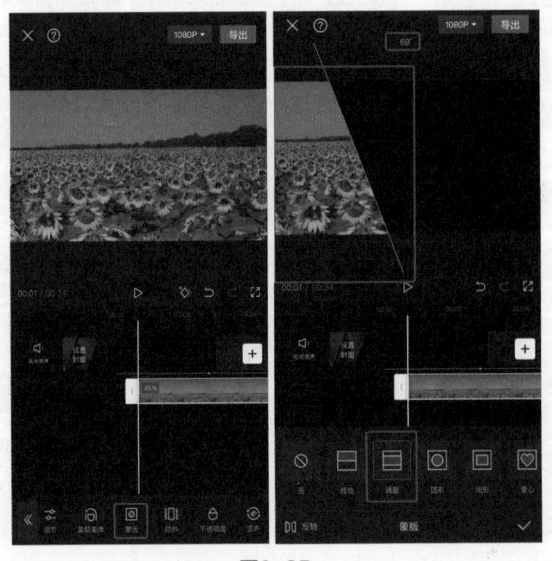

图8-35

（3）接下来通过“画中画”功能添加最右侧出现的视频片段，并调整画面大小和位置，使素材右侧部分出现在画面右侧，如图8-36所示。

（4）选中第二段视频素材，点击界面下方的“蒙版”按钮，依旧选择“镜面”蒙版，并同样将蒙版角度调整为“69°”。但此时需要移动蒙版位置，使画面右侧出现影像，如图8-37所示。

（5）按照同样的方法，将第三段素材添加至画中画轨道，并将需要出现的部分放置在画面中间位置，如图8-38所示。

（6）选中第三段视频素材，点击界面下方的“蒙版”按钮，依旧选择“镜面”蒙版，并同样将蒙版角度调整为“69°”，然后调整蒙版位置和大小，使其与左右两部分画面的间距基本相同，如图8-39所示。

图8-36

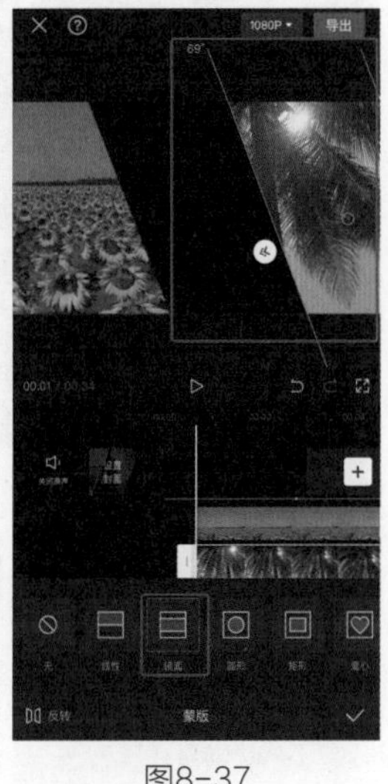
图8-37

图8-38

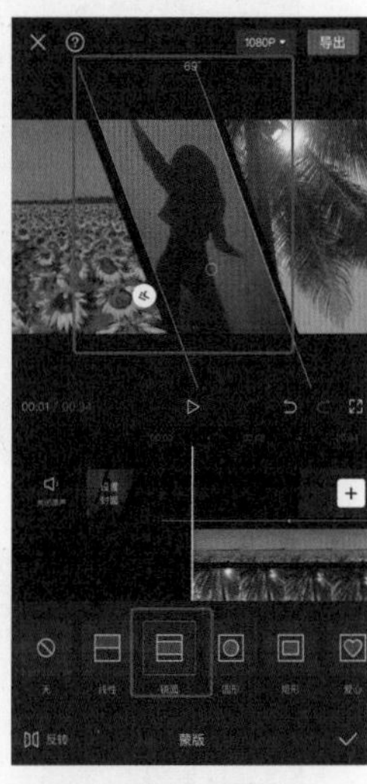
图8-39

（7）选中首先在左侧出现的视频素材，将其开头与第1个节拍点对齐，将其末尾与第4个节拍点对齐（第4个节拍点之后将进入单独场景的变速展示）。然后选中在右侧出现的视频素材，将其开头与第2个节拍点对齐，其末尾依然与第4个节拍点对齐。最后选择在中间出现的视频素材，将其开头与第3个节拍点对齐，其末尾同样与第4个节拍点对齐。素材起始点位置最终确定后，延长黑场视频与第4个节拍点对齐，其编辑界面如图8-40所示。

这样，三屏画面会依次出现，在第3个节拍点后三屏画面一起出现，并且在第4个节拍点后一起消失。

图8-40

8.4.3 调整单个画面的显示效果

接下来制作案例的第二部分，也就是让每个场景完整地出现在画面中，并让视觉效果更突出，具体操作方法如下。

（1）点击主视频轨道右侧的“添加素材”按钮，添加第一段视频素材，如图8-41所示。

（2）选中该段素材，点击界面下方的“变速>曲线变速”按钮，选择“闪进”效果，如图8-42所示。

（3）编辑“闪进”效果曲线，提高左侧两个锚点的位置，让素材前半段的速度更快，如图8-43所示。

（4）使素材画面填充整个画布，然后将素材开头位置对齐第4个节拍点，将其末尾对齐第5个节拍点，如图8-44所示。

（5）按照相同的方法，将第二段视频素材导入主视频轨道中，然后调节变速效果，并将其开头对齐第5个节拍点，末尾对齐第6个节拍点，如图8-45所示。

（6）第三段视频素材的处理方法与前两段的几乎完全相同，唯一不同之处在于选择的是“曲线变速”分类下的“蒙太奇”效果，然后手动提高前半段的速度，并将其开头与最后一个节拍点对齐，如图8-46所示。

（7）将背景音乐和视频后面多余的部分进行“分割”并“删除”，如图8-47所示。

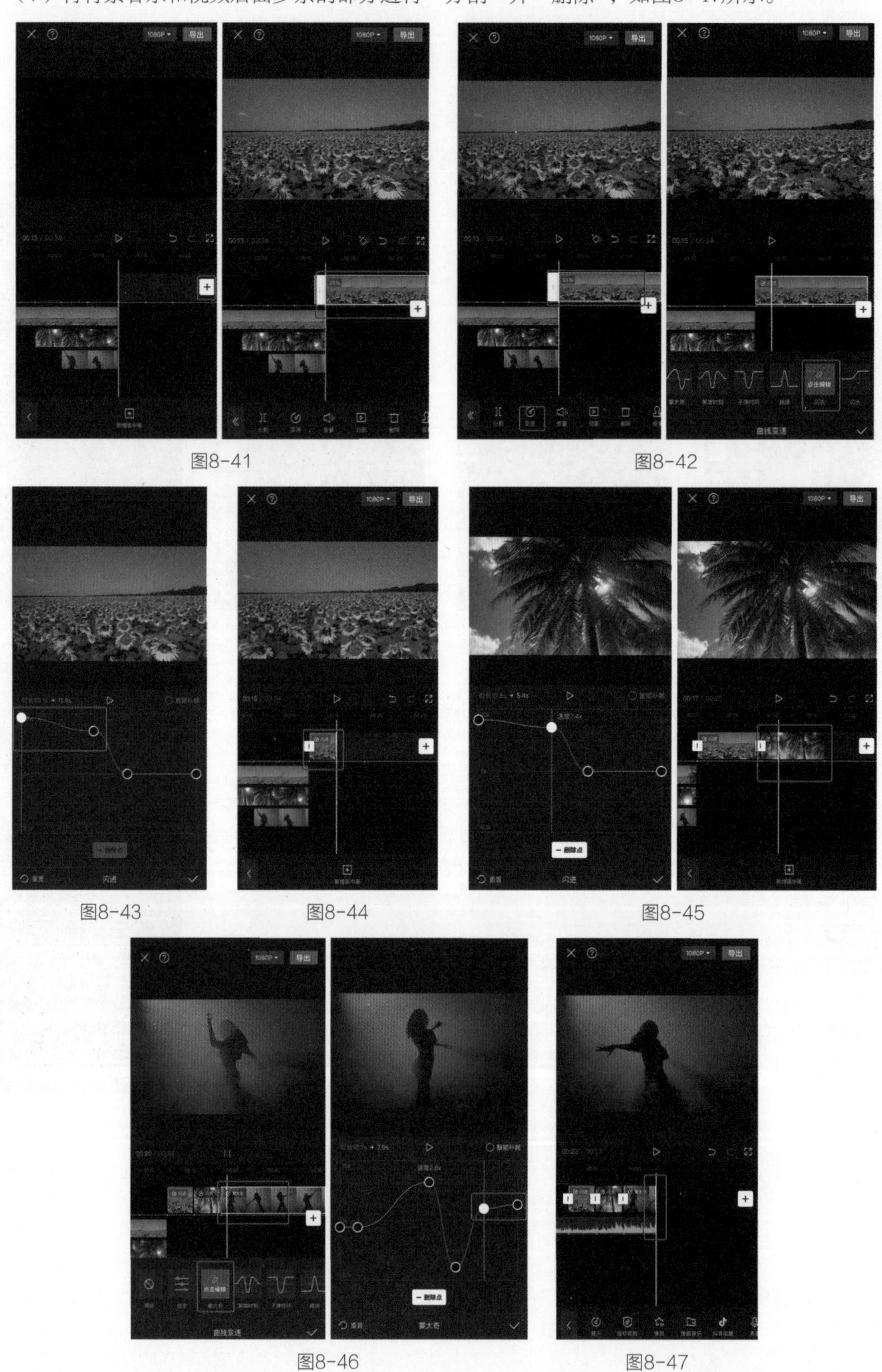

图8-41　图8-42

图8-43　图8-44　图8-45

图8-46　图8-47

8.4.4 添加动画及特效让视频更具动感

通过前述操作，视频的表现形式、内容以及与音乐的匹配都已经完成。接下来利用剪映的动画及特效功能，让视频的每一个画面都更具视觉冲击力，更有动感，具体操作方法如下。

（1）选中第一个画中画视频片段，点击界面下方的“动画”按钮，如图8-48所示。

（2）选择“入场动画”分类下的“向下甩入”效果，如图8-49所示。

（3）按照相同的方法，为画中画轨道中的第2段和第3段视频素材分别添加入场动画分类下的“轻微抖动”和“向右下甩入”效果，如图8-50所示。

图8-48

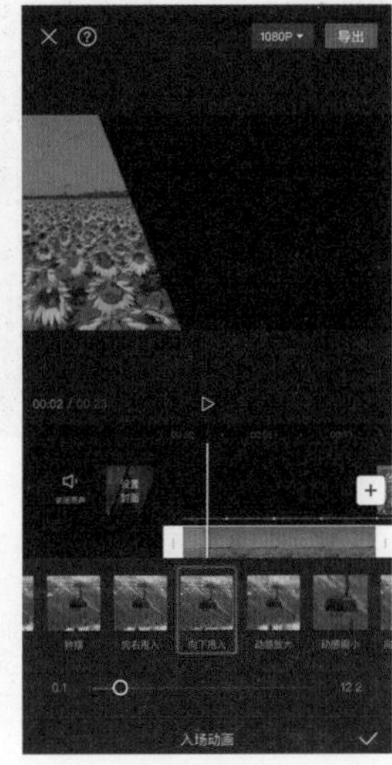

图8-49

图8-50

TIPS 提示

动画可以根据自己的喜好添加，不必拘泥于本实战中选择的效果。一些节奏感比较强的视频适合添加如“抖动”“甩入”等强调动感的动画。另外，不建议增加动画时长，因为这样会让视频显得“拖泥带水”，不利于节奏感的表现。

（4）点击界面下方的“特效>画面特效”按钮，添加“动感”分类下的“心跳”特效，如图8-51所示。

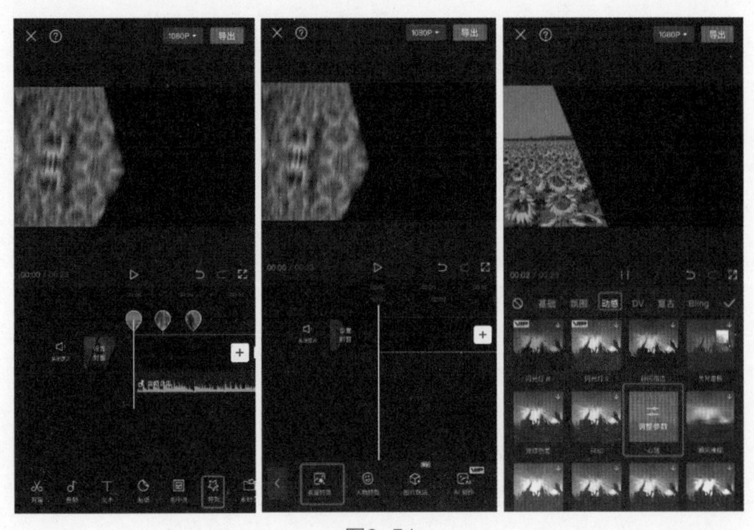

图8-51

（5）选中该特效，点击界面下方的“作用对象”按钮，选中“全局”，并延长特效时长至视频结尾处，点击“导出”按钮，如图8-52所示。

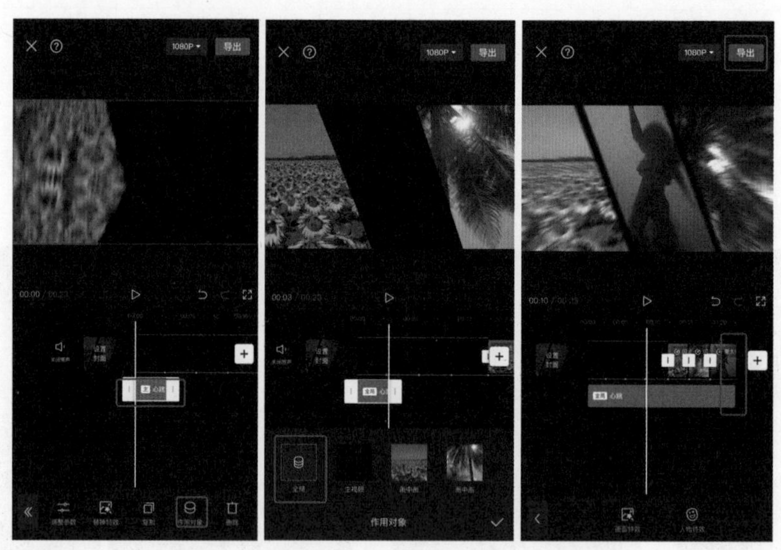

图8-52

TIPS 提示

如果感觉某个场景过于昏暗，则可以在选中该视频素材后，点击界面下方的“调节”按钮，并调节“亮度”“光感”“阴影”的数值，获得亮度合适的画面。

8.5 本章小结

本章讲解剪映的进阶版操作——Vlog类短视频的制作，重点讲解了视频特效的制作及部分变速效果的制作。

综合实战

本章导读

本章主要讲解短视频剪辑全流程，包括拍摄前的准备工作，从拍摄好素材到制作出成片的一些剪辑操作等，最后完成综合案例的制作，方便读者快速理解并掌握短视频制作的相关操作。

学习要点

- 前期准备
- 剪辑视频
- 实战：聚拢照片墙
- 综合案例的制作

9.1 前期准备

9.1.1 短视频团队的构成

1. 制片人、执行制片人

短视频的制片人往往是发起这个项目的人，一般负责寻找资金、对接平台、对接宣传方、寻找演员等工作，且一个制片人可以同时运营多个短视频项目；执行制片人一般是指执行制片人命令的人，往往在前期策划或正式拍摄时，负责财务和项目实施。

2. 前期策划、导演

在初期创建的短视频团队中，前期策划负责确定拍摄内容、拍摄方法、撰写脚本。导演需要具备视觉上的判断能力，能判断短视频的出片风格，从文字到画面如何呈现，需要什么道具、布景，以及演员该如何走位等。在一个完善的拍摄团队中，导演还需要具备和摄像师、灯光师高效配合的能力。

3. 演员

演员一般分为专业演员和素人演员（非专业演员）。专业演员指的是受过专业表演训练的人；素人演员也就是没有受过专业表演训练的人。在一般的短视频拍摄中，经常使用素人演员，经过导演的现场指导，展现视频所需的动作和表情。

4. 摄像师

摄像师是掌握拍摄技术的专业人士，并具体实施拍摄任务。如果拍摄比较专业的短视频作品，则只有一位摄像师是不够的，需要多位摄像师配合，从不同角度进行多机位拍摄。摄像师需要把控整体视觉的呈现效果，最终完成导演和脚本的设计方案。

5. 灯光师

灯光师的职责是利用各种专业灯光设备，根据不同的拍摄风格，创造出短视频中的灯光效果，甚至需要通过灯光创作出各种奇异的光影特效。

6. 剪辑师

当短视频拍摄完毕后，所有的拍摄素材将交给剪辑师进行后期处理。剪辑师是导演之外再一次对内容进行创作的人，他需要与导演密切合作，将所拍摄的视频素材进行整理、筛选、分解和组合，最终完成一段自然连贯、主题鲜明的视频。

7. 特效包装师

富有创意、合适的“包装”可以将短视频变得更有趣、更吸引人。短视频中的“包装”一般是指添加花字、卡通表情、特效动画等。在短视频中添加恰当的修饰，可以起到锦上添花的效果。成熟的短视频作品往往会有自己独特的包装风格，能与其他同类视频快速区分开来。

8. 运营人员

运营人员的职责是提高视频流量、吸引更多观者等。他们往往负责宣传、互动，如发奖品等。运营人员也应该熟悉各个短视频平台的特色，帮助自己团队制作的短视频得到更多的曝光量，让更多的人看到并喜欢。

9.1.2 制作短视频的前期准备

1. 撰写脚本

脚本也被称为剧本，它就像建造房子的蓝图，既要精准可靠，又要留出艺术发挥的空间。脚本的主要目的是表现整个故事的脉络和发展方向，也是视频内容的基石，选择什么样的对话、故事如何发展，都是一个短视频是否“好看”，是否打动人的关键因素。一个旨在逗笑观者的脚本，光是读文字就应该引人发笑，优秀的喜剧表演则是锦上添花。一个旨在“带货”引起人购买欲的短视频，在脚本中就应该罗列商品吸引人的所有特点，这需要基于脚本作者对于产品和目标受众的理解。完善的短视频脚本还会包括拍摄提纲、文学脚本、分镜头脚本等。脚本需要包含的基础信息包括短视频的中心和主题、每个场景中出现的人物及对话、场景等，也可以额外添加一些对于画面风格、音乐和镜头的建议。

2. 拍摄场地

在一个完善的短视频制作团队中，往往会有“外联制片”这样的人员设置，负责联系和确定拍摄场地。拍摄场地决定视频是不是能第一眼就让观者信服。一个好的场地并不是第一眼就让人感到完美的，而要在道具、陈列、布置的搭配下，在镜头中展现出最符合脚本要求的效果。

3. 服装、道具

服装、道具大多可以租借，如果确定是一组短视频需要多次使用的，则也可以考虑购买。服装、道具本身不一定要非常昂贵，但要确保在镜头内不会穿帮，能符合拍摄短视频的要求，能展现短视频的风格。更重要的是，精美的服装和道具可以帮助观者更快分辨出“精良制作”的短视频，这同样也可以成为宣传的卖点。

4. 前期拍摄设备

（1）拍摄设备

必备的拍摄设备自然是摄像机。但随着手机的性能越来越好，很多短视频创作者选择使用手机进行拍摄，而且手机特别适合拍摄竖屏视频，手机配上固定装置，可以拍摄出不错面质的画面。但对画质要求较高的短视频创作者会选择更高级的相机或摄像机，包括微单、单反或DV等。相机、摄像机拍摄的视频画质相比手机来说更好、更清晰，颜色更准确，后期调色时色彩的宽容度更大，可调整的色域也更广。

如果你希望拍摄更高级的短视频，则在挑选拍摄设备的时候可以考虑的设备性能指标包括：清晰度（像素）、变焦模式（光学变焦、数码变焦、双摄变焦）、防抖功能（光学防抖、电子防抖）、便携性（重量、体积）等。

（2）三脚架

选定拍摄设备后还有一个重要的设备就是固定器，也就是我们常说的三脚架。一个性能过硬的三脚架可以固定拍摄设备、稳定画面效果。三脚架往往是越重越好（稳），但过重会使其便携性降低，所以有经验的摄像师会携带轻便的三脚架外出拍摄，到了场地借用其他较重的物品稳定三脚架。除此之外，还需要一个云台，用于更好地保证画面运动的顺滑感。

（3）录音设备

录音设备通常是指录音笔、话筒等。录音设备与手机或相机中的麦克风最大的区别在于，在录制过程中，录音设备可以最大限度地去除杂音，让观者在短视频中听到的声音更清爽，还原度更高，在后期剪辑处理过程中调音更方便。如果需要后期配音，则需要购买符合配音要求的录音设备。有条件的团队还可以聘请专业的录音师，确保演员的声音和环境音都符合更高的出片要求。

（4）灯光设备

有些短视频要在室内场景拍摄，所以需要用到大量的灯光设备，以及与其配套的附件。常用的灯光设备包括主光灯、辅灯、散光灯等。好的灯光设备并不便宜，所以在创作初期，也可以选择租赁的方式减少开支。常见的照明附件包括柔光箱、柔光板、反光板、方格栅、灯罩、调光器和色板等。

9.2 剪辑视频

后期制作就是对前期拍摄的素材，按照要求通过后期处理，使其形成完整的影视作品。后期制作主要包括几个方面：剪辑、特效、包装、调色、影视作品输出。

9.2.1 剪辑的基本流程

剪辑是指将拍摄的素材进行整理、筛选、分解和组合，最终得到一个连贯自然、主题鲜明的视频故事，或者一种视觉呈现效果。剪辑也是后期制作中最基础、最重要的部分，其他的步骤都要在剪辑完成之后才能展开。

1. 剪辑前的准备工作

（1）熟悉素材

在开始剪辑前，需要把准备工作做好。首先，我们需要熟悉摄像师前期拍摄的素材内容。浏览素材，对每一条拍摄的素材内容都要做到心中有数，这样才可以按照要求或脚本厘清剪辑思路。

（2）剪辑构思

详细了解素材内容后，剪辑师结合拍摄的素材和脚本，整理出剪辑思路，构思整个影视作品的结构框架。就像写作一样，在写作之前要先写一个大纲，剪辑也是一样的，先把大的结构框架构思好，再进行每个场景、片段的剪辑。

（3）整理素材

有了整体的剪辑思路之后，接下来需要整理素材，进行筛选、分类。首先，可以把前期拍摄的废弃素材或确定不需要的素材删掉，然后按照时间、地点、场景或者人物进行整理。整理素材没有固定的方法，按照自己的习惯操作即可，主要是方便在剪辑时能快速找到需要的素材，从而提高剪辑效率。

2. 粗剪

将素材整理分类完成后，接下来可以开始剪辑了。一般通过粗剪和精剪两个阶段来完成整个剪辑工作。粗剪主要是挑选需要的素材、合适的镜头，并将其修剪、组接。这个阶段不需要太深入的操作，把整个影视作品的结构、情节组合出来，保持镜头之间组接逻辑合理、流畅即可。

3. 精剪

精剪就是在粗剪的基础上进行“减法”，修剪掉多余的部分，对细节部分做精细调整，使镜头之间的组接更流畅，节奏更紧凑。在精剪过程中，还需要加入音乐和音效，并且对声音进行处理，如调整声音的大小等。精剪并不是一两次就能完成的，需要反复调整，才能剪出令人满意的作品。精剪是一个反复修改、调整、尝试的过程。

4. 特效

精剪完成后，影视作品的剪辑工作基本完成，此时进入特效处理阶段。通过添加视频特效，如视频转场特效、合成特效、三维特效等，达到预期的视觉效果。

5. 包装

包装可以理解为对影视作品外在形式的美化修饰，如添加片头和片尾、人物名条等，让影视作品风格更突出、更吸引人。

6. 调色

完成所有处理后，需要对影视作品进行调色。调色分为两部分。首先，校正画面颜色，在前期拍摄时经常会遇到拍摄的画面颜色有偏差或曝光不准确等情况，同一场景的镜头之间的色调也可能出现不一致的情况，此时就需要校正颜色和曝光。以上操作完成后，需要对视频画面颜色进行风格调整，在画面颜色更好看的基础上，用色调表达影视作品的情绪、创造意境，更深层次地影响、吸引观者。

7. 影视作品输出

最后一步是将完成的影视作品输出为可以在短视频平台上播放的文件，也就是从剪辑软件中导出成片。因为影视作品输出的时间相对较长，所以在输出之前，需要再次将影视作品播放一遍，确保影视作品没有问题后再导出成片。在导出影视作品时，要根据影视作品的观看媒介和上传平台来设置具体的参数。

9.2.2 镜头的组接

剪辑是将单独的镜头画面和声音进行组接，从而组合成一段完整的影视作品。镜头组接不是简单地将零散的镜头拼凑在一起，而是根据一定的规律和目的进行再次创作。在镜头组接过程中，单个镜头的时空局限被打破，所表达的意义得以扩展和延伸。镜头与镜头之间的组合衔接也是有规则约束的，不能随便组接在一起。

1. 景别的组接方式

逐步式组接：镜头景别主要分为远景、全景、中景、近景、特写。在组接的过程中，一般可以按照景别逐步组接，逐步从远景到特写，或者从特写到远景。

由远及近（接近式）：远景→全景→中景→近景→特写。

由远及近的组接方式常用于影视作品的开始，用以展示不同场景中的人物发生的事情。从大的环境开始逐步到环境中的人物和所发生的事情，从空间上给人“从远到近”的感觉。

由近及远（近离式）：特写→近景→中景→全景→远景。

由近及远的组接方式常用于影视作品的结尾。从人物和所发生的事情逐步转到大的环境中，代表故事结束于这个环境，从空间角度给人“从近到远”的感觉。

跳跃式组接：在剪辑过程中，镜头组接不可能每次都采用逐步式组接的方式。还有另外一种组接的方式——跳跃式组接。这种组接方式是将不相邻的景别直接组接，如远景直接组接近景或者特写，也可以远景直接组接特写等。跳跃式组接方式在剪辑中也很常用，主要有以下几种：

远景→中景→特写；

远景→中景→远景；

远景→近景；

远景→特写。

2. 运镜方式的组接

运镜的方式主要有推、拉、摇、移、跟、升降等，在进行这些运动镜头的组接时，需要注意以下几点。

运动方向相反的镜头不要组接：例如，一个向左摇的镜头组接一个向右摇的镜头，或者使用向前推的镜头组接向后拉的镜头等。这种运动方向相反的镜头之间的组接要尽量避免。因为每个镜头的运动所表达的意义不同，如向前推的镜头代表“进入”的意思，而向后拉的镜头代表“离开”的意思，这样组接在一起会显得比较乱。

运动速度尽量保持一致：在拍摄运动镜头时，运动的速度可能不一样，当将运动镜头组接在一起时，应尽量保持镜头之间的速度一致，这样可以显得镜头运动得比较流畅。如果一个运动得非常慢的镜头组接一个运动得很快的镜头，就会显得两个镜头非常跳跃。

去掉起幅和落幅：起幅是指运动画面最开始静止的部分，落幅是指运动画面最后静止的部分。一般在组接不同运动方式的镜头时，需要先去掉起幅和落幅再进行组接。

3. 镜头的时间长度

在镜头组接中要注意每个镜头的时间长度。首先，根据要表达的内容和观者对画面的接受能力来决定；其次，以画面构图和内容的复杂程度等因素来决定。例如，在通常情况下，远景、中景等镜头拍摄的画面包含的内容较多，观者看清楚这些画面中的内容所需的时间相对较长。而对于近景、特写等镜头，画面包含的内容较少，观者只需较短时间就可以看清楚画面中的内容，所以画面的停留时间可以短些。

在剪辑中，镜头所呈现的时间长度应以尽可能让观者看清楚画面的基本信息为基础，这在快节奏的影视作品中更应该注意。

4. 镜头的转场

影视作品中段落与段落、场景与场景之间的过渡或转换称为转场。在剪辑时，一般会在上一个段落或场景的最后一个镜头和下一个段落或场景的第一个镜头之间添加转场。转场的主要作用是进行时空转换，在镜头之间建立新的时空关系和逻辑关系，制造特定的效果。不同的转场效果运用到不同的转场中，所展示出来的效果也不一样，常用的转场效果主要包括以下几种。

淡入：是指下一个段落的第一个画面逐渐显现，直至达到正常的亮度，画面由暗变亮，最后完全清晰。淡入效果一般用来表示一段故事、剧情的开始，常用在影视作品的第一个镜头中，重点突出故事的开篇；也可以用在影视作品中新环境、新段落的第一个镜头中，重点突出新故事发生的环境。

淡出：是指上一段落最后一个镜头的画面逐渐隐去（至黑场），画面由亮转暗，以至完全隐没。淡出效果一般用来表现一段故事、剧情告一段落，常用在一个故事结束或者一段剧情的最后一个镜头中，以阐述一个故事情节或者整个故事的结束。

叠化：是指前一个镜头的画面与后一个镜头的画面互相叠加，前一个镜头的画面逐渐隐去，后一个镜头的画面逐渐出现的过程。叠化主要有以下几种功能：

用于时间的转换，表示时间的消逝；

用于空间的转换，表示空间已发生变化；

表现梦境、想象、回忆等插叙、回叙场景。

划：也称划像，可分为划出与划入。前一个画面从某一方向退出称为划出，后一个画面从某一方向进入称为划入。根据进出画面的方向不同，可分为横划、竖划、对角线划等。划像一般用于表现两个内容含义差别较大的段落转换。

翻转：画面以屏幕中线为轴转动，前一个段落为正面，画面向后转最终消失，而背面新段落的画面向前转到正面，开始另一个段落。翻转常用于对比性或对照性较强的两个段落的切换。

定格：是指将画面运动主体突然变为静止状态，定格在一个画面上。定格多用于强调某一主体的形象、细节，还可以增加视觉冲击力，一般用于片尾或较大段落的结尾处。

闪回：是指为了表现人物心理活动和感情变化，突然将短暂的画面插入某一个场景中，用来表现人物此时此刻的心理活动和思想感情，用看得见的画面展现人物看不见的内心变化和发展。闪回也能产生特殊的悬念。

9.2.3 声音

声音是视频不可缺少的一部分，可以传递信息、烘托气氛，对影视作品有至关重要的作用。

1. 声音的类型

声音主要分为人声、音乐和音效。

（1）人声

人声是指视频中的人物在表述信息、传递情绪时发出的声音，又可以分为对白、独白和旁白。

对白指的是两个或多个人物之间进行交流的语言；独白是指人物的内心语言，人物没有开口说话，有点像写作中的心理描写，演讲、自言自语都属于独白；旁白与内心独白相似，也以画外音的形式出现，通过画面外的人声对影视作品的情节、人物心理进行描述，旁白常用于影视作品的开头处，快速交代故事发生的环境或概况，旁白相对来说是比较客观的陈述。

（2）音乐

音乐是指需要通过乐器演奏或者人物演唱从而形成的声音，一般分为有声源音乐和 无声源音乐两种。

有声源音乐是指视频中出现的音乐是画面中的有声源产生的，例如，画面中电视节目的声音、酒吧等场所的环境音乐等，这些都是客观音乐、画面内的音乐。

无声源音乐是指视频中的音乐并非来自画面中可见的发声体，也就是人为添加的背景音乐，包括主观音乐、画外音乐和功能性音乐。无声源音乐通常出现在情节发展到高潮处，用于渲染气氛、表达情绪。

（3）音效

音效是指除了人声和音乐，环境中出现的一切声音，包括所有自然环境或人造空间中出现的声音，如开门声、关灯声、马路上的行车声等。

2. 背景音乐

背景音乐是在影视作品中用于环境衬托的音乐，可以是歌曲，也可以是无人声的音乐，一般配合情节的发展和人物的情绪使用，能够起到渲染情绪、烘托气氛、刻画人物心理、增强情感表达效果的作用，如图9-1所示。

图9-1

（1）音乐风格

音乐风格即音乐的流派和特点，也就是曲风，是指音乐作品在整体上呈现出的具有代表性的独特面貌。音乐风格分为流行、摇滚、R&B、电子、Hip-Hop、爵士、轻音乐、ACG（动漫）等。每种音乐风格的音乐一般都会有具有代表性的、独特的元素，如不同的乐器、不同的唱法、特殊的节奏等。通常可以通过节奏、旋律、乐器、音阶、音色等区分音乐的风格。

（2）音乐情绪

音乐情绪是指音乐对人的情绪影响，是人对音乐作品的特定感知表现。音乐的情绪通常可分为安静、轻快、浪漫、感人、悲伤、积极、感人等类别。

（3）选择合适的音乐

短视频的风格鲜明多样，时间短、节奏快，影视作品的情绪和节奏需要用音乐进行引导，让观者能快速感受到影视作品的情绪和节奏，在短时间内产生共鸣。因此，短视频的音乐选取至关重要，恰当的音乐能让影视作品更出彩。

选择背景音乐时，需要明确视频的风格、情绪基调和表达的主题等，从这些方面入手，选择符合短视频内容的背景音乐。

主题和风格：首先要搞清楚视频的主题和风格属于什么类型，是搞笑类的、生活美食类的，还是情感类的，确定好视频的风格再来选择音乐。例如，搞笑类的影视作品可以选择一些滑稽的、有趣的音乐，生活、美食类的可以选择一些轻松欢快的音乐，情感类的可以选择一些舒缓、抒情的音乐等。

情绪：判断视频中的人物情绪，确定情绪的类型，从而进行音乐筛选。音乐分不同的情绪，因此音乐的选取要与视频的情绪基调相符合。例如，搞笑类的短视频一般不使用抒情的音乐，讨论情感的视频一般不使用烘托紧张氛围的音乐等。正确的情绪输出可以提高视频的体验感，让观者更容易被吸引，从而产生共鸣。

乐器：每种乐器都有适合表现的情绪和音乐风格，有时对音乐演奏的乐器有具体要求的视频，也可以通过乐器种类来寻找恰当的音乐，如钢琴、贝斯、小提琴、架子鼓等。

3. 音效

音效可以增强画面的真实感，渲染氛围，刻画人物形象。音效是生活中出现的各种声音，按照音效使用的场景和类别可以将其分为动作音效、机械音效、自然音效、动物音效、环境音效、特殊音效等。

（1）动作音效

动作音效是指人和动物运动时产生的声音，如人走路、跑步、打斗时产生的声音等，都属于动作音效。

（2）机械音效

机械音效是指机械设备运行时发出的声音，如生活中常见的钟表声、门铃声、汽车发动声等都属于机械音效。

（3）自然音效

自然音效是指自然界中发出的声音，如风声、雨声、雷声、水声等。

（4）动物音效

动物音效是指动物发出的叫声，如猫叫声、狗叫声、鸟叫声等。

（5）环境音效

环境音效是指所处空间环境中的声音，如机场的声音、电影院的声音等。环境音效一般不是单独的一种声音，是环境中各种声音的组合。

（6）特殊音效

特殊音效是指非自然界发出来的声音，也就是通过特殊处理后的音效，如惊悚、科幻等电影中的多数音效都是特殊音效。

在后期制作中，声音是很容易被忽视的一个方面。但声音的重要性丝毫不亚于画面，甚至在某些类型的短视频中，声音比画面更重要。大家要善于倾听生活中的声音，平时多听音乐，而且是听不同类型的音乐。多听多积累，听到自己喜欢的音乐便收藏起来，建立一个自己的音乐库，时间久了，积累的音乐越多，在进行视频配音配乐时就会越得心应手。

9.2.4 字幕

字幕是指视频画面中显示的文字的总称，主要作用是辅助观者理解画面内容，用文字的形式展示人物的对话，是视频不可缺少的一部分。字幕在视频中的种类很多，不同类型字幕传递的内容不同，出现形式和在画面中的位置也不同。好的字幕不仅能吸引观者的视线，还能更好地传递内容。

1. 字幕的类型和作用

（1）片名字幕

片名字幕多出现在视频开始的时候，起到画龙点睛的作用，和作文标题一样，也可称为标题字幕。片名字幕要做到尽量生动准确、简洁明了。对于片名字幕的样式可以多花点心思，尽量做到与众不同。好的片名字幕样式能体现出短视频的内容与风格，更容易吸引观者的眼球，如图9-2所示。

（2）片尾字幕

片尾字幕多在短视频结尾处出现，展示内容包括主创人员以及参与制作的机构和协办单位的名称等，有时片尾字幕也会添加一些补充说明性内容，方便观者了解更多的相关信息，如图9-3所示。

图9-2

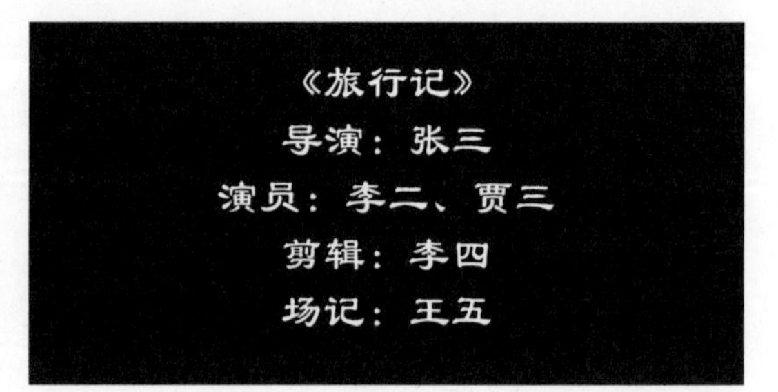

图9-3

（3）语音字幕

语音字幕一般是将人物对话的内容用文字的形式呈现出来，主要起复述性作用。语音字幕包括对白、解说、旁白（独白）的字幕，和声音同步出现，一般位于画面底部，有助于观者理解。例如，外语、方言、专业词语等，观者只听语音可能理解有困难，需要字幕来辅助观看，如图9-4所示。

（4）补充说明性字幕

补充说明性字幕用来补充、解释画面中没表现出来或没有表达清楚的内容，画面中的关键信息也需要进行补充说明，以配合视频中的声音，让观者能够及时获取有效的信息。例如，被采访人的信息（姓名、身份、职称等），交代时间、地点、事件的信息等，如图9-5所示。

图9-4

图9-5

（5）花字

花字是指五颜六色、字体各异的包装性文字。花字是一种更灵活的字幕形式，同样拥有字幕的功能，经常出现在综艺节目中，如标记节目中人物的情绪开心、激动、难过等。花字不仅有字幕的基本功能，同时对画面有美化功能。利用好花字，可以为短视频增光添彩，如图9-6所示。

（6）表情、动图

表情在日常社交聊天软件中经常会使用到。使用表情能更简单、直接地传递当时的心理状态和情绪，并且在视觉表达上更直观。因此，表情也成了网络社交中重要的表达方式。在短视频中使用表情和动图来替代文字，既能增加趣味性，又能让观者更直观、生动地体会到创作者所表达的内容，如图9-7所示。

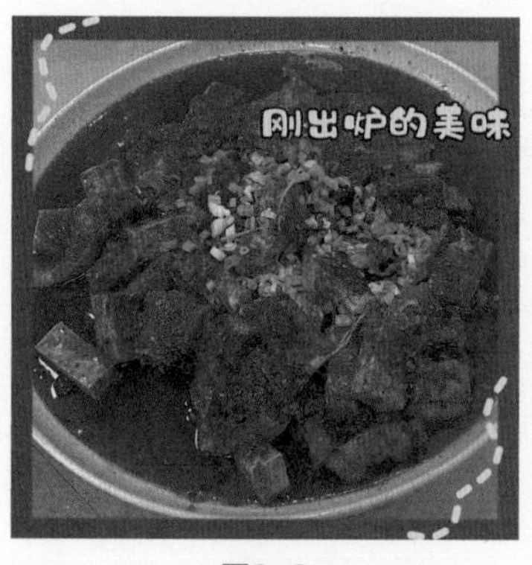

图9-6

图9-7

2. 字幕的样式

字幕的样式包括字体、大小、颜色、排版和停留时间等。字幕样式的设计要根据短视频的内容基调来设定，以配合视频画面和内容，从而达到最佳的视觉效果。

（1）字体

在视频中常用的字体有楷体、黑体、行书、宋体、隶书、魏碑、草书、综艺体、卡通体等。选择什么样的字体，需要根据短视频的内容和画面风格来确定，以保持和视频内容、风格协调统一。

（2）大小

字幕的大小影响着内容的传递和观者对内容的接受程度，还会影响观者的阅读顺序。在观者的潜意识中，同一画面中的字幕越大越清楚，优先阅读的等级越高；字幕越小，阅读等级越低。短视频中的语言字幕相对于其他的字幕尺寸较小。因为语言字幕只是用来辅助观看的，而其他的补充说明性字幕或花字等，可以在画面中更大、更明显一些，能优先引导观者阅读。

（3）颜色

恰当的字幕颜色搭配，可以提高信息传达的效率，同时也能提升画面的美观度。

语言字幕的颜色一般以白色为主，也可以根据需求使用其他颜色。为了提高字幕的可阅读性，通常会给字幕加上轮廓或者阴影，这样出现和字体颜色相近的画面时，也可以突出显示字幕。字幕轮廓和阴影需要根据画面来调节，效果太明显会影响画面的美观程度。其他类型的字幕与背景画面的色彩搭配，颜色要突出一些，与背景画面形成对比，多选对比明显、视觉效果舒服的颜色搭配，既要保证字幕清晰、醒目，又要与画面风格协调一致，如图9-8所示。

图9-8

（4）排版

画面中的字幕排版要简洁明了、次序分明、条理清楚，能让观者一目了然、易读易懂。特别是一个画面中同时出现多种字幕的时候，要按照字幕传递内容的优先程度来设计排版。

人的视觉中心一般是在画面的中间区域，因此字幕的位置尽量不要在画面的边缘，也不要遮挡画面的关键信息，如人物的面部或者要特别展示的部分。字与字的间距也要合理把握，宽了显得松散，紧了显得拥挤，都会影响画面的美观程度和文字的可阅读性。

语言字幕一般水平排列在画面底部，并且要控制每一行的字数，不能太多，也不能太少。字数太少会导致字幕切换的频率过快，观者来不及阅读，字数太多则显得画面不美观。其他字幕的排列要尽量保持简洁，可以水平排列，也可以垂直排列，还需要根据画面来安排字幕的位置。有时候为了营造特殊的视觉效果，字幕也可以倾斜不同的角度进行排列，打破画面的平衡，强调字幕的内容，得到意想不到的效果。

（5）停留时间

控制好字幕在画面中停留的时间非常重要。相对于视频画面和声音来讲，字幕是需要观者主动观看、阅读的，因此，字幕需要给观者阅读、理解、记忆的时间，不能一闪而过，也不能停留太久。

字幕的停留时间应该符合观者的视觉感知规律，在通常情况下，普通人阅读文字的速度为每秒3~5字。从阅读到理解，再到记忆还会出现滞后性，因此，字幕消失的时间可以相对于语音结束的时间再延长一些，这样观看起来会比较舒服。同样，字幕停留的时间也不能太长，观者的注意力可能会一直集中在字幕上，而错过精彩的视频画面。

总体来说，字幕在视频中主要起到辅助观者理解画面内容的作用。字幕的样式、排版设计要简约、美观、易懂，在视频画面中的布局要疏密得当、错落有致，只有这样才能让观者获得视觉平衡感。同时要控制字幕出现的时机、频率和位置，画面中的字幕不要重叠，这样会影响观感。避免画面信息和字幕信息相互干扰，在精彩的、具有吸引力的画面上，尽量少出现字幕。好的字幕不仅可以传递信息，还可以提高画面的生动感，甚至刻画人物形象。因此，字幕在视频中也是至关重要的，不可忽视。

9.3 实战：聚拢照片墙

资源位置

素材位置 素材文件>第9章>9.3实战：聚拢照片墙
视频位置 视频文件>第9章>9.3实战：聚拢照片墙.mp4
技术掌握 画中画、音乐卡点、动画

微课视频

本实战主要分为两部分，第一部分是音乐卡点，第二部分是对每张照片进行单独调整。本实战综合运用画中画、音乐卡点、动画等功能，示例效果如图9-9所示。

图9-9

效果视频

设计思路

（1）标记音乐节拍点。

（2）设计单个画面的显示效果。

（3）动画特效的添加。

9.3.1 导入音乐并标注节拍点

（1）打开剪映App，点击“开始创作”按钮，导入照片，如图9-10所示。

（2）点击界面下方的“音频>音乐”按钮，导入想要的音乐，点击界面下方的“踩点”按钮，打开“自动踩点”，选择“踩节拍Ⅱ”，如图9-11所示。

图9-10

图9-11

9.3.2 制作照片呈现效果

（1）选择刚刚导入的照片，调整照片素材时长，使其结束位置对准第8个节拍点，把照片移出屏幕外，如图9-12所示。

在照片素材开始处添加关键帧，在照片素材结尾处，移动照片到画面中间并缩小，点击界面下方的“动画”按钮，添加“出场动画”中的“渐隐”效果，如图9-13所示。

（2）点击界面下方的“复制”按钮，将照片素材复制6份，如图9-14所示。

（3）点击界面下方的“切画中画”按钮，如图9-15所示，将复制的照片素材全部切换为画中画形式。

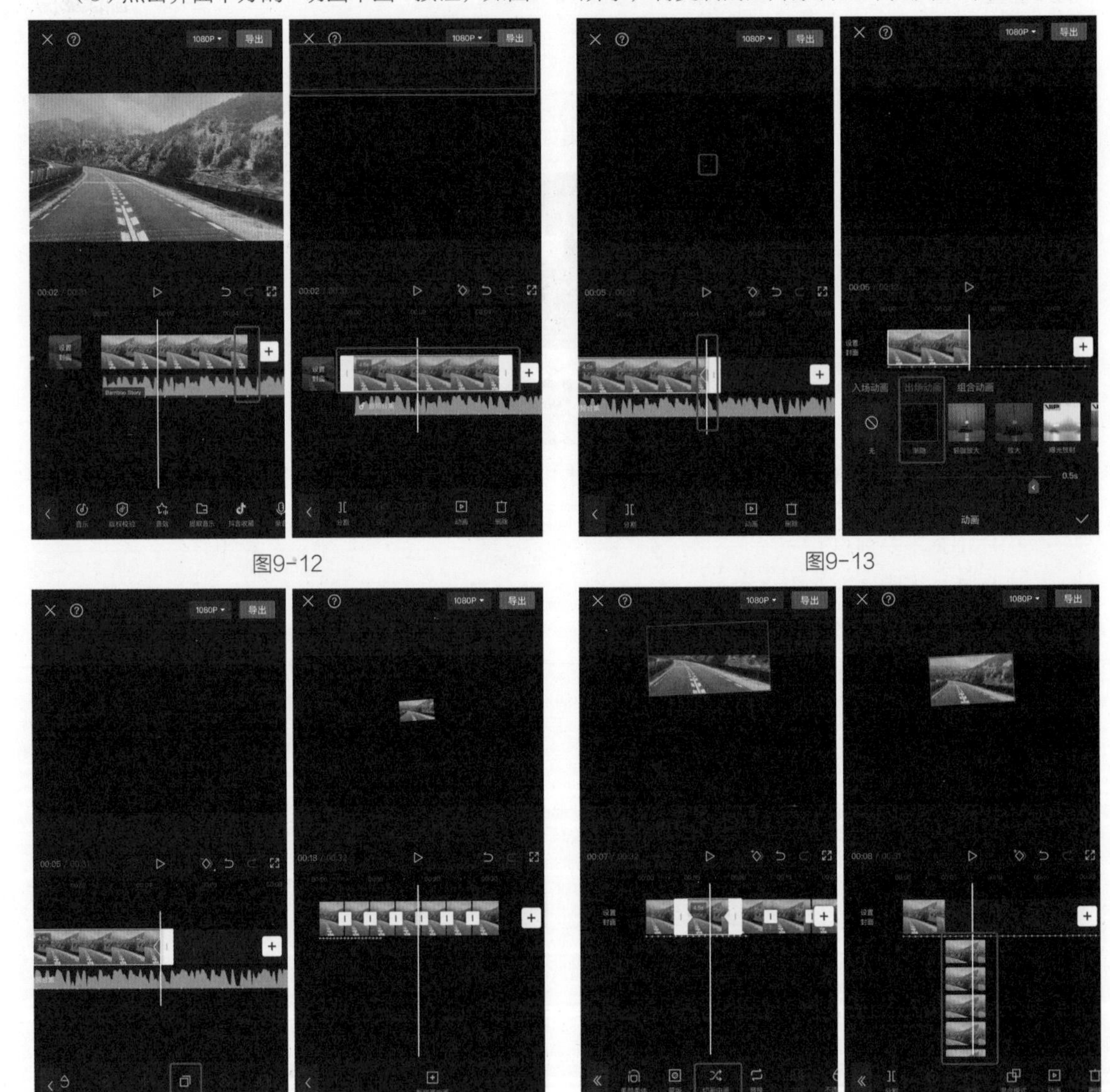

图9-12　图9-13

图9-14　图9-15

（4）将每一个画中画照片素材依次错位对准音频节拍点，如图9-16所示。

（5）点击界面下方的“替换”按钮，将复制的照片素材依次进行替换，如图9-17所示。

（6）选择第一个画中画轨道的素材，在素材开始的位置，把照片移动至画框外，如图9-18所示。对其余画中画轨道中的素材执行同样的操作，注意移动至不同的方位。

（7）点击界面下方的“新增画中画”按钮，添加照片素材，调整位置将其放在第7张照片素材结束后，并添加动画，点击界面下方的“动画”按钮，添加“入场动画”中的“渐显”效果，并调整时长，如图9-19所示。

（8）选择音乐素材，将时间轴移至视频结束处，点击界面下方的“分割”按钮，如图9-20所示，删除后半段音乐并点击“导出”按钮即可。

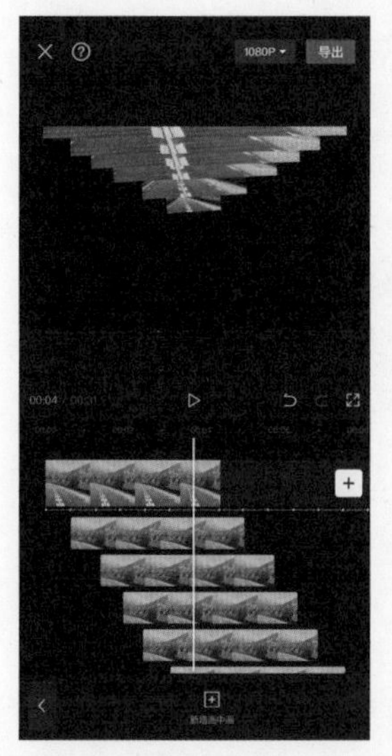

图9-16

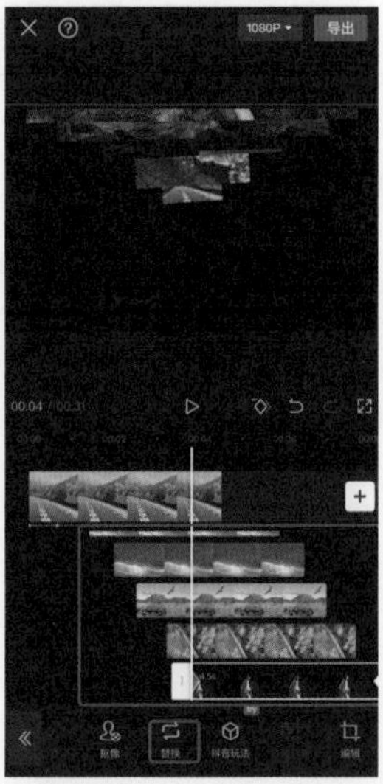

图9-17

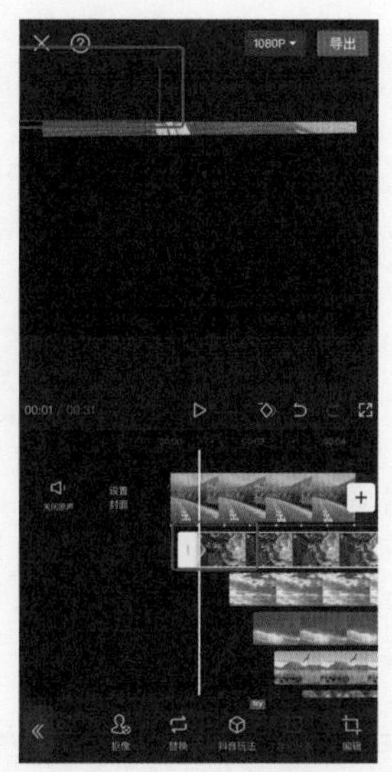

图9-18

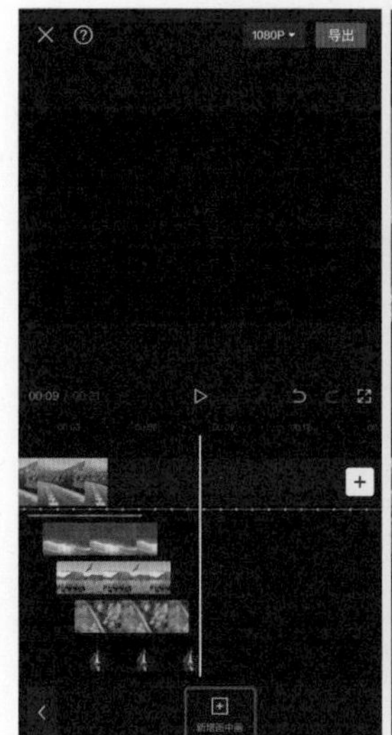

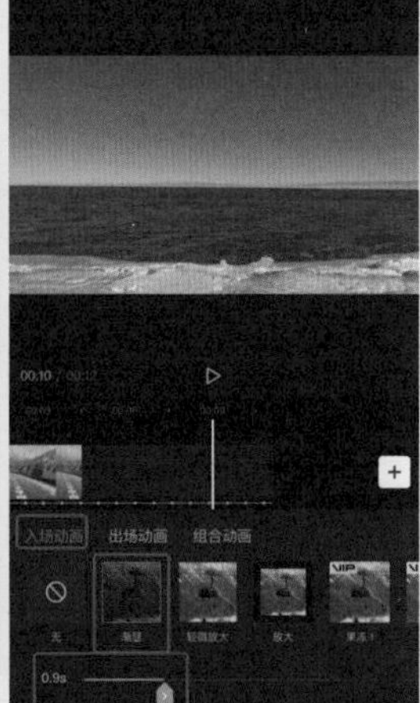

图9-19

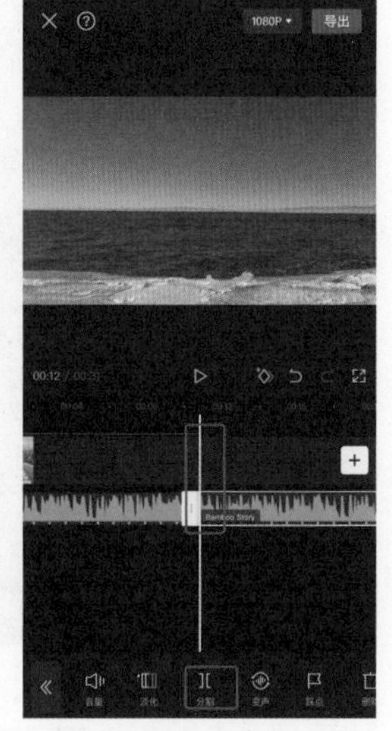

图9-20

9.4 实战：旅行视频

资源位置 ▶

微课视频

素材位置　素材文件>第9章>9.4实战：旅行视频

视频位置　视频文件>第9章>9.4实战：综合实战.mp4

技术掌握　蒙版、画中画、音乐卡点、动画

本实战主要分为两部分，第一部分是音乐卡点，第二部分是对每个场景进行单独展示。本实战综合运用音乐卡点、单独画面展示、视频变速、溶解字幕等功能，示例效果如图9-21所示。

图9-21

效果视频

设计思路

（1）标记音乐节拍点。

（2）设计单个画面的显示效果。

（3）溶解字幕的制作。

9.4.1 导入音乐并标注节拍点

（1）打开Premiere，将背景音乐导入并拖至“时间轴”面板中的相应轨道上，如图9-22所示。

（2）双击素材箱的背景音乐素材，在“源”面板标记节拍点，单击“添加标记”按钮，也可以使用快捷键M，如图9-23所示。

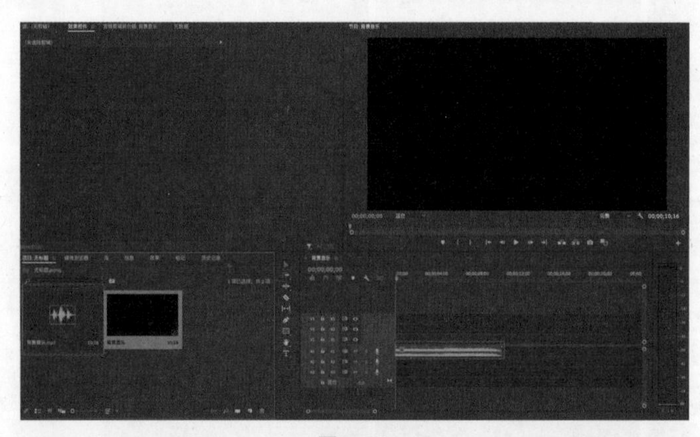

图9-22

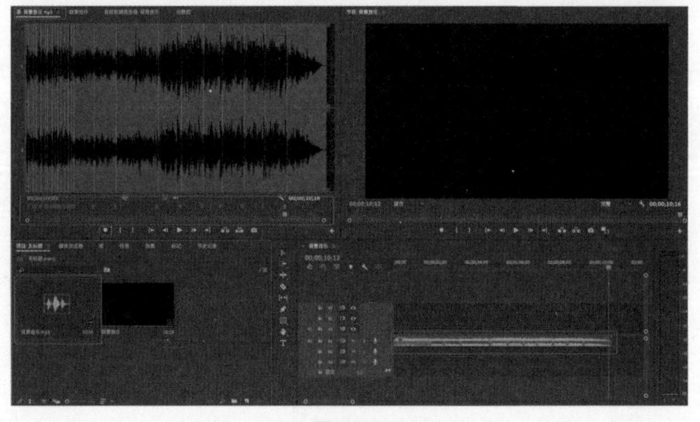

图9-23

9.4.2 导入视频素材并调整

（1）导入视频素材1~11和图片素材1，如图9-24所示。

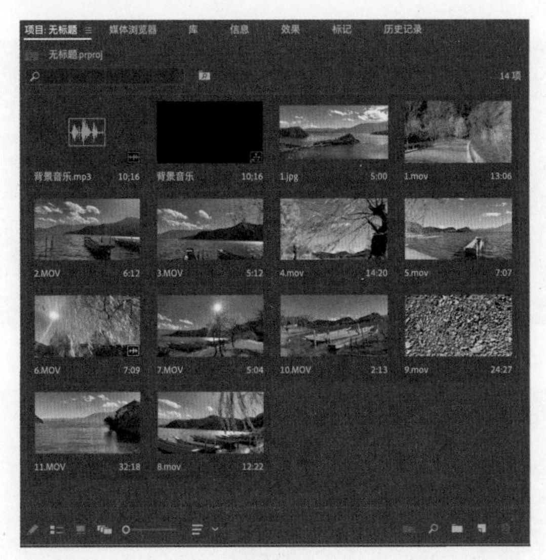

图9-24

（2）将图片素材1拖至“时间轴”面板中的相应轨道上，并调整其长度，使其结束位置与第1个标记点对齐，如图9-25所示。

（3）选中图片素材1，在“效果控件”面板调整其“缩放”参数值为“44.0”，如图9-26所示。

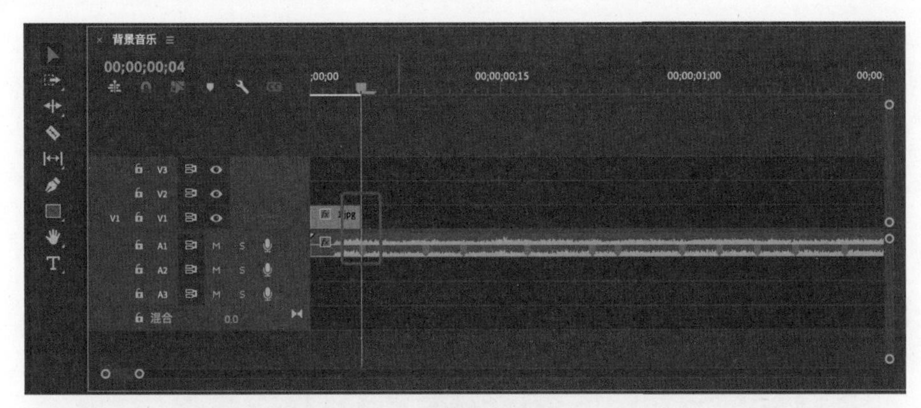

图9-25

图9-26

（4）将视频素材1拖至“时间轴”面板中的相应轨道上，删除不要的片段，调整其长度，使其结束位置与第2个标记点对齐，如图9-27所示。

（5）将视频素材2拖至“时间轴”面板中的相应轨道上，删除不要的片段，调整其长度，使其结束位置与第3个标记点对齐，如图9-28所示。

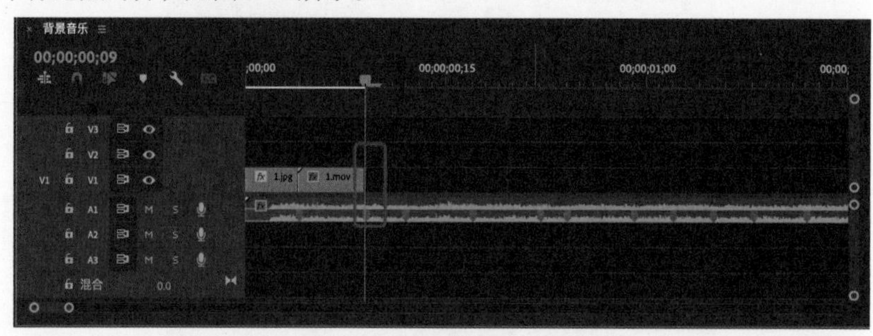

图9-27

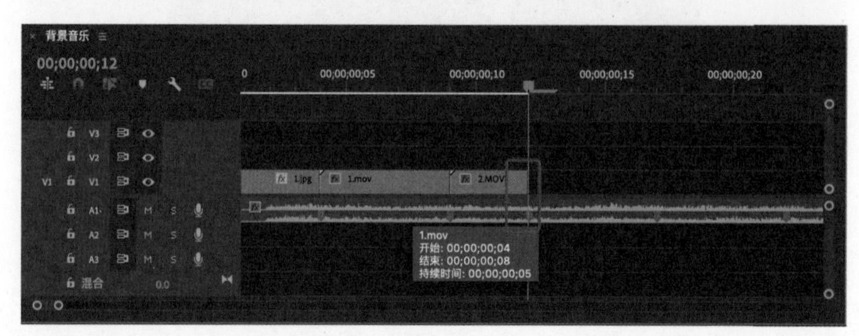

图9-28

（6）将视频素材3拖至“时间轴”面板中的相应轨道上，删除不要的片段，调整其长度，使其结束位置与第4个标记点对齐，如图9-29所示。

（7）将视频素材4拖至“时间轴”面板中的相应轨道上，删除不要的片段，调整其长度，使其结束位置与第5个标记点对齐，如图9-30所示。

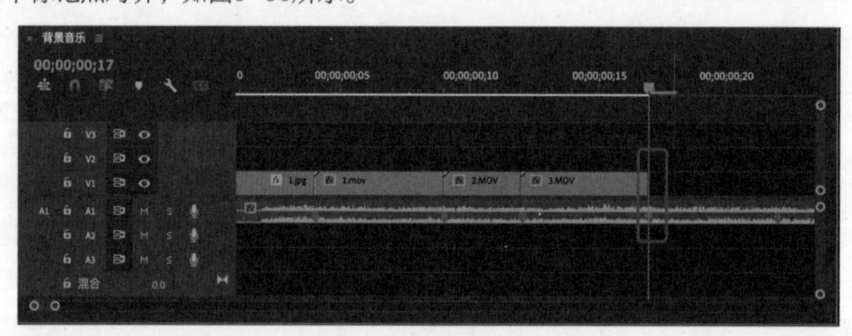

图9-29

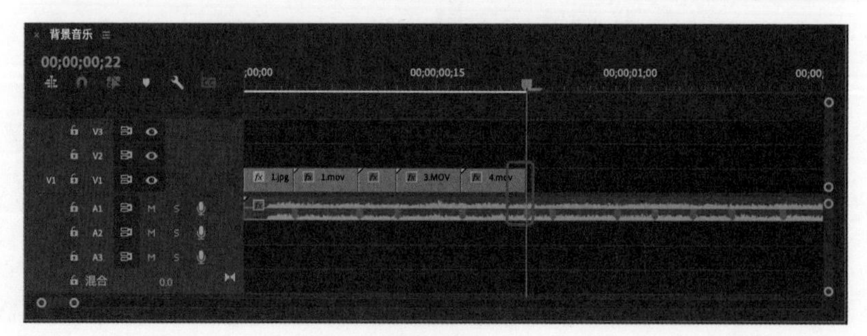

图9-30

（8）将视频素材5拖至“时间轴”面板中的相应轨道上，删除不要的片段，调整其长度，使其结束位置与第6个标记点对齐，如图9-31所示。

（9）将视频素材6拖至“时间轴”面板中的相应轨道上，删除不要的片段，调整其长度，使其结束位置与第7个标记点对齐，如图9-32所示。

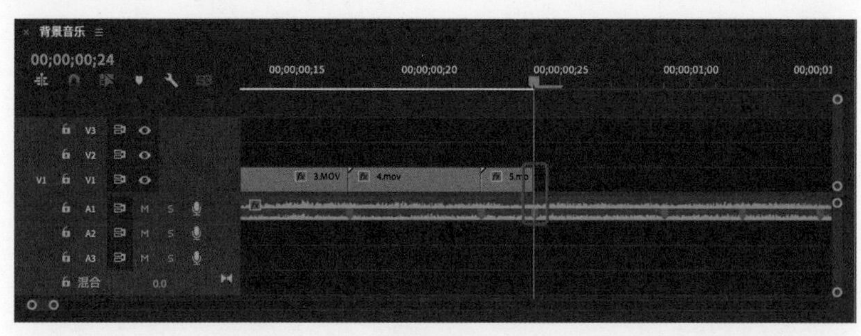

图9-31

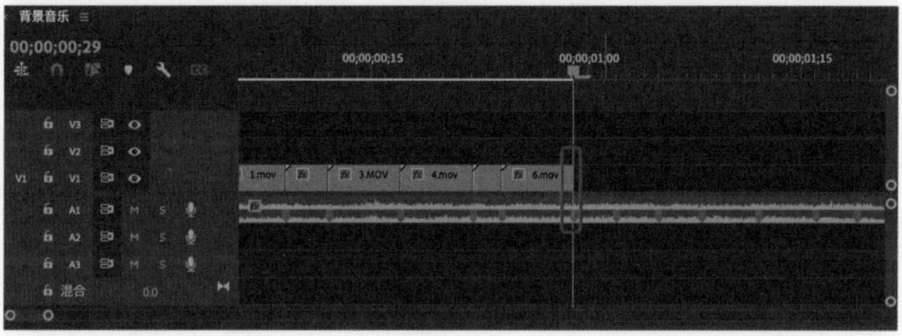

图9-32

（10）将视频素材7拖至“时间轴”面板中的相应轨道上，删除不要的片段，调整其长度，使其结束位置与第8个标记点对齐，如图9-33所示。

（11）将视频素材8拖至“时间轴”面板中的相应轨道上，删除不要的片段，调整其长度，使其结束位置与第9个标记点对齐，如图9-34所示。

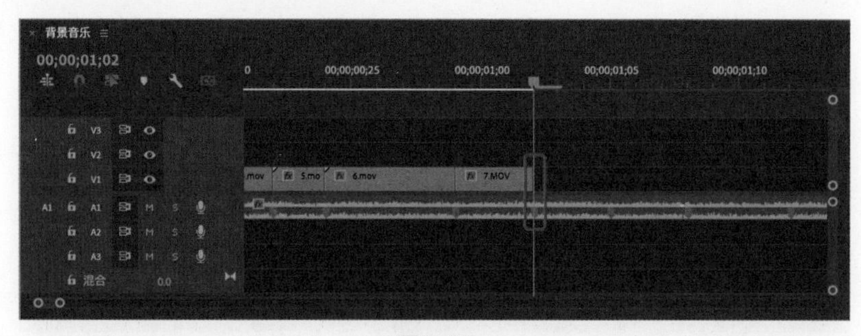

图9-33

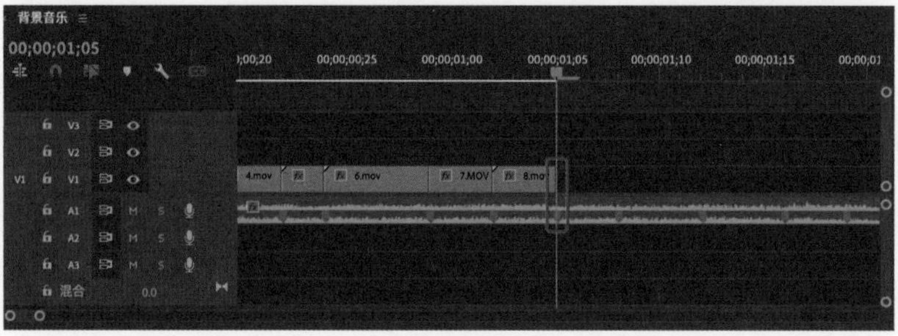

图9-34

（12）将视频素材9拖至“时间轴”面板中的相应轨道上，删除不要的片段，调整其长度，使其结束位置与第10个标记点对齐，如图9-35所示。

（13）将视频素材10拖至“时间轴”面板中的相应轨道上，删除不要的片段，调整其长度，使其结束位置与第11个标记点对齐，如图9-36所示。

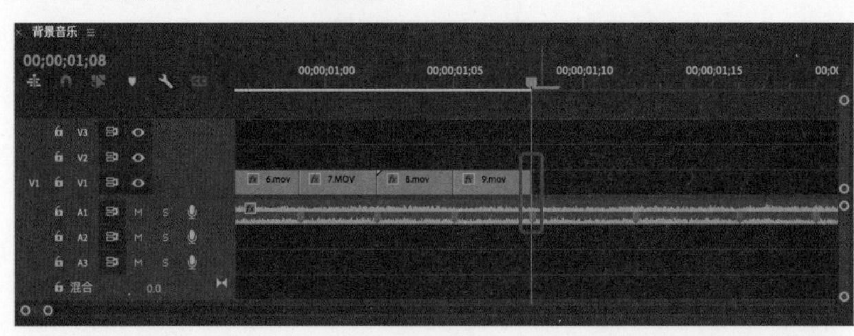

图9-35

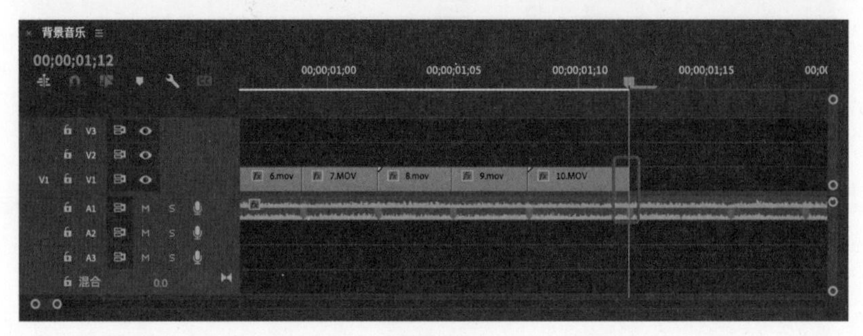

图9-36

（14）将视频素材11拖至“时间轴”面板中的相应轨道上，删除不要的片段，调整其长度，使其结束位置与第12个标记点对齐，如图9-37所示。

（15）将视频素材9拖至“时间轴”面板中的相应轨道上，删除不要的片段，调整其长度，使其结束位置与第13个标记点对齐，如图9-38所示。

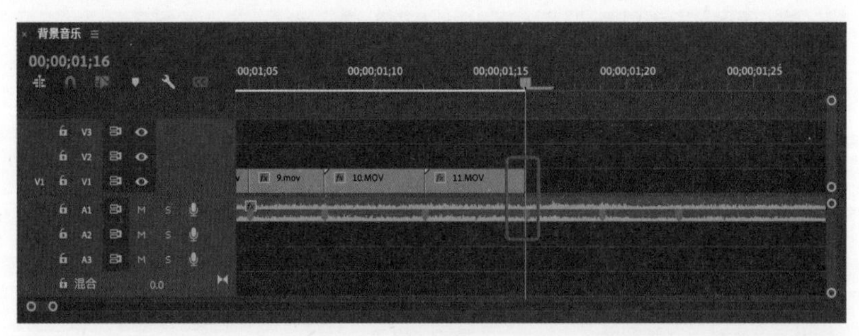

图9-37

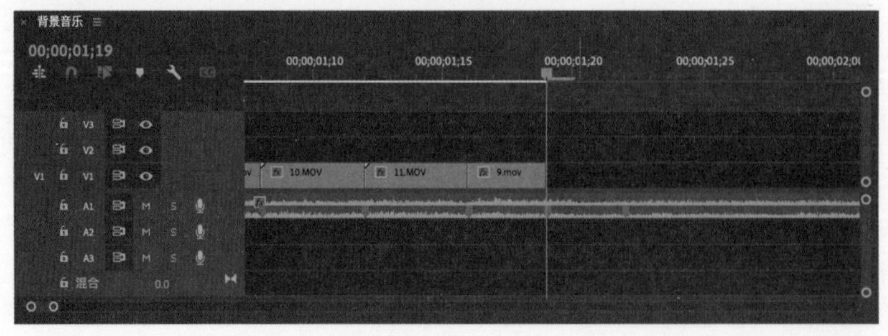

图9-38

（16）将视频素材6拖至“时间轴”面板中的相应轨道上，删除不要的片段，调整其长度使其结束位置与第14个标记点对齐，如图9-39所示。

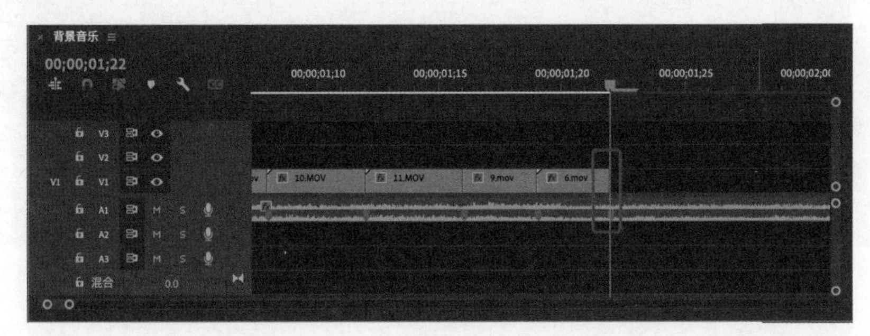

图9-39

（17）将视频素材1拖至“时间轴”面板中的相应轨道上，删除不要的片段，单击鼠标右键，在弹出的快捷菜单中选择“速度>持续时间”，在弹出的对话框中调整“速度”参数值为“185%”，单击“确定”按钮，并调整素材的长度，使其结束位置与第15个标记点对齐，如图9-40所示。

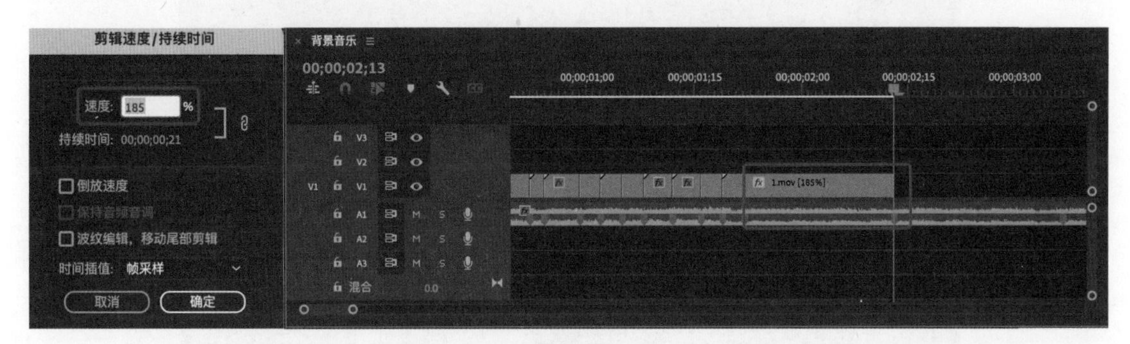

图9-40

（18）将视频素材2拖至“时间轴”面板中的相应轨道上，删除不要的片段，单击鼠标右键，在弹出的快捷菜单中选择“速度>持续时间”，在弹出的对话框中调整“速度”参数值为“185%”，单击“确定”按钮，并调整素材的长度，使其结束位置与第16个标记点对齐，如图9-41所示。

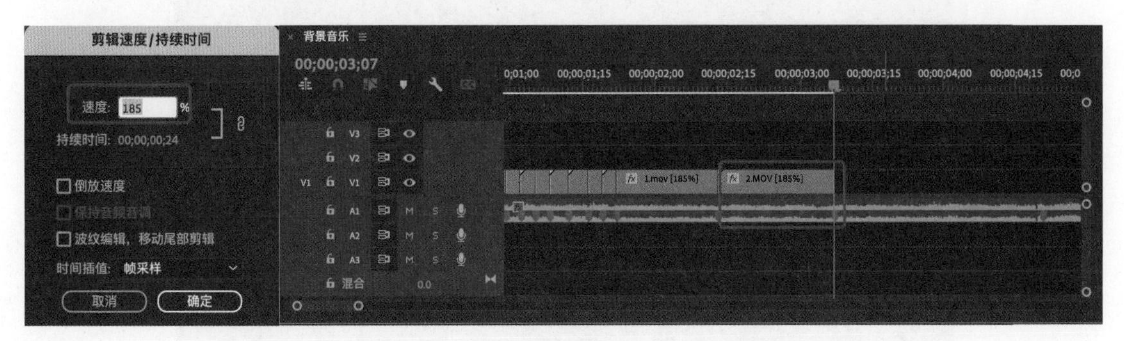

图9-41

（19）将视频素材3拖至“时间轴”面板中的相应轨道上，删除不要的片段，单击鼠标右键，在弹出的快捷菜单中选择“速度>持续时间”，在弹出的对话框中调整“速度”参数值为“185%”，单击“确定”按钮，并调整素材的长度使其结束位置与第17个标记点对齐，如图9-42所示。

（20）将视频素材4拖至“时间轴”面板中的相应轨道上，删除不要的片段，单击鼠标右键，在弹出的快捷菜单中选择“速度>持续时间”，在弹出的对话框中调整“速度”参数值为“185%”，单击“确定”按钮，并调整素材的长度，使其结束位置与第18个标记点对齐，如图9-43所示。

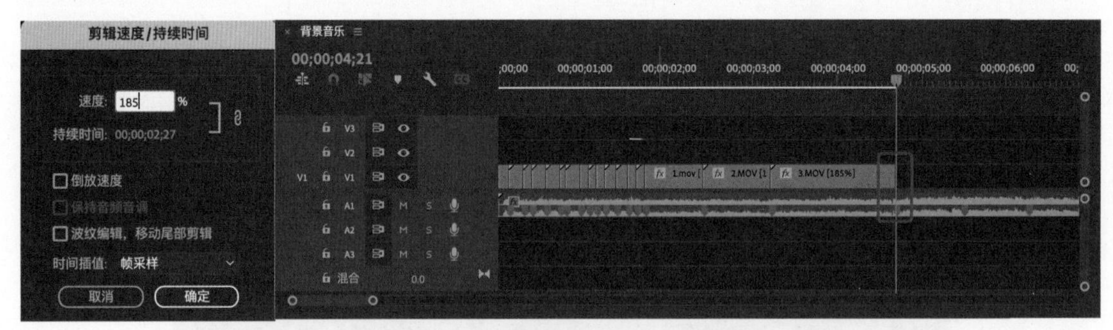

图9-42

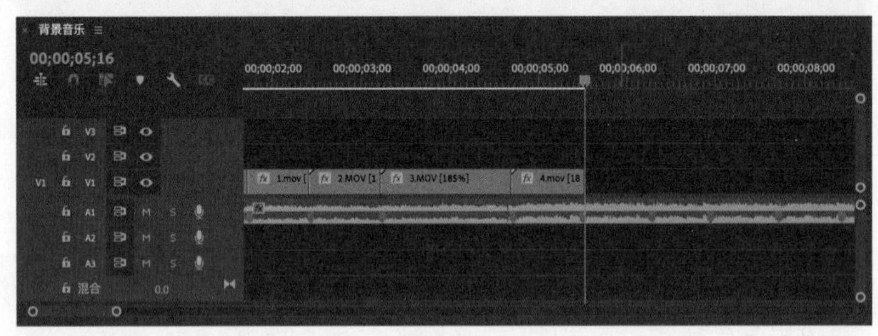

图9-43

（21）将视频素材5拖至“时间轴”面板中的相应轨道上，删除不要的片段，单击鼠标右键，在弹出的快捷菜单中选择“速度>持续时间”，在弹出的对话框中调整“速度”参数值为“185%”，单击“确定”按钮，并调整素材的长度，使其结束位置与第19个标记点对齐，如图9-44所示。

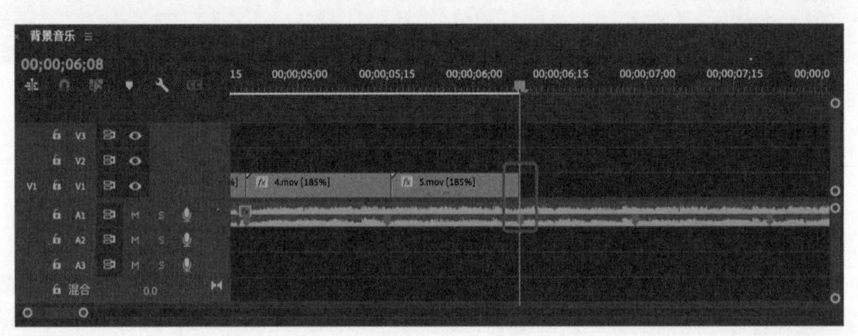

图9-44

（22）将视频素材6拖至“时间轴”面板中的相应轨道上，删除不要的片段，单击鼠标右键，在弹出的快捷菜单中选择“速度>持续时间”，在弹出的对话框中调整“速度”参数值为“185%”，单击“确定”按钮，并调整素材的长度，使其结束位置与第20个标记点对齐，如图9-45所示。

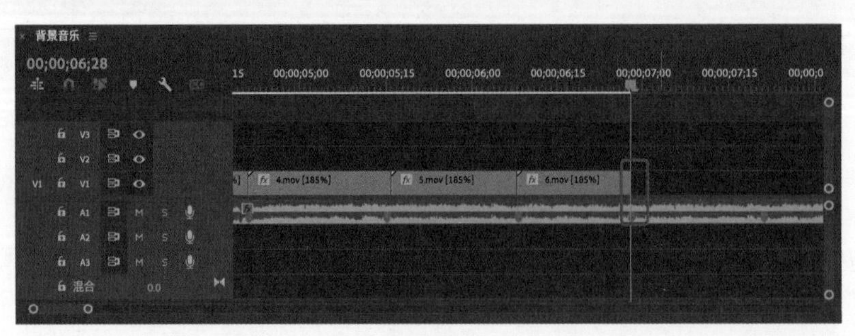

图9-45

（23）将视频素材7拖至“时间轴”面板中的相应轨道上，删除不要的片段，单击鼠标右键，在弹出的快捷菜单中选择“速度 > 持续时间”，在弹出的对话框中调整“速度”参数值为“185%”，单击“确定”按钮，并调整素材的长度，使其结束位置与第21个标记点对齐，如图9-46所示。

（24）将视频素材8拖至“时间轴”面板中的相应轨道上，删除不要的片段，单击鼠标右键，在弹出的快捷菜单中选择“速度 > 持续时间”，在弹出的对话框中调整“速度”参数值为“185%”，单击“确定”按钮，并调整素材的长度，使其结束位置与第22个标记点对齐，如图9-47所示。

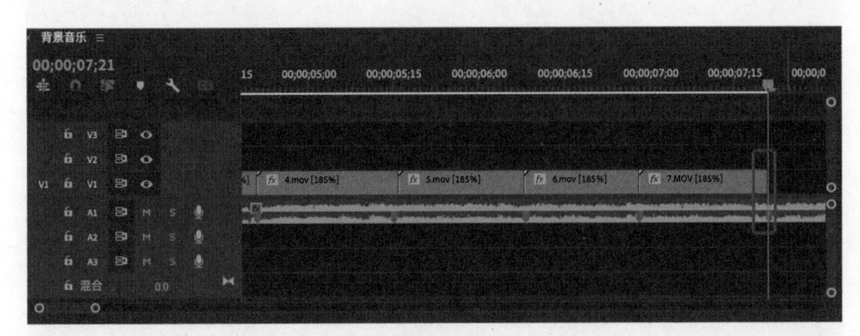

图9-46

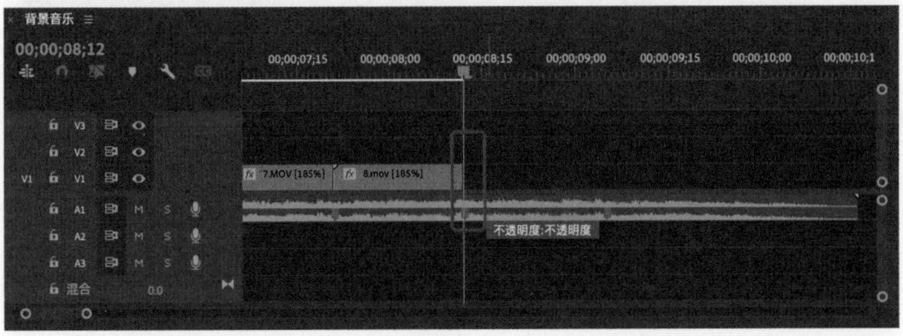

图9-47

（25）将视频素材10拖至“时间轴”面板中的相应轨道上，删除不要的片段，单击鼠标右键，在弹出的快捷菜单中选择“速度 > 持续时间”，在弹出的对话框中调整“速度”参数值为“185%”，单击“确定”按钮，并调整素材的长度，使其结束位置与第23个标记点对齐，如图9-48所示。

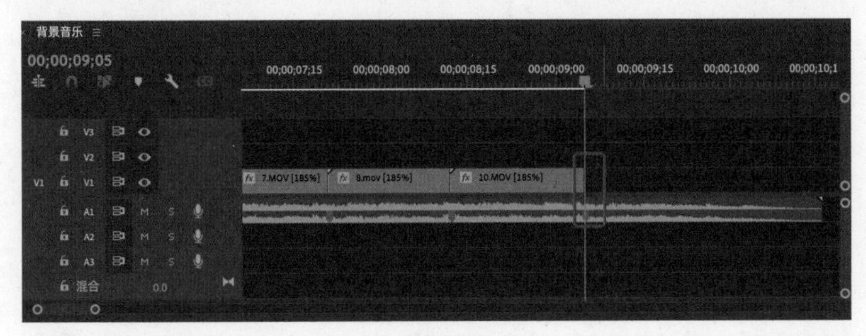

图9-48

（26）将视频素材11拖至“时间轴”面板中的相应轨道上，删除不要的片段，单击鼠标右键，在弹出的快捷菜单中选择“速度 > 持续时间”，在弹出的对话框中调整“速度”参数值为“185%”，单击“确定”按钮，并调整素材的长度，使其结束位置与第24个标记点对齐，如图9-49所示。

（27）使用“钢笔工具”，为视频画面制作渐隐效果。在视频结尾处打两个标记点，将第2个标记点下拉，如图9-50所示。

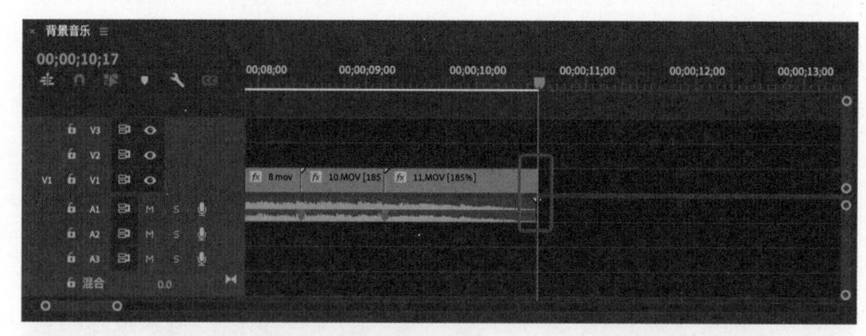

图9-49

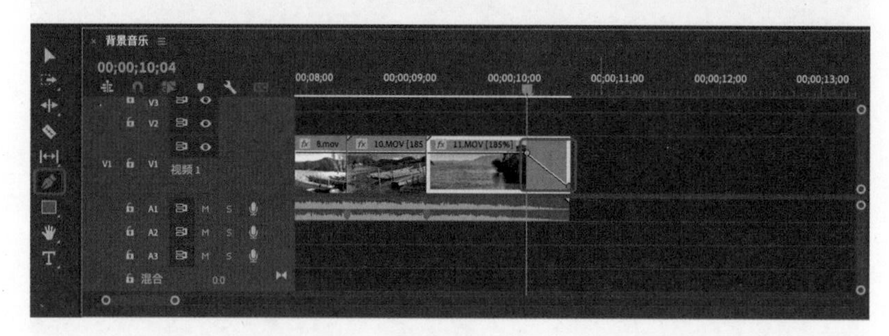

图9-50

9.4.3 制作片头

（1）执行“文件>新建>旧版标题”命令，弹出“新建字幕”对话框，单击“确定”按钮，在“字幕”窗口中输入文字“旅行日记”，将“字体样式”设置为“Regular”，“字体大小”设置为“150.0”，“X位置”参数值调整为“961.0”，“Y位置”参数值调整为“541.0”，“颜色”设置为白色，如图9-51所示，设置完成后关闭“字幕”窗口。

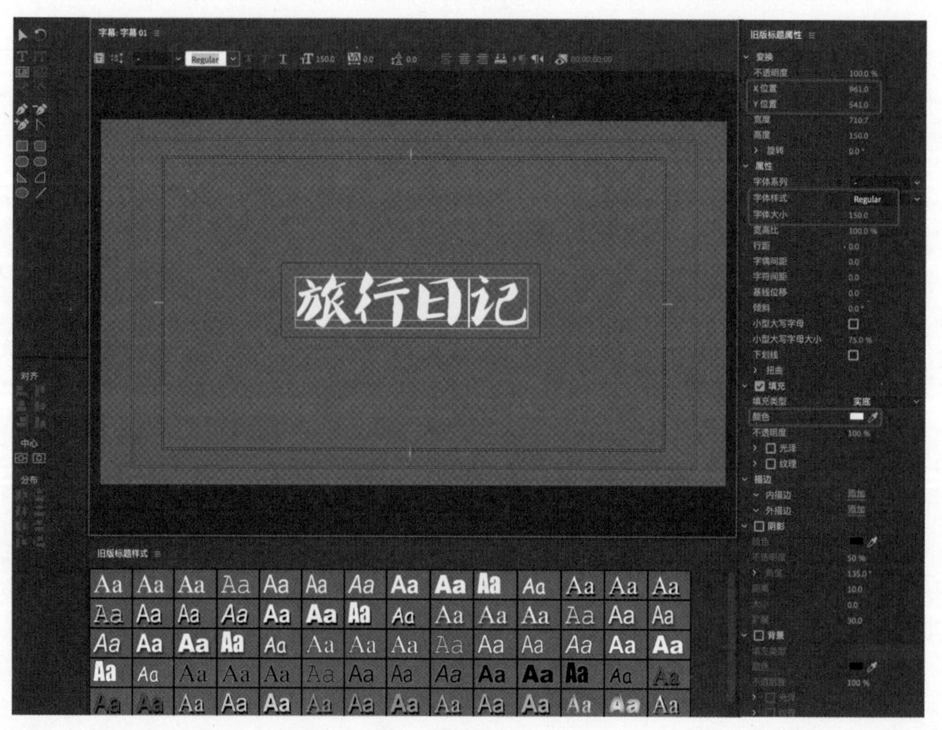

图9-51

（2）将“字幕01”素材拖至V2轨道上，调整其时长与图片素材1的时长一样，打开“效果”面板，选择“视频效果 > 风格化>粗糙边缘”效果，然后将其拖至V2轨道中的字幕素材上，如图9-52所示。

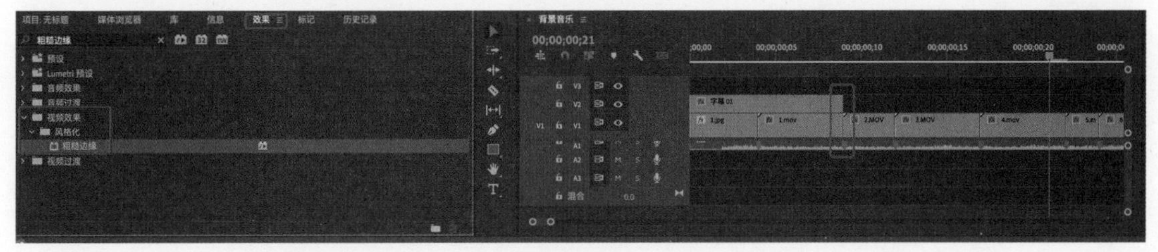

图9-52

（3）选择“字幕01”素材，打开“效果控件”面板，将时间指示器移动至视频的开始位置，单击“边框”左侧的“切换动画”按钮，并将“边框”参数值设置为“110.00”，如图9-53所示，然后将时间指示器移至第4帧处并将“边框”参数值设置为“0.00”，如图9-54所示。

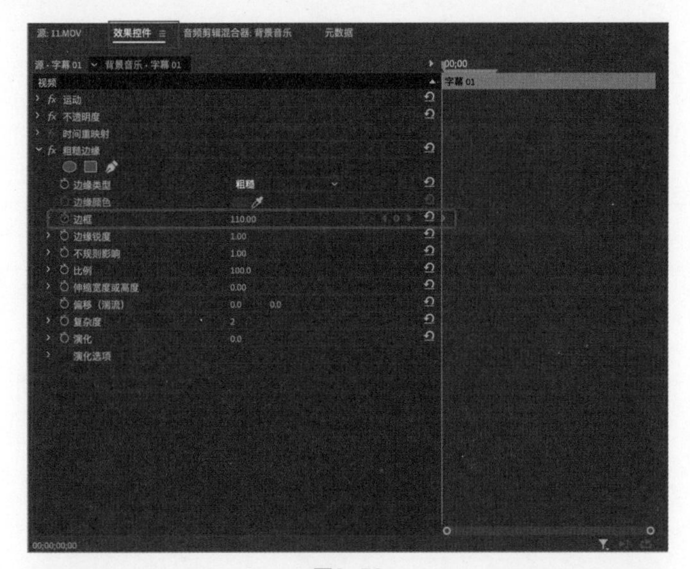

图9-53

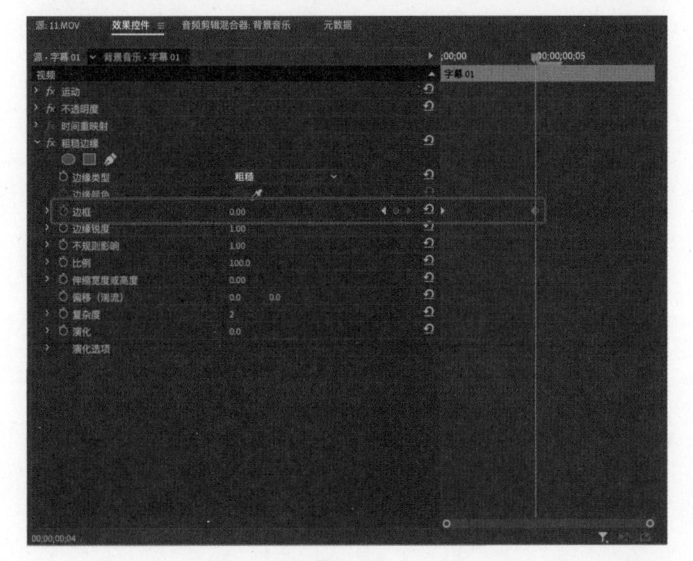

图9-54

9.5 本章小结

本章主要讲解了短视频剪辑全流程，包括拍摄前的准备工作，从拍摄好素材到制作出成片的一些剪辑操作等，最后完成了综合实战，方便读者后期快速理解并掌握短视频制作的相关操作。